F. Puente León / K.-D. Sommer / M. Heizmann (Hrsg.)

Verteilte Messsysteme

Verteilte Messsysteme

F. Puente León
K.-D. Sommer
M. Heizmann
(Hrsg.)

Impressum

Karlsruher Institut für Technologie (KIT)
KIT Scientific Publishing
Straße am Forum 2
D-76131 Karlsruhe
www.uvka.de

KIT – Universität des Landes Baden-Württemberg und nationales
Forschungszentrum in der Helmholtz-Gemeinschaft

KIT Scientific Publishing 2010
Print on Demand

ISBN 978-3-86644-476-8

Inhaltsverzeichnis

Aufklärung und Sicherheit

Fusionsmethoden

Modellierung

Datensicherheit

Straßenverkehr

Vorwort

Die Modellierung, Simulation, Validierung und der Entwurf (räumlich) verteilter Messsysteme gewinnen derzeit in vielen Anwendungsbereichen stark an Bedeutung. Insbesondere für die Lösung der „Großen Herausforderungen" unserer Zukunft – die Energieversorgung, die Erforschung und Begegnung der klimatischen Veränderungen, die Gewährleistung unserer Sicherheit und einer funktionierenden Infrastruktur sowie adäquater Lebensbedingungen in einer sich verändernden Gesellschaft – werden intelligente verteilte (Mess-)Systeme und ihre Beherrschung als ein Schlüsselelement gesehen. Bekannte Beispiele sind die Messtechnik und die Rekonstruktion von Versorgungsnetzen für Gas und Elektrizität für genaue Abrechnungen und intelligente Steuerungen (Smart Grids), komplexe Automatisierungsnetze, die Steuerung von Kommunikationsnetzen, Messnetze und Multisensorsysteme im Verkehr sowie verteilte Messsysteme in der Sicherheitstechnik.

Das VDI/VDE-GMA-Expertenforum „Verteilte Messsysteme" greift diese hochaktuelle Entwicklung sowohl hinsichtlich der theoretischen Grundlagen, Beschreibungsansätze und Werkzeuge als auch relevanter Anwendungen auf. Die inhaltliche Auswahl resultiert aus der Arbeit des Fachausschusses „Grundlagen der Messsysteme" der VDI/VDE-Gesellschaft für Mess- und Automatisierungstechnik (GMA) in den vergangenen Jahren:

- Datenanalyse für verteilte Messsysteme,
- Modellierungs- und Fusionsmethoden,
- Datensicherheit,
- Messnetze und Infrastrukturen in verschiedenen Anwendungsbereichen,
- Multisensorfusion und Messnetze im Straßenverkehr,
- Aufklärung und Sicherheit.

Der bewährte Rahmen als GMA-Expertenforum wird gewählt, um eine fachliche Diskussion und Erfahrungsaustausch auf hohem Niveau zu gewährleisten und die neuesten Entwicklungen auf dem Gebiet der verteilten Messsysteme zu diskutieren. Das Forum möchte einen Beitrag leisten zur Entwicklung dieses wichtigen und zukunftsträchtigen Gebietes am Wirtschafts- und Forschungsstandort Deutschland. Es richtet sich sowohl an Fachleute aus der Mess- und Sensortechnik und der Metrologie als auch aus der Automatisierungstechnik, Robotik und Informationstechnik, die sich in der industriellen Entwicklung, in der Forschung oder der Lehre mit verteilten Messsystemen befassen.

März 2010

F. Puente León
K.-D. Sommer
M. Heizmann

Data Mining für hochdimensionale Messsysteme

Ralf Mikut

Karlsruher Institut für Technologie, Institut für Angewandte Informatik,
Hermann-von-Helmholtz-Platz 1, 76344 Eggenstein-Leopoldshafen

Zusammenfassung Data-Mining-Verfahren bauen auf einem umfangreichen Methodenapparat auf und werden seit langem erfolgreich auf verschiedenartige technische, naturwissenschaftliche und betriebswirtschaftliche Problemstellungen angewendet. Während sich Data-Mining-Verfahren ursprünglich auf tabellarische Datensätze mit einer überschaubaren Anzahl von Einzelmerkmalen bezogen, gewinnt die Verarbeitung von hochdimensionalen Daten aus Sensornetzen, fein abgetasteten Zeitreihen, Bildern und Videos zunehmend an Bedeutung. Der Beitrag stellt die zugrundeliegenden Methoden vor und gibt eine Übersicht über wichtige Anwendungsfelder.

1 Motivation

Der Begriff Data Mining geht auf Fayyad zurück [1] und bezog sich ursprünglich auf einen Teilprozess bei der Suche nach unbekannten oder nur teilweise bekannten strukturellen Zusammenhängen in großen Datenmengen (KDD: Knowledge Discovery from Databases). Inzwischen wird der Begriff oft weiter gefasst und bezieht den kompletten KDD-Prozess mit ein:

KDD is the nontrivial process of identifying valid, novel, potentially useful, and ultimately understandable patterns in data.

Klassische Data-Mining-Aufgaben befassen sich mit relativ kleinen tabellarischen Datensätzen, die einige Tausend Datentupel für (Einzel-) Merkmale enthalten. Seit einigen Jahren nimmt die Menge und Komplexität der zugrundeliegenden Daten ständig zu. Wesentliche Ursachen sind dabei:

- mehrdimensionale Rohdaten wie vektoriell aufgezeichnete Zeitreihen, Bilder und Videos,
- Zeitstempeldaten, bei denen Messwerte nur zu bestimmten Ereignissen abgespeichert werden [2],
- Problemstellungen mit einer Vielzahl räumlich verteilter Sensoren und
- kontinuierliche Datenströme (engl. data streams), bei denen ständig Modelle aktualisiert werden und Ergebnisse so schon während der Datenaufnahme zur Verfügung stehen sollen [3, 4].

Die methodische Herausforderung besteht in der Beherrschung der großen Datenmengen, die den hohen Gigabyte- und Terabyte-Bereich erreichen können. Diese Herausforderungen umfassen die Speicherung der Daten, die Datenvorverarbeitung mit der Erkennung fehlender und fehlerhafter Daten, die automatische Erkennung von Ereignissen, die Merkmalsextraktion aus mehrdimensionalen Rohdaten, Visualisierungstechniken, die interaktive Auswertung mit dem Zugriff auf die zugrundeliegenden Rohdaten sowie implementierungstechnische Aspekte. Das Ziel dieses Beitrags besteht darin, auf Besonderheiten bei Data-Mining-Verfahren für hochdimensionale Daten hinzuweisen (Abschnitt 2) und einige Anwendungsbereiche (Abschnitt 3) zu diskutieren.

2 Data-Mining-Methoden für hochdimensionale Daten

In den letzten Jahren gab es umfangreiche Bemühungen, die Vorgehensweise beim Data Mining zu standardisieren, um Data-Mining-Prozesse zu beschleunigen und die Qualität der Ergebnisse zu erhöhen. Beispiele sind der Cross-Industry Standard Process for Data Mining (CRISP-DM, [5]) oder standardisierte Vorgehensweisen in der Medizintechnik [6]. Der folgende Ablauf basiert auf [6] (Abb. 1.1), wobei speziell auf die Besonderheiten bei hochdimensionalen Daten eingegangen wird.

In einem ersten Schritt jeder Data-Mining-Analyse ist es notwendig, sich die verbale Problemformulierung (Was ist das Ziel?) und die bisher in der Datenbank verfügbaren Daten erläutern zu lassen. Danach ist zu prüfen, ob und welche weitere Daten zu erheben sind. Die formalisierte Problemformulierung wandelt das verbale Problem in ein durch Data-Mining-Verfahren lösbares Standardproblem (z. B. Klassifikation,

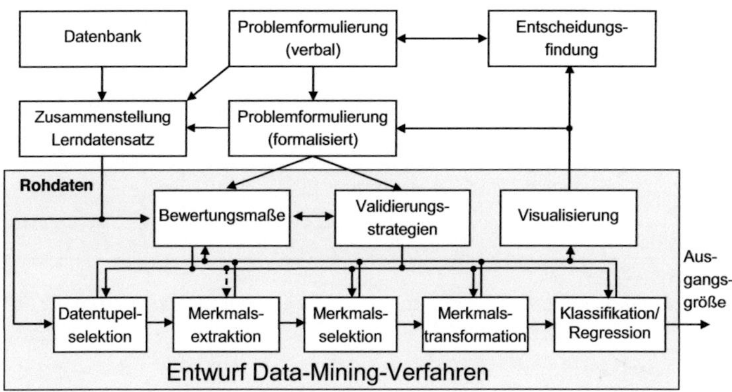

Abbildung 1.1: Standardisierte Vorgehensweisen beim Data Mining (adaptiert nach [6]).

Regression, Clustern) um [6, 7]. Danach wird der Lerndatensatz zusammengestellt, der je nach Anwendung Rohdaten unterschiedlicher Dimensionalität enthält (Tabelle 1.1). Ein Datentupel fasst dabei alle Informationen zu einem Objekt (z. B. ein Gerät) zusammen, wobei typischerweise mehrere Typen von Rohdaten pro Datentupel vorkommen (z. B. 20 Bilder und 5 Einzelmerkmale pro Gerät). Je höher die Dimensionalität der Daten, desto stärker muss bereits beim Abspeichern über geeignete Kompressionsalgorithmen nachgedacht werden. Bei Zeitreihen können so z. B. nur relevante Änderungen im Verlauf einer Zeitreihe als Zeitstempeldaten bzw. symbolische Repräsentationen von Zeitreihensegmenten abgespeichert werden (siehe z. B. [8, 9]). Dennoch erreichen komplexere Anwendungen mit hochfrequent abgetasteten Zeitreihen oder einer großen Anzahl von Bildern schnell den hohen Gigabyte- oder gar den Terabyte-Bereich.

Alle nicht plausiblen Werte (z. B. Ausreißer) sind mit einer (automatischen) Datentupelselektion oder dem Löschen ganzer Merkmale aus der weiteren Analyse auszuschließen. Darüber hinaus kann mit Clusterverfahren die Zahl der Datentupel reduziert werden, indem nur ein Teil der Datentupel aus gut repräsentierten Clustern für die folgenden Analyseschritte verwendet wird [10].

Der Schritt der Merkmalsextraktion ist für hochdimensionale Daten

Rohdaten	Dimension	Bestandteile	Anzahl Roh-merkmale s_{Roh}
Einzelmerkmale	0-2	$x_l[n]$	s
Zeitreihen	1-3	$x_{ZR,l}[k,n]$	$s \cdot K$
Bilder	2-4	$x_{Bild,l}[i_x,i_y,n]$	$s \cdot I_x \cdot I_y$
3D-Bilder	3-5	$x_{Bild,l}[i_x,i_y,i_z,n]$	$s \cdot I_x \cdot I_y \cdot I_z$
Videobilder	3-5	$x_{Video,l}[i_x,i_y,k,n]$	$s \cdot I_x \cdot I_y \cdot K$
3D-Videobilder	4-6	$x_{Video,l}[i_x,i_y,i_z,k,n]$	$s \cdot I_x \cdot I_y \cdot I_z \cdot K$

Tabelle 1.1: Datensätze für verschiedene Arten von Rohmerkmalen. Abkürzungen: $l = 1, \ldots, s$ Nummer gleichartiger Merkmale; $n = 1, \ldots, N$ Datentupel; $k = 1, \ldots, K$ Abtastzeitpunkte; $i_x = 1, \ldots, I_x$ Bildspalten, $i_y = 1, \ldots, I_y$ Bildzeilen; $i_z = 1, \ldots, I_z$ Bildschichten. Die niedrigeren Dimensionszahlen der Datensätze gelten für $s = 1$ (nur ein Einzelmerkmal, eine Zeitreihe, ein Bild bzw. ein Video) sowie ein Datentupel ($N = 1$).

von besonderer Bedeutung. Hier kommt es darauf an, aus Videos, Bildern und Zeitreihen bedeutungstragende Einzelmerkmale oder dimensionsreduzierte Zeitreihen zu extrahieren. Im Unterschied zu klassischen Data-Mining-Verfahren erfordern hochdimensionale Daten einen hohen Aufwand bei der Erkennung von sinnvollen Segmenten (zusammengehörige Regionen mit ähnlichen Eigenschaften), was als unterlagerte Data-Mining-Aufgabe aufgefasst werden kann. Kandidaten für relevante Merkmale ergeben sich aus einer Befragung der Experten sowie aus einer Bibliothek mit standardisierten Merkmalen. Beispiele sind:

- die Berechnung neuer Zeitreihen durch relative Anteile von Zeitreihen oder lineare Hoch-, Tief- und Bandpassfilter oder Wavelets;
- die Extraktion von Einzelmerkmalen aus äquidistanten Zeitreihen oder Zeitstempeldaten durch lokale Extrema, Mittelwerte und Anzahl bestimmter Ereignisse für Zeitreihensegmente usw.,
- die Berechnung neuer Bilder (verbesserte Bildqualität, Differenzbilder, Beleuchtungskorrektur, Segmentierung),
- die Berechnung von Einzelmerkmalen aus Segmentbeschreibungen wie Größe, Umfang, mittlerer Grauwert in Bildern sowie
- die Berechnung von Zeitreihen durch Segmentbeschreibungen in Einzelbildern von Videos [11].

Bei extrem großen Datenmengen kann die Merkmalsextraktion verteilt werden, indem z. B. Bilder auf verschiedenen Computern parallel bearbeitet werden, daraus einige wenige Einzelmerkmale erzeugt und in einem gemeinsamen Datensatz für alle Bilder abgelegt werden. Die Dateien mit Rohmerkmalen werden verlinkt, um deren Analyse noch zu ermöglichen. Diese Strategie trägt entscheidend dazu bei, große Datenmengen zu beherrschen, die mit einem normalen Computer nicht zu bewältigen sind. Eine Alternative zu dieser verteilten Merkmalsextraktion ist ein Verteilen (fast) aller Schritte des Schemas (engl. *distributed data mining* [12]). Dabei bearbeiten unterschiedliche Computer jeweils nur einen Teil der Datentupel. So entstehen strukturell unterschiedliche Modelle, deren spätere Fusion nicht trivial ist.

Die Menge potenziell nützlicher Merkmale wird bewertet und durch eine Merkmalsselektion reduziert, um eine umfassende Übersicht über aussagekräftige Merkmale zu ermöglichen. Bei der Bewertung kommen u. a. klassifikationsorientierte Maße (z. B. uni- und multivariate Varianzanalysen, informationstheoretische Maße, Klassifikationsgüte, Kostenbewertung), regressionsorientierte Maße (z. B. Polynom-Modelle oder Künstliche Neuronale Netze mit einigen wenigen Merkmalen als Eingangsgrößen) und Interpretierbarkeitsmaße [13] zum Einsatz. Generell ist der Vergleich verschiedener Bewertungsmaße zu empfehlen, um lineare und nichtlineare strukturelle Zusammenhänge zu identifizieren. Wenn sich Merkmale mit unerwartet hohen Bewertungen finden, deutet das entweder auf neu entdeckte wertvolle Zusammenhänge oder auf Artefakte und Fehler in der Versuchsplanung hin. Außerdem ist darauf zu achten, ob die von den Experten präferierten Merkmale die Erwartungen einhalten. Zur Verbesserung der Interpretierbarkeit und Implementierbarkeit ist eine kleine Zahl ausgewählter Merkmale anzustreben.

Eine Merkmalstransformation (z. B. Diskriminanzanalyse, Hauptkomponentenanalyse, ICA - Independent Component Analysis) ist besonders dann sinnvoll, wenn die Implementierbarkeit eine wichtige Rolle und die Interpretierbarkeit eine untergeordnete Rolle spielt. Oftmals reicht eine Reduzierung auf zwei bis drei transformierte Merkmale aus, um wesentliche Informationen in komprimierter Form zu erhalten.

Auch die folgende Klassifikation oder Regression hängt von der formalisierten Problemstellung ab. Hier können vielfältige Data-Mining-Methoden wie z. B. datenbasiert generierte Fuzzy-Modelle, Künstliche Neuronale Netze, Neuro-Fuzzy-Modelle, Support-Vektor-Maschinen,

Hidden-Markov-Modelle, Bayes-Klassifikatoren, Cluster-Verfahren, Regressionsansätze usw. eingesetzt werden. Bei Klassifikationsproblemen mit hohen Interpretierbarkeitsforderungen sind Fuzzy-Klassifikatoren oder Bayes-Klassifikatoren mit zwei ausgewählten Merkmalen zu empfehlen. Klassifikatoren mit nur zwei Eingangsgrößen und eingezeichneten Entscheidungsfeldern haben den generellen Vorteil, sich für sicherheitskritische Anwendungen [14] zu eignen, weil deren Verhalten gut prognostizierbar ist. Bei Problemen, die nur auf eine hohe Klassifikationsgüte zielen, sind Support-Vektor-Maschinen oder Künstliche Neuronale Netze eine gute Wahl. Es hat sich bewährt, mehrere konkurrierende Verfahren zu vergleichen. Ähnliche Ergebnisse deuten hierbei auf offensichtliche und gut trennbare Zusammenhänge hin. Deutliche Abweichungen geben hingegen Auskünfte über nichtlineare Zusammenhänge im Datensatz. Gefundene Zusammenhänge in den Daten sind allerdings noch lange keine Ursache-Wirkung-Beziehungen! Sie können ebenso aus fehlerhaften Daten, unerwünschten Asymmetrien bei der Verteilung der Datentupel, Zufällen oder komplexeren Ketten von Zusammenhängen entstehen.

Aufgrund der intensiven Ausbeutung des Datenmaterials ist eine sorgfältig geplante Validierungsstrategie (z. B. mit einer Crossvalidierung) unbedingt erforderlich. Allerdings vermeidet erst die Validierung mit neuen Daten das Problem von multiplen Tests, das bei Data-Mining-Aufgaben sonst unvermeidlich ist. Zusätzliche Daten sind außerdem die einzige Chance, zeitliche Veränderungen der Zusammenhänge zu erkennen, die nicht in den Lerndaten enthalten sind [15].

Während bei den meisten Data-Mining-Anwendungen das Lernen von Modellen und deren Anwendung auf neue Daten zeitlich getrennt sind, müssen bei sogenannten Data Streams [3] die Modelle ständig an neue Daten angepasst werden, um z. B. zeitvariante Änderungen zu erfassen. Oftmals wird darauf verzichtet, die ursprünglichen Rohdaten abzuspeichern. Data-Stream-Algorithmen müssen in der Lage sein, Daten geeignet zu aggregieren sowie daraus gültige und stabile Modelle zu erzeugen.

Generell ist es entscheidend, den kompletten Ablauf durch geeignete Softwaretools zu unterstützen und skriptbasiert zu automatisieren. Hierbei existieren kommerzielle Produkte wie der PASW Modeler von SPSS (früher Clementine, *http://www.spss.com/software/modeling/modeler/*) oder Open-Source-Lösungen wie KNIME (*http://www.knime.org*) und Gait-CAD (*http://sourceforge.net/projects/gait-cad/*, [16]).

3 Anwendungen

3.1 Übersicht

Data-Mining-Anwendungen auf hochdimensionale Datensätze finden sich in einer Vielzahl von Anwendungsgebieten. Im Folgenden sollen exemplarisch typische Fragestellungen bei Industriellen Prozessen, (Kognitiven) Automobilen, Humanoiden Robotern sowie Hochdurchsatzverfahren in der Bioinformatik diskutiert werden. Viele Anwendungen können sowohl mit theoretisch begründeten mathematisch-naturwissenschaftlichen Modellen als auch mit Data-Mining-Verfahren gelöst werden. Die Erstellung theoretisch begründeter Modelle ist immer dann zu bevorzugen, wenn zumindest wesentliche strukturelle Aspekte der Modelle bekannt und in angemessener Zeit berechenbar sind. So wurde z. B. gezeigt, dass bei der Quellenlokalisation von Chemikalien mit künstlichen Nasen klassische Ausbreitungsmodelle auf der Basis partieller Differentialgleichungen [17] bessere Ergebnisse liefern als Data-Mining-Ansätze wie Hidden-Markov-Modelle [18]. Data-Mining-Verfahren geben dann bessere Lösungen, wenn die Strukturen von mathematisch-naturwissenschaftlichen Modellen unbekannt oder zu komplex (z. B. in Form von Finite-Elemente-Modellen) sind, aber viele Daten vorliegen.

3.2 Industrielle Prozesse

Die routinemäßige Aufzeichnung von Zeitreihen in industriellen Prozessen und Geräten ermöglicht neue Perspektiven für die retrospektive Analyse aufgetretener Fehler, Ausnahmesituationen und Betriebsarten. Data-Mining-Verfahren werden hier zur Analyse strukturell unbekannter Ereignisse und Abläufe eingesetzt, die sich nicht mehr ohne weiteres durch Schwellwerte erfassen lassen, bei denen aber das vorhandene Wissen nicht für eine geschlossene theoretische Modellbildung ausreicht. Anwendungen finden sich insbesondere im Plant Asset Management [19], wo es um die systematische Analyse des Verhaltens einer industriellen Anlage u. a. bezüglich Fehlerdiagnose, Performance und Wartungsbedarf über den kompletten Lebenszyklus geht. Ein weiteres Feld ist die Softsensorik, bei der komplexe Messgrößen zunächst mit einem Regressionsmodell aus anderen Größen zu berechnen sind, wie bei der Rekonstruktion räumlich nicht zugänglicher Prozessgrößen aus verfügbaren Werten sowie bei der Gewinnung von Kenngrößen aus Bildern und Videos (z. B. Verbrennungsprozesse in [20]).

3.3 Fahrunterstützungssysteme und Kognitive Automobile

Bei aktuellen und zukünftigen Fahrunterstützungssystemen und Kognitiven Automobilen kommt es darauf an, aus einer Vielzahl heterogener Sensorinformationen (z. B. Abstandsmessungen wie Ultraschall, Video, Lidar; internen Geschwindigkeits- und Beschleunigungssensoren, Reifendruck, Druck- und Temperaturinformationen im Motorbereich) den Zustand der Umgebung und des Fahrzeugs zu ermitteln. Während bislang viele der entsprechenden Auswertealgorithmen manuell oder auf Basis bekannter theoretischer Modelle erstellt wurden, gewinnen Data-Mining-Ansätze an Bedeutung. Ein Beispiel ist die sichere Auslösung von Airbags [14]. Langfristig ist bei Fahrzeugen mit zunehmender Autonomie bis hin zu vollautonomen kognitiven Fahrzeugen [21] zu rechnen.

3.4 Humanoide Roboter

Eine noch komplexere Situationseinschätzung ist für humanoide Roboter wie ARMAR-III des Karlsruher Instituts für Technologie notwendig (Abb. 1.2a, [22]). Hier ist nicht nur die sichere Orientierung im Raum, sondern auch das Erfüllen von Aufgaben und die natürlichsprachliche und multimodale Kommunikation mit dem menschlichen Bediener erforderlich. Data-Mining-Aufgaben ergeben sich insbesondere bei der Erkennung von Personen, Objekten, Wörtern usw. und müssen geeignet in eine kognitive Architektur eingebettet werden [23, 24]. Als Sensorinformationen stehen Videodaten der internen Kameras des Roboters, Audiodaten, taktile Informationen und interne Messdaten des Roboters wie Gelenkwinkelpositionen zur Verfügung. Solche Lernaufgaben erfolgen nicht nur offline, sondern zunehmend auch online beim Lernen neuer Personen [25] und Gegenstände [22]. Außerdem können Gefahrensituationen rechtzeitig aus Sensordaten detektiert werden [26].

3.5 Hochdurchsatzverfahren in der Bioinformatik

Neben einer Vielzahl von Data-Mining-Anwendungen für Gensequenzen und Microarrays gewinnen zunehmend bild- und videogestützte Hoch-

 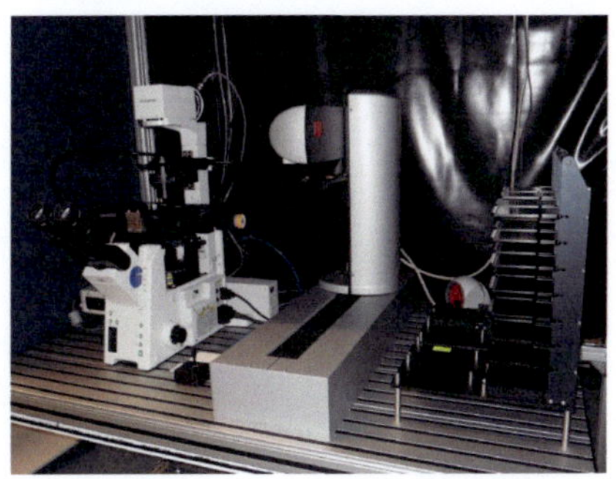

Abbildung 1.2: a. Humanoider Roboter ARMAR-III (links), b. Robotergestütztes Hochdurchsatzsystem mit Mikroskop scan^R der Fa. Olympus (rechts).

durchsatzverfahren an Bedeutung. Ein wesentlicher Treiber dieser Entwicklungen ist der Einsatz robotergestützter Mikroskope (Beispiel in Abb. 1.2b), die eine automatische Probenhandhabung ermöglichen. Beispielhafte Anwendungen sind die Suche nach geeigneten Substanzen für Arzneimittel [27], für die systematische Grundlagenforschung in der Genetik [28] und für die Toxikologie (z. B. die Untersuchung der Auswirkungen verschiedener Stoffe auf Zebrabärblingslarven [29] mit dem Ziel, aufwändigere und ethisch bedenklichere Tierversuche zu reduzieren).

4 Zusammenfassung

Mit der zunehmenden Leistungsfähigkeit der Rechentechnik und der Vielzahl an aufgezeichneten Daten steigt der Bedarf an Data-Mining-Methoden für hochdimensionale Daten. Durch die schrittweise Dimensionsreduktion bei hochdimensionalen Rohmerkmalen mit einer Merkmalsextraktion, durch spezielle Verfahren für Datenströme, die Datei- oder Datenbank-basierte Verwaltung der Rohdaten und durch verteiltes Rechnen im Grid können Data-Mining-Methoden an die neuen Herausforderungen angepasst werden. Folgende Regeln begünstigen ein effektives und effizientes Vorgehen:

- Orientierung an einem Data-Mining-Standard-Prozess wie [5, 6],

- gezieltes Anstreben möglichst einfacher Modelle, um die Interpretierbarkeit und Implementierbarkeit zu verbessern,
- Berücksichtigung der Anforderungen an das Modell (online oder offline, verfügbare Ressourcen, Sicherheitsanforderungen),
- Vergleich verschiedener Verfahren,
- Nutzung eines erweiterbaren Softwarepakets wie KNIME oder Gait-CAD, um einerseits auf existierende Implementierungen aufzubauen und andererseits bei Bedarf eigene anwendungsspezifische Verfahren einzubringen.

Danksagung: Der Autor dankt an dieser Stelle seinen Kollegen Markus Reischl, Rüdiger Alshut, Urban Liebel, Christian Bauer, Tamim Asfour, Moritz Werling und Lutz Gröll für viele Diskussionen zum Thema. Die Förderung der Data-Mining-Arbeiten durch die Helmholtz-Gemeinschaft und die Deutsche Forschungsgemeinschaft (DFG) im Rahmen des SFB 588 „Humanoide Roboter" trug wesentlich zur Entwicklung bei.

Literatur

1. U. Fayyad, G. Piatetsky-Shapiro und P. Smyth, „From data mining to knowledge discovery in databases", *AI Magazine*, Vol. 17, S. 37–54, 1996.

2. L. Cohen, G. Avrahami-Bakish, M. Last, A. Kandel und O. Kipersztok, „Real-time data mining of non-stationary data streams from sensor networks", *Information Fusion*, Vol. 9, Nr. 3, S. 344–353, 2005.

3. C. Aggarwal, *Data Streams: Models and Algorithms*. Springer, 2007.

4. J. Beringer und E. Hüllermeier, „Online clustering of parallel data streams", *Data & Knowledge Engineering*, Vol. 58, Nr. 2, S. 180–204, 2006.

5. C. Shearer, „The CRISP-DM model: The new blueprint for data mining", *Journal of Data Warehousing*, Vol. 5(4), S. 13–22, 2000.

6. R. Mikut, *Data Mining in der Medizin und Medizintechnik*. Universitätsverlag Karlsruhe, 2008.

7. R. Mikut, O. Burmeister, M. Grube, M. Reischl und G. Bretthauer, „Interaktive Auswertung von aufgezeichneten Zeitreihen für Fehlerdiagnosen und Mensch-Maschine-Interfaces", *atp - Automatisierungstechnische Praxis*, Vol. 49(8), S. 30–34, 2007.

8. J. Lin, E. Keogh und S. Lonardi, „Visualizing and discovering non-trivial patterns in large time series databases", *Information Visualization*, Vol. 4, Nr. 2, S. 61–82, 2005.

9. C. Moewes und R. Kruse, „Zuordnen von linguistischen Ausdrücken zu Motiven in Zeitreihen", *at-Automatisierungstechnik*, Vol. 57, Nr. 3, S. 146–154, 2009.

10. R. Hathaway und J. Bezdek, „Extending fuzzy and probabilistic clustering to very large data sets", *Computational Statistics and Data Analysis*, Vol. 51, Nr. 1, S. 215–234, 2006.

11. X. Zhu, X. Wu, A. Elmagarmid, Z. Feng und L. Wu, „Video data mining: Semantic indexing and event detection from the association perspective", *IEEE Transactions on Knowledge and Data Engineering*, Vol. 17, Nr. 5, S. 665–677, 2005.

12. B. Park und H. Kargupta, „Distributed data mining: Algorithms, systems, and applications", *Data Mining Handbook*, S. 341–358, 2002.

13. R. Mikut, J. Jäkel und L. Gröll, „Interpretability issues in data-based learning of fuzzy systems", *Fuzzy Sets and Systems*, Vol. 150(2), S. 179–197, 2005.

14. S. Nusser, C. Otte, W. Hauptmann, O. Leirich, M. Krätschmer und R. Kruse, „Maschinelles Lernen von validierbaren Klassifikatoren zur autonomen Steuerung sicherheitsrelevanter Systeme", *at-Automatisierungstechnik*, Vol. 57, Nr. 3, S. 138–145, 2009.

15. M. Reischl, R. Mikut und G. Bretthauer, „Robust training and control strategies for the grasp type selection of hand prostheses", in *Proc., 4th IFAC Symposium on Mechatronic Systems, Heidelberg*, 2006, S. 478–483.

16. O. Burmeister, M. Reischl, G. Bretthauer und R. Mikut, „Data-Mining-Analysen mit der MATLAB-Toolbox Gait-CAD", *at - Automatisierungstechnik*, Vol. 56(7), S. 381–389, 2008.

17. J. Matthes, L. Gröll und H. Keller, „Source localization by spatially distributed electronic noses for advection and diffusion", *IEEE Transactions on Signal Processing*, Vol. 53, Nr. 5, S. 1711–1719, 2005.

18. J. Matthes, H. B. Keller und R. Mikut, „Abstrakte Verhaltensmodellierung und -prognose auf der Basis räumlich verteilter Sensornetze mit Kohonen-Karten und Markov-Ketten", in *Proc., 10. Workshop Fuzzy Control des GMA-FA 5.22., Dortmund*, 2000, S. 192–204.

19. C. Maul, „Von der Prozessführung zum Asset Management", *atp - Automatisierungstechnische Praxis*, Vol. 49, S. 34–38, 2007.

20. S. Zipser, J. Matthes und H. Keller, „Kamerabasierte Regelung von Feuerungsprozessen mit dem Software-Werkzeug INSPECT", *at - Automatisierungstechnik*, Vol. 54(11), S. 574–581, 2006.

21. C. Stiller, S. Kammel, B. Pitzer, J. Ziegler, M. Werling, T. Gindele und D. Jagszent, „Team AnnieWAY's autonomous system", *Lecture Notes in Computer Science*, Vol. 4931, S. 248, 2008.

22. T. Asfour, P. Azad, N. Vahrenkamp, K. Regenstein, A. Bierbaum, K. Welke, J. Schröder und R. Dillmann, „Toward humanoid manipulation in human-centred environments", *Robotics and Autonomous Systems*, Vol. 56, Nr. 1, S. 54–65, 2008.

23. C. Burghart, R. Mikut, R. Stiefelhagen, T. Asfour, H. Holzapfel, P. Steinhaus und R. Dillmann, „A cognitive architecture for a humanoid robot: A first approach", in *Proc., IEEE-RAS Conference on Humanoid Robots, Tsukuba, Japan*, 2005, S. 357–362.

24. C. Goerick, „Towards cognitive robotics", in *Creating Brain-like Intelligence*, Ser. LNCS 5436, B. Sendhoff, E. Koerner, O. Sporns, H. Ritter und K. Doya, Hrsg.   Springer Verlag, 2008.

25. H. Holzapfel, T. Schaaf, H. Ekenel, C. Schaa und A. Waibel, „A robot learns to know people - first contacts of a robot", *Lecture Notes in Computer Science*, Vol. 4314, S. 302–316, 2007.

26. G. Milighetti, T. Emter, H. Kuntze, D. Bechler und K. Kroschel, „Primitive skill based supervisory control of a humanoid robot applied to a visual acoustic localization task", in *Proc., Robotik 2006, München*, 2006.

27. V. Starkuviene und R. Pepperkok, „The potential of high-content high-throughput microscopy in drug discovery", *British Journal of Pharmacology*, Vol. 152, Nr. 1, S. 62, 2007.

28. J. Gehrig, M. Reischl, E. Kalmar, M. Ferg, Y. Hadzhiev, A. Zaucker, C. Song, S. Schindler, U. Liebel und F. Müller, „Automated high throughput mapping of promoter-enhancer interactions in zebrafish embryos", *Nature Methods*, Vol. 6, Nr. 12, S. 911–916, 2009.

29. L. Yang, N. Ho, R. Alshut, J. Legradi, C. Weiss, M. Reischl, R. Mikut, U. Liebel, F. Müller und U. Strähle, „Zebrafish embryos as models for embryotoxic and teratological effects of chemicals", *Reproductive Toxicology*, Vol. 28, S. 245–253, 2009.

Online-Monitoring und Prädiktion der Prozessgüte komplexer Batchprozesse

Christian Kühnert und Thomas Bernard

Fraunhofer-Institut für Optronik,
Systemtechnik und Bildauswertung IOSB,
Fraunhoferstraße 1, 76131 Karlsruhe

Zusammenfassung Moderne verfahrenstechnische Prozesse zeichnen sich durch einen hohen Automatisierungsgrad und zunehmende Komplexität aus. Die Optimierung von instationären Prozessphasen wie z. B. dem Anfahren von Batchprozessen erfolgt bisher im Wesentlichen basierend auf rigorosen Prozessmodellen und dem Expertenwissen der Anlagenfahrer. Beide Ansätze sind jedoch zunehmend problematisch. Hier bieten sich Data-Mining-Methoden an, mittels derer die archivierten Prozessdaten systematisch ausgewertet und genutzt werden können. Im vorliegenden Beitrag wird ein Ansatz entwickelt welcher online während einer Produktion frühzeitig erkennt, ob der Prozess eine hohe Güte (gemessen z. B. über, Produktqualität, Rohstoffverbrauch oder Produktionskosten) erzielen wird. Es werden für mehrere Prozessphasen datengetriebene Modell generiert, welche mit einer geringen Anzahl an Merkmalen der Prozessvariablen einen definierten Güteindex möglichst genau wiedergeben. Dieser Ansatz bietet die Möglichkeit, während der Produktion im Falle einer drohenden, unbefriedigenden Güte frühzeitig gegenzusteuern. Die Leistungsfähigkeit des vorgeschlagenen Konzeptes wird anhand eines industriellen Batchprozesses dargestellt.

1 Einleitung

Moderne verfahrenstechnische Prozesse z. B. in der chemischen oder der Glas-Industrie zeichnen sich durch einen hohen Automatisierungsgrad und zunehmende Komplexität aus. Die Optimierung von instationären Prozessphasen wie z. B. dem Anfahren von Batchprozessen, Last- oder

Produktwechsel erfolgt bisher im Wesentlichen basierend auf rigorosen Prozessmodellen und dem Expertenwissen der Anlagenfahrer. Beide Ansätze sind jedoch zunehmend problematisch, da zum einen die Erstellung von Prozessmodellen zeit- und damit kostenaufwendig ist und zudem bei vielen Prozessen aufgrund stark nichtlinearer Teilprozesse bzw. Materialeigenschaften nur eine Modellbildung mit begrenzter Güte möglich ist. Zum anderen können Anlagenfahrer die komplexen Prozesse immer weniger überschauen, so dass neue Ansätze zur Optimierung instationärer Prozessphasen notwendig sind. Hier bieten sich Data-Mining-Methoden an, mittels derer die archivierten Prozessdaten systematisch ausgewertet und genutzt werden können [1]. Data-Mining-Methoden werden im Produktionsumfeld noch völlig unzureichend eingesetzt, obwohl sie ein großes Potential hinsichtlich Prozess- und Produktoptimierung besitzen. Im Projekt ProDaMi der Fraunhofer-Gesellschaft werden zur Zeit Data-Mining-Methoden zum Einsatz im Produktionsumfeld entwickelt und erprobt [2,3], um physikalische Prozessmodelle und Expertenwissen zu ergänzen.

Ein Ansatz zur datengetriebenen Optimierung besteht darin, aus archivierten Zeitreihen der Prozessgrößen (Stell-, Regelgrößen und weitere relevante Messwerte) automatisiert relevante, informationstragende Merkmale zu extrahieren [4] und diese in Relation zu einem oder mehreren Güteindizes des Prozesses zu stellen. Bei den Güteindizes kann es sich um Bewertungsmaße für den generierten Ausschuss, die Produktqualität, Material- und Rohstoffverbrauch oder Produktionskosten handeln. Das heißt, es wird ein datengetriebenes Modell generiert, welches mit einer geringen Anzahl an Merkmalen der Prozessvariablen die zuvor definierte Gütefunktion möglichst genau beschreibt (siehe Abbildung 2.1). Mittels diesem Modell und den relevanten Merkmalen lassen sich optimale Merkmalswerte der Prozessgrößen und somit optimale Prozessführungsmuster extrahieren. Das in [5] vorgestellte Verfahren ist allerdings beschränkt auf eine Offline-Analyse und eine generelle Prozessoptimierung. Im vorliegenden Beitrag wird ein Ansatz entwickelt, der es ermöglicht, online während einer Produktion bereits frühzeitig zu erkennen, ob der Prozess einen hohe Güte erzielen wird. Dieser Ansatz bietet die Möglichkeit, während der Produktion notfalls frühzeitig gegenzusteuern.

Der Beitrag gliedert sich wie folgt. Im folgenden Abschnitt wird das onlinefähige Lösungskonzept vorgestellt. Abschnitt 3 beschreibt die Vorgehensweise zur automatisierten Merkmalsextraktion und Abschnitt 4 die Merkmalsselektion und Modellbildung. In Abschnitt 5 wird die Anwendung auf einen rheologischen Batchprozess vorgestellt. Eine Zusammenfassung erfolgt in Abschnitt 6.

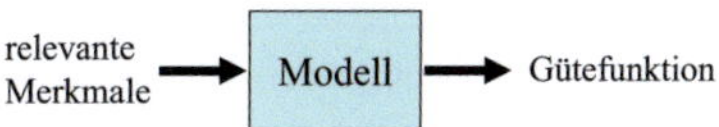

Abbildung 2.1: Merkmalsmodell zur Berechnung einer Gütefunktion.

2 Lösungskonzept

In dem hier vorliegenden Beitrag wird das in [5] vorgestellte Verfahren zur Offline-Analyse von instationären Prozessphasen hin zum Online-Monitoring und der Prädiktion der Prozessgüte erweitert.

Der Ansatz besteht darin, dass aus historischen Prozessdaten entsprechend eines erreichten Prozessverlaufs (charakteristiert z. B. durch bestimmte Zeitpunkte oder dem Grad des erreichten Sollwertes) verschiedene Modelle generiert werden (siehe Abbildung 2.2). Diese offline generierten Modelle werden bei laufender Produktion herangezogen und zur Prädiktion der Prozessgüte verwendet, so dass bei drohender schlechter Prozessgüte frühzeitig gegengesteuert werden kann. Mit fortschreitender Produktion steht aufgrund der größeren Anzahl an Messdaten ein immer genaueres Modell zur Prognose zur Verfügung. Nach einer Vorverarbeitung und Merkmalsextraktion der aktuellen Prozessdaten wird das Modell der jeweiligen Prozessphase ausgewählt und für die Prognose aktiviert.

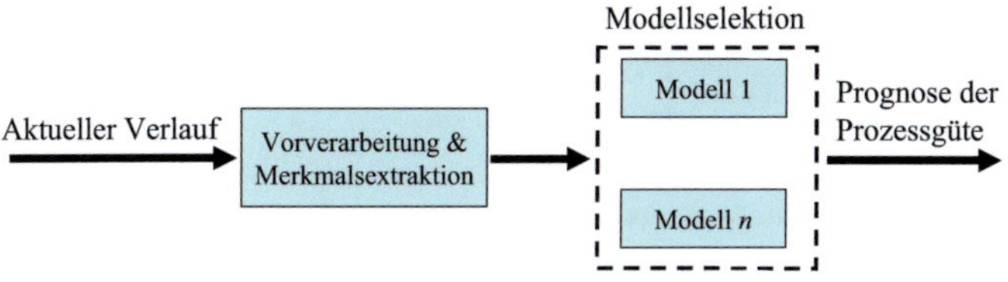

Abbildung 2.2: Auswahl des jeweiligen Modells zur Prognose der Prozessgüte.

3 Merkmalsextraktion

Aus den Prozessdaten müssen möglichst niederdimensionale informationstragende Merkmale (beispielsweise Extremwerte) extrahiert und später mittels einem Ranking selektiert werden. Dieser Schritt ist notwendig, da die Zeitreihen der Messwertverläufe einen zu hochdimensionalen Raum beschreiben und daher anhand dieser Daten keine sinnvollen Ergebnisse generiert werden können [6]. Die Auswahl dieser informationstragenden Merkmale unterliegt einer besonderen Sorgfalt, da eine schlechte Auswahl der Merkmale dazu führt, dass nur ein schlechtes Modell der jeweiligen Prozessphase berechnet werden kann. Daher ist es in diesem Fall unerlässlich, Vorwissen in die Merkmalsauswahl mit einfließen zu lassen.

Nach einer ersten Vorverarbeitung der Daten (Entfernen fehlerhafter Messdaten und Ausreißern sowie Resampling) [7] erfolgt der in Abbildung 2.3 dargestellte prinzipielle Vorgang zur Extraktion von Merkmalen aus Prozessdaten. Da oftmals Informationen notwendig sind, welche nicht durch Extremwerte in den originalen Messwertverläufen beschrieben sind (beispielsweise schnelle Schwankung der Messgrößen), werden zusätzliche Messdaten erzeugt (beispielsweise durch Ableitungen, Kombinationen von Messwertverläufen oder bekannte physikalische Zusammenhänge). Des Weiteren erfolgt eine zeitliche Segmentierung der Messreihen da oftmals nur ein Teilbereich informationstragende Elemente enthält und beispielsweise durch lokale Extremwerte beschrieben wird. Nach der Extraktion der Merkmale wird nochmals eine Ausreißerfilterung durchgeführt. Im folgenden Abschnitt wird das Verfahren vorgestellt, wie aus den extrahierten Merkmalen ein Modell erzeugt wird.

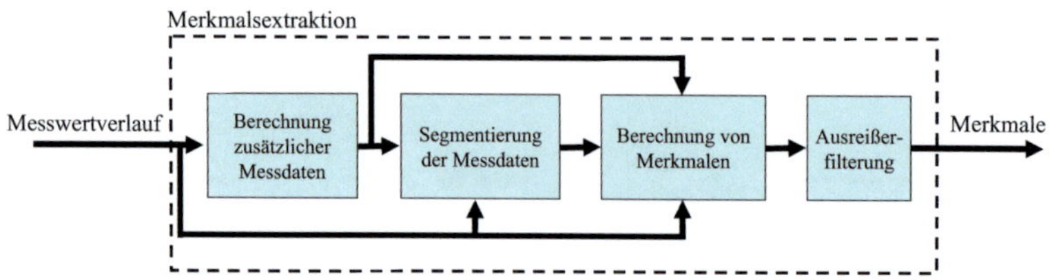

Abbildung 2.3: Erzeugen von Merkmalen aus Messdaten.

4 Merkmalsselektion und Modellbildung

Basierend auf den extrahierten Merkmalen erfolgt ein Ranking sowie eine Modellbildung. Dazu wird eine eingebettete Methodik verwendet, welche eine Merkmalsselektion durchführt und gleichzeitig die Modellparameter optimiert. Im Gegensatz zu Filter oder Wrapper Methoden [8] wird hierbei also nicht zwischen Merkmalsselektion und Modellbildung unterschieden sondern beides in einem iterativen Ablauf gleichzeitig durchgeführt. Als zugrundeliegendes Modell werden Support Vector Machines im Regressionskontext (SVR) verwendet, welche in [9] ausführlich erkärt sind.

Der prinzipielle Ablauf ist in Abbildung 2.4 dargestellt. Die SVR wird mit einer gewählten Kernelfunktion sowie den Hyperparametern C und ϵ initialisiert. Daraufhin erfolgt basierend auf einer definierten oberen Leave-one-out (LOO) Fehlergrenze [10] die Optimierung der Modellparameter, ein Ranking der einzelnen Merkmale sowie die Auswahl des optimalen Merkmalsraums. Dieses Verfahren wird so lange wiederholt bis die Modellparameter sowie der Merkmalsraum gegen einen festen Wert konvergieren. Auf das Merkmalsranking, sowie die Modellbildung wird im Folgenden detailliert eingegangen.

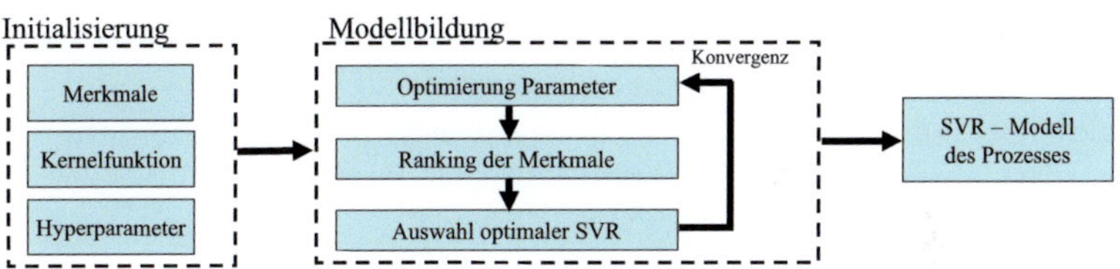

Abbildung 2.4: Berechnung des Support Vector Machine Merkmalmodells.

4.1 Merkmalsranking und Parameteroptimierung basierend auf Leave-one-out Fehlergrenzen

Zur Merkmals- und Modellselektion ist der Leave-one-out Fehler ein wichtiger Ansatz für Support-Vector-Machines, um eine möglichst hohe Generalisierbarkeit des sich ergebenden Modells zu erreichen. Um Rechenzeit zu sparen, ist es ein populärer Ansatz den LOO Fehler anzunähern und eine obere Grenze zu berechnen. Dahingehend können schließlich Parameter der SVR optimiert und Merkmale ausgewählt werden.

Eine Möglichkeit, die in Untersuchungen gute Ergebnisse erzielt hat, ist die in [8, 11] vorgestellte Spanbound als obere Grenze des LOO zu berechnen. In dem hier vorliegenden Fall wird dieses Verfahren zur Optimierung der Hyperparameter der SVR, zum Merkmalsranking als auch zur Berechnung des Merkmalsraums eingesetzt (siehe Abbildung 2.4).

4.2 Spanbound als obere LOO Fehlergrenze

Unter der Annahme, dass die Anzahl der Support Vektoren während der Berechnung des LOO Fehlers konstant bleibt, wir die Spanbound nach folgender Gleichung berechnet [11]:

$$LOO \leq \sum_{i=1}^{l} (\alpha_i + \hat{\alpha}_i) S_i^2 + l\epsilon \tag{2.1}$$

Hierzu beschreibt der Parameter l die Anzahl der Support Vektoren, α und $\hat{\alpha}$ die sich zu der Berechnung der SVM ergebenden Langrangemultiplikatoren und S_i^2 ist für jeden Support Vector der quadratische Abstand des Raumes $\Phi(x_i)$, zum Abstand des Raumes $\Phi(x_j)$, welcher alle anderen Support Vektoren beinhaltet. Die Variable $G_S(\alpha, \hat{\alpha})$ wird im Folgenden dazu verwendet die Spanbound zu beschreiben.

Zur Berechnung der Funktion S_i^2 ist ein erhöhter Rechenaufwand nötig. Sie kann aber durch das ebenfalls in [11] dargestellte Verfahren angenähert werden. $\bar{S}_i^2$ beschreibt hierbei die angenäherte Funktion von S_i^2.

$$\bar{S}_i^2 = \frac{1}{\tilde{M}^{-1}} - \frac{\eta}{\alpha_i + \hat{\alpha}_i}, \text{ mit } \tilde{M} = \begin{bmatrix} \tilde{K} + D & I \\ I & 0 \end{bmatrix} \tag{2.2}$$

$\tilde{K}$ ist eine Untermatrix, welche die freien Support Vektoren enthält. Die Werte ergeben sich durch $\tilde{K}_{i,j} = K(x_i, x_j) + \frac{1}{C}\delta_{i,j}$ und $D_{i,j} = \frac{\eta}{\alpha_i + \hat{\alpha}_i}\delta_{i,j}$. Der Parameter η ist ein benutzerdefinierter Wert größer Null und wird hier als $\eta = 0.01$ gewählt. Eine detaillierte Beschreibung zur Wahl des Parameters ist in [12] gegeben. Somit hat man die Möglichkeit eine Variable

$$G_S(\alpha, \hat{\alpha}) = \sum_{i=1}^{l} (\alpha_i + \hat{\alpha}_i) \bar{S}_i^2 + l\epsilon \tag{2.3}$$

zu berechnen, welche zur Optimierung der SVM-Parameter sowie zum Merkmalsranking eingesetzt werden kann.

4.3 Optimierung der Modellparameter

Zur Initialisierung der SVR müssen drei Parameter gewählt werden. Dies ist die verwendete Kernelfunktion inklusive Kernelparameter, der Gewichtungsfaktor C und die Breite des Tolerenzbandes ϵ der SVR.

In dem hier vorliegenden Fall werden zur Modellbildung ausschließlich Gauß-Kernel mit einem Initialisierungswert von $\sigma = 1$ verwendet, die Parameter der SVR werden mit $C = 100$ und $\epsilon = 0$ initialisiert und es wird eine quadratische Verlustfunktion berechnet. Zur Parameteroptimierung werden die beiden Parameter σ und C gewählt, der Wert ϵ wird konstant auf 0 gesetzt. Mittels einer Rastersuche werden die beiden Parameter bestimmt, welche den Wert für $G_S(\alpha, \hat{\alpha})$ minimieren. Mittels diesem Wert wird im nächsten Schritt das Merkmalsranking durchgeführt.

4.4 Merkmalsranking und Merkmalsmodelll

Zum Merkmalsranking wird der folgende rückwärtsgerichtete Greedy-Algorithmus eingesetzt welcher in ähnlicher Weise in [13] verwendet wird. Zuerst wird die zuvor beschriebene Spanbound $G_S(\alpha, \hat{\alpha})$ für alle Merkmale bestimmt. Im nächsten Schritt wird ein Merkmal entfernt und für alle verbliebenen Merkmale jeweils die Spanbound $G_S^\star(\alpha, \hat{\alpha})$ berechnet. Die sich ergebende Differenz

$$G_{S_{diff}} = G_S(\alpha, \hat{\alpha}) - G_S^\star(\alpha, \hat{\alpha}) \tag{2.4}$$

wird dazu als Rankingvariable eingesetzt.

Der Wert, für den $G_{S_{diff}}$ maximal wird, wird als letztes gerankt, da dieses Merkmal den größten Beitrag am Zunehmen des LOO Fehlers beschreibt. Daraufhin wird das optimale Merkmalsmodell berechnet. Hierbei wird so vorgegangen, dass unter Hinzunahme jeweils eines weiteren Merkmals $G_S(\alpha, \hat{\alpha})$ berechnet wird. Der berechnete Merkmalsraum besteht dann aus der Anzahl an Merkmalen welche das Minimum ergeben. Letztendlich werden mittels dieser Merkmale die SVR-Parameter optimiert und daraufhin wiederum ein Merkmalsranking durchgeführt. Dies erfolgt so lange, bis das Verfahren gegen eine feste Anzahl an Merkmalen und konstante Parameter konvergiert.

Zur Online-Anwendung des Verfahrens werden dazu die zum jeweiligen Zeitpunkt verfügbaren Merkmale verwendet und für das definierte Gütekriterium in Relation gesetzt. Im Folgenden wird dieses Verfahren dazu eingesetzt die Betriebsführung eines rheologischen Glasziehprozesses während der Anfahrphase zu überwachen.

5 Anwendung auf rheologischen Batchprozess zur Prognose der Prozessgüte

5.1 Aufbau des Prozesses

Als Anwendungsbeispiel wird ein industrieller rheologischer Batchprozess betrachtet bei dem Glasrohre aus dickwandigen Rohzylindern gezogen werden. Der Aufbau ist in Abbildung 2.5 dargestellt und detailliert in [14] beschrieben. Bei dem Prozess wird ein Rohzylinder langsam durch einen Ofen gefahren, welcher auf die Temperatur ϑ_o aufgeheizt wurde. Unterhalb des Ofens wird das Glas mit einer größeren Abzugsgeschwindigkeit aus dem Ofen gezogen und der gewünschte Durchmesser des Glasrohres über die Abzugsgeschwindigkeit geregelt. Der Prozess ist aufgrund des dominierenden Einflusses von Strahlung extrem nichtlinear. Die Materialzusammensetzung ist großen Schwankungen unterworfen, welche als stochastische Störungen interpretiert werden können. Darüber hinaus ist der Ofen aufgrund der hohen Temperaturen starkem Verschleiß ausgesetzt, wodurch der Arbeitspunkt des Prozesses von Produktion zu Produktion variiert.

Messgrößen sind der Durchmesser am Ende des Verformungsbereiches D_o, der Durchmesser nach Abschluss der Verformung D sowie die Glastemperatur ϑ_g. Der Prozess wird in der Anfahrphase zunächst gesteuert betrieben (da noch nicht alle Messwerte verfügbar sind) und später in den geregelten Modus umgeschaltet. Ein beispielhafter Produktionsverlauf ist in Abbildung 2.6 dargestellt.

Die Güte der Anfahrphase wird an der Ausschussmasse gemessen. Der Durchmesser des Glastabes sollte daher möglichst schnell und ohne Überschwinger in ein Toleranzband gebracht werden (vgl. 2.6, Subplot 2). Das Ziel besteht darin, ein onlinefähiges Prognosemodell bzgl. der Prozessgüte in der Anfahrphase zu erstellen. Die Güte der Anfahrphase soll möglichst früh prognostiziert werden (z. B. ob sich ein Überschwinger

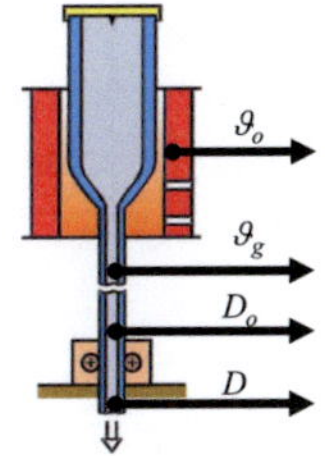

Abbildung 2.5: Modell des industriellen Glasziehprozesses.

des Durchmessers anbahnt), so dass entsprechende Gegenmaßnahmen ergriffen werden können.

5.2 Modellbildung und Ergebnisse

Zur Modellbildung hinsichtlich der prognostizierten Ausschussmasse als Güteindex werden die Messgrößen D_o, D und ϑ_g verwendet. Die Ofentemperatur ist aufgrund der erwähnten Verschleißerscheinungen des Ofens für die Modellbildung nicht geeignet. Die Anfahrphase wird in Abhängigkeit des Durchmessers in sechs Abschnitte unterteilt. Die Abschnitte werden bei Erreichen des Durchmessers von 30%, 50%, 70%, 80%, 90% und 100% des Soll-Durchmessers definiert (vgl. Abbildung 2.6).

Mittels dem in Abschnitt 4 beschriebenen Verfahren werden basierend auf historischen Daten Muster zu Prozessüberwachung extrahiert. Die jeweiligen Prozessabschnitte wurden in zwei Teile segmentiert. Die Messdaten von D, D_o und ϑ_g wurden zweimal numerisch differenziert und sowohl für die beiden Segmente, als auch für die gesamte Messreihe Maxima, Minima, Mittelwerte, Maxima-Minima, und die Koeffizienten (Gradient und Offset) einer Steigungsgeraden verwendet.

Zur Analyse wurden 500 Produktionen herangezogen. In Tabelle 2.1 sind die Ergebnisse dargestellt. Es zeigt sich, dass schon bei 50% des Nominaldurchmesser eine erklärte Varianz von 70% erreicht wird. Das heißt, man kann bereits frühzeitig in der Anfahrphase erkennen, ob der Prozess zufriedenstellend geführt wird oder ob aufgrund einer prognostizierten schlechten Güte die Prozessführung angepasst werden muss. Zudem zeigt sich, dass nur eine Anzahl von maximal 6 Merkmalen notwendig ist, um den Prozess bezüglich seiner Güte zu beschreiben. Weiter lässt sich erkennen, dass die Spanbound (inbesondere bei den ersten Abschnitten) eine gute wenn auch konservative Näherung für die obere Grenze des Leave-one-out Fehlers darstellt.

Prozessphase	30%	50%	70%	80%	90%	100%
Anzahl Merkmale	5	5	4	6	4	6
Spanbound	0.60	0.54	0.45	0.43	0.38	0.35
LOO	0.51	0.42	0.33	0.30	0.28	0.23
VAF		52,8%	71,5%	78,3%	82,2%	85%	85,9%

Tabelle 2.1: Prozessgüte des berechneten Modells. Schon bei $\frac{D}{D_N} = 50\%$ lässt sich die spätere Güte zufriedenstellend prognostizieren.

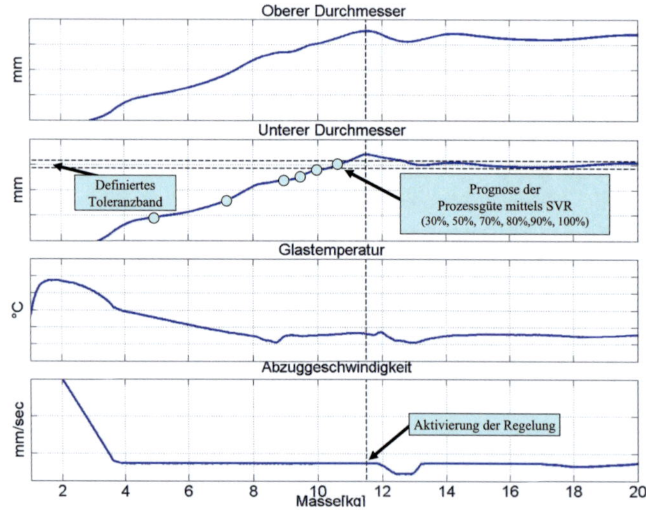

Abbildung 2.6: Beispielhafte Produktion des Glasziehprozesses. Zusätzlich eingezeichnet sind Kriterien für die Modellbildung.

In Tabelle 2.2 sind die Merkmale der einzelnen Modelle nach ihrem Rang dargestellt sowie das diskriminative Potential der Merkmale in Form der erklärten Varianz (d. h. welchen relativen Beitrag die einzelnen Merkmale auf den Wert des Güteindex haben). Es zeigt sich, dass

Merkmale von allen zur Modellbildung verwendeten Messgrößen D, D_o und ϑ_g auftreten (und nicht nur z. B. ein Messwert dominant ist).

	Merkmal					
Phase	1	2	3	4	5	6
30 %	2. Ableitung Minimum D_o 21%	2. Ableitung Maximum D_o 35%	Mittelwert ϑ_g 45%	1. Ableitung Minimum D 49%	1. Ableitung Mittelwert D_o 52%	
50 %	1. Segment 2. Ableitung Maximum D_o 25%	1. Ableitung Mittelwert ϑ_g 50%	Offset D_o 69%	Gradient D 71%		
70 %	Gradient D 33%	2. Segment 1. Ableitung Mittelwert ϑ_g 67%	1. Ableitung Mittelwert D 72%	Offset D 73%	1. Ableitung Maximum ϑ_g 78%	
80 %	1. Segment Maximum D 51%	1. Segment 1. Ableitung Schwankung D 57%	2. Segment 2. Ableitung Mittelwert D_o 72%	Mittelwert ϑ_g 77%	Maximum ϑ_g 80%	2. Segment 1. Ableitung Schwankung D 82%
90 %	1. Ableitung Mittelwert D_o 33%	1. Ableitung Schwankung D_o 67%	1. Segment Maximum D 73%	Mittelwert D 85%		
100 %	Gradient ϑ_g 29%	1. Ableitung Offset ϑ_g 56%	1. Segment 2. Ableitung Mittelwert D 76%	2. Segment 1. Ableitung Minimum D 80%	1. Segment Schwankung ϑ_g 85%	2. Ableitung Offset ϑ_g 86%

Tabelle 2.2: Ausgewählte Merkmale für ein Modell. Zeilen zeigen die jeweils erreichte Prozessphase D/D_n, Spalten die jeweils verwendeten Merkmale.

6 Zusammenfassung

Im vorliegenden Beitrag wurde ein Ansatz vorgestellt, der es ermöglicht, während einer Produktion bereits frühzeitig zu erkennen, ob der Prozess eine hohe Güte (gemessen z. B. über Ausschuss, Produktqualität, Produktionskosten) erzielen wird. Es werden für mehrere Prozessphasen datengetriebene Modell generiert welche mit einer geringen Anzahl an Merkmalen der Prozessvariablen einen definierten Güteindex möglichst genau wiedergeben. Der Ansatz bietet die Möglichkeit während der Produktion im Falle eines drohenden unbefriedigenden Güteindex frühzeitig gegenzusteuern. Die Leistungsfähigkeit des vorgeschlagenen Konzeptes wurde anhand eines industriellen Batchprozesses dargestellt. Es zeigt sich, dass bereits eine geringe Anzahl an Merkmalen (4–6) ausreicht um eine gute Prognose der Prozessgüte zu erreichen. Eine aussagekräftige Prognose ist schon bei circa 50% des Nominaldurchmessers möglich, so dass bereits frühzeitig Gegenmaßnahmen ergriffen werden können. Aktuelle Arbeiten beschäftigen sich mit der automatisierten Anpassung der Prozessführung, falls eine negative Güte prognostiziert wird.

Literatur

1. R. Otte und V. Otte, *Data Mining für die industrielle Praxis.* Hanser, 2004.

2. „http://www.prodami.de".

3. C. Kuehnert und T. Bernard, „Optimization and online-monitoring in industrial batch processes using data-mining-methods", *Proceedings 19. Workshop Computational Intelligence*, S. 170–180, 2009.

4. R. Mikut, *Data Mining in der Medizin und Medizintechnik.* Universitätsverlag Karlsruhe, 2009.

5. C. Kuehnert und T. Bernard, „Extraction of optimal control patterns in industrial batch proccesses based on support vector machines", *IEEE Multi-Conference on systems and control*, 2009.

6. M. Last und K. Abraham, *Data Mining in time series databases.* World Scientific, 2004.

7. D. Pyle, *Data preparation for data-mining.* Morgan Kaufmann, 1999.

8. I. Guyon, *Feature extraction: foundations and applications.* Springer, Berlin, 2006.

9. N. Cristianini und J. Shawe-Taylor, *An introduction to Support Vector Machines.* Cambridge Universty Press, 2000.

10. I. Witten und E. Frank, *Data Mining Practical Machine Learning tools and techniques.* Elsevier, 2005.

11. M. Chang und C. Lin, „Leave-one-out bounds for support vector regression model selection", *Neural Computation*, 2005.

12. O. Chapelle und V. Vapnik, „Choosing multiple parameters for support vector machines", *Machine Learning*, 2002.

13. A. Rakotomamonjy, „Analysis of SVM regression bounds for variable ranking", *Neurocomputing*, 2006.

14. T. Bernard und E. Moghaddam, „Nonlinear model predictive control of a glass forming process based on a finite element model", *IEEE International Conference on Control Applications*, 2006.

Anomalieerkennung in Tracking-Datenbanken

Gereon Schüller[1], Wolfgang Koch[1], Joachim Biermann[1],
Rainer Manthey[2] and Andreas Behrend[2]

[1] Fraunhofer-Institut für Kommunikation, Informationsverarbeitung und
Ergonomie FKIE Neuenahrer Straße 20, D-53343 Wachtberg
[2] Universität Bonn, Institut für Informatik III,
Römerstraße 164, D-53117 Bonn

Zusammenfassung Trackingsysteme stellen Bewegungsinformationen über Objekte zur Verfügung. Diese Bewegungsinformationen können mit zusätzlichen Daten kombiniert werden, um Higher-Level-Fusionssysteme zu konstruieren, die zur Erkennung von Verhaltens- und Bedrohungsmustern dienen, und somit zur Situation Awareness beitragen. Muster, die interessante Situationen charakterisieren, können sich von Zeit zu Zeit ändern und hängen von der spezifischen Fragestellung ab. In diesem Artikel stellen wir eine Methode vor, Datenbanksysteme als zentrale Komponente in einem Higher-Level-Fusionssystem zur Entdeckung spezieller Situationen zu verwenden. Es wird eine Systemarchitektur präsentiert, die kommerzielle Datenbankmanagementsysteme nutzt. Schließlich wird die Möglichkeit diskutiert, Muster zur Anomalieerkennung in Trackingszenarien mittels Relationaler Algebra auszudrücken.

1 Einführung

Als Anomaliedetektion werden Verfahren bezeichnet, die Informationen aus verschiedenen Quellen beziehen, miteinander in Verbindung bringen und den Benutzer warnen, wenn irgendetwas „irreguläres" aufgetreten ist und besondere Aufmerksamkeit oder eine Reaktion erfordert. Dazu müssen unter Umständen auch Kontextinformationen einbezogen werden, die Einsicht in sonst unbeobachtbare Situationen erlauben oder die Genauigkeit, die Verlässlichkeit oder die Kosten des Ergebnisses verbes-

sern. Im militärischen Bereich wird hierbei von „Situation Awareness",
zu Deutsch etwa „Situationsbewusstsein" gesprochen.

Die verwendeten Informationen können aus den verschiedensten Quellen stammen, aber generell lässt sich zwischen dynamisch veränderlichen Daten, wie z. B. Bewegungsdaten aus Sensormessungen, und langsam veränderlichen, eher statischen Daten aus Kontextinformationen unterscheiden. Was als „regulär" oder „irregulär" aufgefasst wird, hängt einerseits von den Informationsinhalten ab, andererseits aber von der Natur der beobachteten Ereignisse, oder anders gesagt, von der Art des Verhaltens. Beides kann sich von Zeit zu Zeit ändern, Kriterien der Unterscheidung von Regularität bzw. Irregularität können verworfen oder hinzugefügt werden. Anomaliedetektionssysteme sollten daher in ihrem Aufbau flexibel sein, man sollte sie ändern können, ohne das System neu zu entwickeln.

Datenbanksysteme (DBS) sind ein mächtiges Werkzeug, um Daten aus verschiedenen Quellen mittels Abfragen auszuwerten und zu fusionieren. Obwohl solche Systeme oft als Verwaltungssysteme für langsam veränderliche Daten angesehen werden, sind Datenbanksysteme weitaus mächtiger: Sie können Daten nahezu in Echtzeit fusionieren und Berechnungen darauf ausführen. In einem kürzlich vorgestellten Artikel [1] zeigten wir, wie DBS so konstruiert werden können, dass sie Radar-Sensordaten einlesen und einen Trackingalgorithmus darauf ausführen. Dabei speichert das System die Zwischenergebnisse ab, um die Verarbeitungsgeschwindigkeit zu erhöhen.

In diesem Beitrag wird gezeigt, wie ein solches System dergestalt erweitert werden kann, dass es nicht nur die Bewegung der Objekte nachvollzieht, sondern darüber hinaus durch eine inhaltliche Interpretation des dynamischen Verhaltens auch „Situation Awareness" liefert.

2 Motivation für Situation-Awareness-Systeme

Mit der stetigen Entwicklung der Informations-, Kommunikations- und Sensortechnologie ist es möglich geworden, Sensornetzwerke aufzubauen, die in Echtzeit nahezu jede messbare Größe zur Verfügung stellen können. Gleichzeitig mit den wachsenden Möglichkeiten ist auch der Bedarf im zivilen und militärischen Umfeld zur Auswertung dieser Daten gewachsen, um Bedrohungen, Katastrophen, technische Probleme oder ähnliches erkennen zu können. Man kann sagen, dass die Entwicklung an einem Punkt angekommen ist, an dem nicht mehr die Gewinnung von *Daten* das Hauptproblem ist, sondern der Überfluss an Daten, ohne dass der größtmögliche Gewinn an *Information* daraus gezogen werden könnte. Ein Beispiel: Im Internet befinden sich zur Zeit nach Expertenschätzungen 492 Trillionen Bytes, und diese Menge verdoppelt sich alle zwei Monate [2]. Es ist also unmöglich für einen Menschen, sich das gesamte Internet anzusehen.

Ähnlich verhält es sich mit den Sensordaten. Im Jahre 2009 waren allein 150 aktive Militärsatelliten, darunter 54 reine Sensorträger, rund um die Uhr und rund um die Erde im Einsatz. Die Zahl der Flugzeuge, Schiffe, Landfahrzeuge usw., die ebenfalls als Sensorplattformen dienen, ist schier unermesslich. Alle diese Sensordaten können dabei ungenau, unvollständig, zweideutig oder unauflösbar sein, Messwerte können falsch oder verfälscht worden sein. Diese Probleme lassen sich praktisch nicht vermeiden. Deshalb ist die Ableitung von Informationen aus Sensordaten nicht trivial und hat z. B. in der Radartechnik zu ausgefeilten Trackingmethoden geführt [3–6]. Tracking- und Fusionstechniken sind zu einer Schlüsseltechnologie herangereift, sie besitzen aber darüberhinaus das Potential zur Situation Awareness und können dadurch wesentlich zur Unterstützung in Entscheidungssystemen beitragen.

Es gibt einen breiten Anwendungsbereich für Situation-Awareness-Systeme. Im militärischen Umfeld könnte das z. B. Systeme sein, die

- das Eindringen feindlicher Flugzeuge in den Luftraum identifizieren
- Zivilfahrzeuge von (para-)militärischen Fahrzeugen unterscheiden
- Piratenangriffe auf Schiffe erkennen

Im zivilen Bereich könnte ein solches System genutzt werden, um

- Verkehrsstaus, Unfälle oder Geisterfahrer zu identifizieren
- Vogelschwärme, die den Luftverkehr gefährden, zu identifizieren
- Personen, die gefährliches Material bei sich tragen, zu identifizieren, hier in Kombination mit Chemo-Sensoren

usw. In all diesen Fällen würde ein automatisches System die Last von menschlichen Operatoren abnehmen, die sich die Trackingergebnisse ansehen müssen, eine auf Grund der Seltenheit solcher Ereignisse ermüdende und somit fehleranfällige Tätigkeit.

3 Kriterien für Anomalien

Im vorigen Abschnitt wurden einige Beispiele für Situation-Awareness-Systeme angegeben. Es leuchtet ein, dass die Beobachtung realer Situationen zwecks Bedrohungserkennung vom Wissen über „anormale" Ereignisse abhängt, die entweder direkt definierbar sind oder sich als Abweichung von Mustern gewöhnlichen Verhaltens ausdrücken lassen. Es lassen sich nun einige Parameter definieren, die sich als Indikatoren für anormale Ereignisse eignen.

Musterbasierte Filterung   Die Detektion einiger Anomaliearten basiert auf Objektklassifikation in Kombination mit Kontextinformationen. Gegenseitige Objektbeziehungen, die für die Anomaliedetektion relevant sind, können aus Mehrziel-Tracking-Techniken abgeleitet werden. Zum Beispiel kann bei Objekten, die gruppenweise von der selben Quelle zur selben Senke fahren, vermutet werden, dass diese Objekte zur selben Gruppe gehören. Wenn dann ein Objekt dieser Gruppe als zugehörig zu einer bestimmten Objektklasse bestimmt werden kann, lässt sich dies zur Klassifikation der gesamten Gruppe nutzen. Auch können Aufspaltungsereignisse von Interesse sein, z. B. könnten so Raketenabschüsse oder Wasserungen von Speedbooten von Mutterschiffen erkannt werden.

Übliche Trackinganwendungen gewinnen Informationen gemäß der „Level-1-Klasse" der etablierten Terminologie des JDL-Modells der Informationsfusion (siehe [5, Kapitel 2] und die dort zitierte Literatur). Aber reine Bewegungsdaten sind nicht das einzige, was aus Tracks gewonnen werden kann. Wenn man die Historie eines bewegten Objekts analysiert, auch bekannt als „Retrodiktion", einem Kunstwort, dass als Gegenteil von Prädiktion fungiert, lässt sich mehr Information aus den Bewegungsdaten ableiten [6].

Abbildung 3.1 zeigt ein Beispiel für Retrodiktion. Im linken Bild sind hypothetische Tracks zweier Objekte (gelbe und orange Punkte) zu sehen. Im rechten Bild werden durch blaue Punkte die Hypothesen angegeben, die durch „Nachlese" der Objekthistorie verworfen werden konnten.

Nachdem die Qualität der Tracks durch Retrodiktion verbessert wurde, können die mit den Tracks verbundenen Objekte anhand folgender Gesichtspunkte klassifiziert werden:

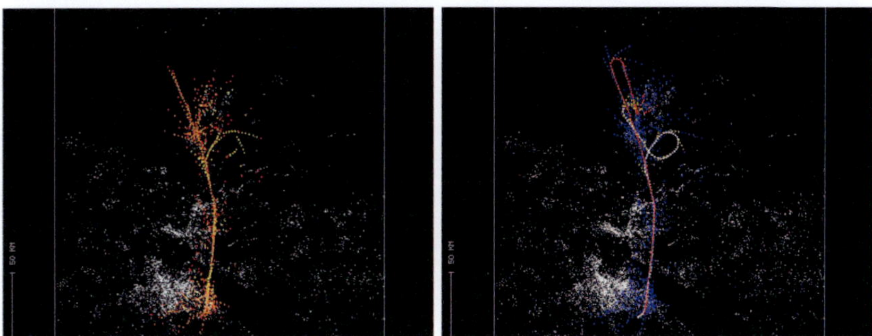

Abbildung 3.1: Luftszenario mit einem Abfangjäger und einem hohen Clutter-Hintergrund. Das linke Bild zeigt die Ergebnisse der Filterung, die mehrere Track-Hypothesen zulässt. Das rechte Bild zeigt die Tracks nach der „Retrodiktion", die zu einem Track für jedes Ziel führt und somit die Identifikation eines Nahkampf zulässt.

1. *Geschwindigkeitshistorie*: Schnelle Objekte können von langsameren abgegrenzt werden, z. B. Schnellboote von Schiffen oder Helikopter von Kampfjets oder Zivilflugzeugen. Helikopter verraten sich unter anderem auch dadurch, dass sie in der Luft stillstehen.

2. *Beschleunigungshistorie*: Ähnliche Überlegungen wie zur Geschwindigkeit lassen sich auch in Bezug auf die Beschleunigung anstellen. Ein Kampfjet kann beispielsweise höhere Beschleunigungen aushalten als Zivilflugzeuge. Bestimmt Waffensysteme begrenzen zudem den Beschleunigungsbereich von Kampfjets, ein schnell Kampfflugzeug hat also solche Waffen nicht (mehr).

3. *Richtung, Sichtwinkel*: Diese Attribute können mit dem Dopplerauflösungsspektrum kombiniert werden, um das Objekt zu klassifizieren.

Die Ergebnisse eines solchen Filterprozesses nach Retrodiktion in Verbindung mit Kontextinformationen können also „Standard"-Objektverhalten oder Abweichung davon entlarven.

Verletzung von Raum-Zeit-Regularitätsmustern Aus den verfügbaren Informationen eines JDL-Level-1-Trackers lassen sich unter Verwendung von Kontextinformationen gewisse Schlüsse ziehen. So existieren im Bereich der See- und Luftüberwachung vorgegebene Fahr- und Flugkorridore, ähnlich wie Straßen im Fahrzeugverkehr. Insbesondere lassen sich Methoden, die ursprünglich für straßenkartenbasiertes Tracking entwickelt wurden, auf diese Bereiche übertragen. Somit ist es möglich, Hypothesen wie „Schiff/Flugzeug verlässt vorgesehenen Korridor" gegen die Hypothese „Schiff/Flugzeug hält vorgesehenen Korridor ein" zu testen. Offensichtlich lässt sich dann aus der Tatsache, dass ein Objekt seinen vorgesehenen Korridor verlässt, eine Higher-JDL-Level Information mit vielen Schlussfolgerungen über Objekttyp und mögliche Absichten ableiten. Es besteht auch die Möglichkeit, umgekehrt aus der Analyse von „spurfolgenden" Objekten präzise und aktuelle See-/Luftkarten zu gewinnen, d.h. es lässt sich Kontextinformationen aus Sensordaten gewinnen. Somit kann eine nähere Analyse von JDL-Level-1-Tracks ein Schlüssel zur Erkennung solcher anomalen Ereignisse sein. Es seien als weitere Beispiele genannt:

1. *Seltene Ereignisse:* Die Kombinationen von Tracks mit Kontextinformationen wie Straßenkarten ermöglicht es beispielsweise, die Fahrt eines LKW auf einem Waldweg in der Nacht als außergewöhnliches oder seltenes Ereignis zu identifizieren.

2. *Gemeinsame Historie:* Mehrzieltracker können Bewegungsgruppen identifizieren. Wenn sich eine als „feindlich" identifizierte Gruppe aufteilt, kann daraus geschlossen werden, dass alle einzelnen Objekte feindlich sind.

3. *Objektquellen und -senken:* Die Analyse vieler Tracks ermöglicht die Identifikation gemeinsamer Start- und Endpunkte, die als Quellen und Senken von Objekten identifiziert werden können, z. B. Flugzeugträger oder U-Boot-Bunker.

Auswertung schlecht auflösbarer Sensorattribute   Zukunftsweisende Anwendungen im Hafenschutz oder in der Schiffszugangskontrolle benötigen neuartige Informationsquellen wie Chemosensoren zur Detektion „anomaler" Materialien wie Sprengstoffe. Chemosensoren verfügen jedoch prinzipbedingt über eine schlechte Raum-Zeit-Auflösung, da sich die chemische Signatur („Geruch") erst verbreiten muss. Auch lässt sich die räumliche Verteilung von Duftstoffen schwer berechnen [7], diese Sensoren können daher die Quelle nicht lokalisieren, sie mit dem Merkmalsträger assoziieren oder tracken. Umgehen lässt sich dieser Nachteil jedoch durch Fusion mehrerer räumlich verteilter Chemosensoren sowie kinematischer Trackdaten von Objekten im Beobachtungsfeld. Anders gesagt, wird durch die Anwendung von Trackingalgorithmen eine zusätzlich Raum-Zeit-Dimension für die Verarbeitung der Chemoattribute aufgespannt (siehe auch Abschnitt 5.3).

3.1 Veränderliche Kriterien und die Notwendigkeit von Flexibilität

Die oben genannten Kriterien können sich mit der Zeit ändern. Wenn z. B. Bomber von Kampfflugzeugen auf Grund ihrer Beschleunigungcharakteristik unterschieden werden sollen, die technische Entwicklung aber agilere Bomber hervorgebracht hat, ist es notwendig, die verwendeten Kriterien dahingehend anzupassen. Ein anderes Beispiel wäre, dass ein unbefestigter Weg befestigt wurde, so dass die Kontextdaten zu ändern sind. In beiden Fällen wäre es wünschenswert, ein möglichst flexibles System zu haben, dass an neue Anforderung angepasst werden kann, ohne das System komplett neu zu programmieren. Im nächsten Abschnitt wird gezeigt, dass diese Flexibilität mit Datenbankmanagementsystemen erreicht werden kann.

4 Ein inkrementelles, DBS-basiertes Tracking-System

In einem kürzlichen erschienen Artikel [1], haben wir eine effiziente Lösung zur direkten Implementierung eines Trackingalgorithmus in SQL vorgestellt, der auf einem Sensordatenstrom arbeitet, der kontinuierlich in eine konventionelle Datenbank geschrieben wird. Der Algorithmus basiert auf dem Probabilistischen Multihypothesentracking (PMHT) mit integriertem Likelihood-Test zur Zielzahlschätzung und ist somit in der Lage, mehrere Objekte zu verfolgen [8,9]. Da die Sensordaten in einer relationalen Datenbank abgelegt und verwaltet werden, wurde die gesamte Berechnung mittels SQL-Abfragen, die auf dem Strom arbeiten, durchgeführt. Die SQL-Ausdrücke können als kontinuierliche Anfragen *(Continuous Queries)* angesehen werden, die die Basisdaten automatisch neu auswerten, sobald neue Daten eintreffen. Um den Berechnungsprozess zu beschleunigen, werden die Abfrageergebnisse als materialisierte SQL-Sichten gespeichert, die inkrementell mittels Updatepropagierung (UP) [10–13] aktualisiert werden. Der UP-Prozess selbst wird durch ein System von Triggern kontrolliert, die bei Ankunft neuer Daten auslösen

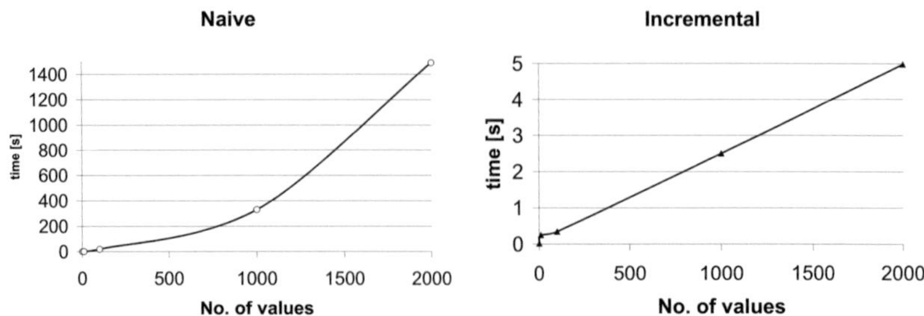

Abbildung 3.2: Vergleich zwischen beiden Auswertungsverfahren. Die naive Neuberechnung des LR-Tests im PMHT-Tracker (links) führt zu über-linearer Laufzeit, der inkrementelle Ansatz hat lineare Laufzeit (rechts). Man beachte die unterschiedliche Skalierung der Zeitachsen.

und dann die die Delta-Regeln anwenden, durch die die Auswertung auf die neu hinzugekommen Daten beschränkt werden kann.

Ein großer Vorteil dieses Ansatzes liegt darin, dass er im Vergleich zu extern realisierten Lösungen flexibel, deklarativ und somit leicht modifizierbar ist. Zusätzlich erlaubt der DBMS-basierte Ansatz synchronisierten Mehrbenutzerzugriff und ist auf Grund des Transaktionsmanagements des DBMS robust gegen Systemausfälle. Ein wesentliches Ergebnis unserer Untersuchungen ist der erzielte Geschwindigkeitsgewinn durch die inkrementelle Änderungspropagierung. Die gemessenen Performance-Ergebnisse für die naive Neuberechnung im Vergleich zur inkrementellen Methode sind in Abb. 3.2 dargestellt.

Zur Veranschaulichung des Trackings mittels SQL hier die Sichtdefinition (VIEW-Definition) für das Erwartungsgewicht, welches im PMHT-Prozess benötigt wird. Es handelt sich um die laufende Summierung des Logarithmus einer Gaussdichte:

```
CREATE VIEW ewGauss AS
SELECT t, est.n,log(GAUSS(m.x,e.x,m.y,e.y) *pi.p11+pi.p10) AS lr
FROM measurement AS m, estimate AS e, pi
WHERE m.t=est.t AND pi.t=m.t
```

Der Updatepropagierungsmechanismus funktioniert nun wie folgt: In dem betrachteten Szenario werden häufige Einfügungen, z. B. sekündlich, in die Tabelle `measurement`, die die Sensormesswerte enthält, erwartet. Dies führt dann zu induzierten Änderungen in der Sichthierarchie des DBS.

Der unten definierte Trigger `new_meas` überwacht nun die Ankunft neuer Sensordaten. Gemäß der Berechnungsvorschrift für das Erwartungsgewicht wird die materialisierte Sicht `TBLewGauss` nun mittels einer spezialisierten INSERT-Anweisung im Aktionsteil des Triggers aktualisiert:

```
CREATE TRIGGER new_meas
BEFORE INSERT ON measurement FOR EACH ROW BEGIN
  INSERT INTO TBLewGauss
  SELECT NEW.t,NEW.n,GAUSS(NEW.x,e.x,NEW.y,e.y)*pi.p11+pi.p10 AS lr
  FROM estimate as e, pi WHERE e.t=NEW.t;
END
```

Die Zustandsvariable `NEW` bezieht sich dabei auf die eingefügten Tupel neuer Messwerte in der Tabelle `measurement`. In der praktischen Implementierung müssen mehr Kriterien auf den Daten geprüft werden, eine tiefergehende Beschreibung findet sich in [1].

5 Anomaliebeschreibung mittels Relationaler Algebra

Wenn es gelingt, Higher-Level-Fusionsaufgaben durch Ausdrücke in Relationaler Algebra (RA) zu beschreiben (wobei Skalar- und Aggregatfunktionen, ebenfalls erlaubt sind), dann kann das bestehende Trackingdatenbanksystem zu einem Anomaliedetektionssystem erweitert werden. Ein solches System würde dann von der oben erwähnten Flexibilität profitieren: Wenn neue Kriterien im System implementiert werden sollen, genügt es, entsprechende Ausdrücke hinzuzufügen oder bestehende zu modifizieren. Aufgrund der logischen Datenunabhängigkeit in Relationalen Datenbanken sind die Modifikationen für den Benutzer transparent und können auch im laufenden System durchgeführt werden.

5.1 Geschwindigkeits- und Beschleunigungklassifikation

Als Anschauungsbeispiel nun ein Algebrasystem, dass die aktuelle Position möglicher Bedrohungen am Boden aus der Luft identifiziert. Angenommen, diese Bedrohungen seien Hubschrauber, Militärflugzeuge und Kampfjets, wobei letztere auch Bedrohungen für Flugzeuge sind. Ein mögliches RA-Gleichungssystem könnte so aussehen:

$$
\begin{aligned}
\text{flightObjects} &= \sigma_{\text{heightOverGround}>10}(\text{objectTracks}) \\
\text{militaryPlanes} &= \sigma_{\text{velocity}\geq 300}(\text{flightObjects}) \\
\text{helicopters} &= \sigma_{\text{velocity}<10}(\text{flightObjects}) \\
\text{fighterJets} &= \sigma_{\text{acceleration}>3}(\text{militaryPlanes}) \\
\text{wingsArms} &= \sigma_{\text{acceleration}>6}(\text{fighterJets}) \\
\text{threats} &= \pi_{\text{ID},x,y,z}(\sigma_{t=max(t)}((\text{helicopters} \cup \text{militaryPlanes}))) \\
\text{airThreat} &= \pi_{\text{ID},x,y,z}(\sigma_{t=max(t)}(\text{fighterJets}))
\end{aligned}
\tag{3.1}
$$

In der ersten Gleichung werden alle Bodenobjekte ausgefiltert (Höhe unter 10 m). In den zwei nächsten Gleichungen werden die Flugobjekte nach ihrer Geschwindigkeit in zwei Klassen aufgeteilt. Die folgenden zwei Gleichungen teilen die Objekte nach Beschleunigungsvermögen auf. Dann werden Bedrohungen ausgefiltert. In der letzten Gleichung werden dann noch die Kampfflugzeuge als Luftbedrohung klassifiziert.

5.2 Kombination mit Kontextinformationen

Angenommen, im System sei eine Karte mit Informationen über den Straßenausbau gespeichert. Es sei `onRoad` eine boolsche Skalarfunktion, die genau dann „wahr" zurückliefert, wenn ein Punkt auf der Straße liegt. Folgender RA-Ausdruck würde uns dann alle LKW liefern, die nachts auf einem Feldweg fahren (siehe S. 30):

$$
\begin{aligned}
\text{rareSituation} = \sigma_{\text{weight}>3500\wedge(t<6:00\vee t>22:00)}(\text{Cars}) \\
\bowtie_{\text{onRoad(Cars.x, Cars.y, r.x1, r.y1, r.x2, r.y2)}}(\sigma_{\text{r.quality='Dirt'}}(\text{Roads})))
\end{aligned}
\tag{3.2}
$$

Eine ähnliche Gleichung würde Off-Road-Ziele zurückliefern:

$$
\text{offRoad} = \text{Cars}\,\overline{\bowtie}_{\text{onRoad(Cars.x, Cars.y, r.x1, r.y1, r.x2, r.y2)}}\text{Roads}
\tag{3.3}
$$

5.3 Kombination verschiedener Sensoren

Die nächste Stufe der Datenfusion ist die Kombination von Sensoren verschiedenen Typs, beispielsweise die Kombination chemischer Sensoren mit Lokalisierungssensoren. Das System verfüge über Bewegungssensoren und einen Trackingalgorithmus, der die Bewegung von Personen im Überwachungsbereich (Field of View – FoV) verfolgt, sowie über chemische Sensoren, die die Konzentration chemischer Substanzen in der Luft messen. Das „Field of Smell" für jeden chemischen Sensor kann dann in einer Stammdatentabelle gespeichert werden:

ID	x1	y1	x2	y2
1	0	0	1	1
2	4	4	3	2
...				

Dann kann die Trackinginformation mit der chemischen Detektion kombiniert werden, um die möglichen Substanzträger zu detektieren:

$$\text{possCarr} = \text{Tracks} \bowtie_{\text{tracks.x}<\text{fos.x1}\wedge...\wedge\text{tracks.y}>\text{fos.y2}} \text{FoS}$$
$$\bowtie_{\text{fos.id}=\text{Sensor.id}\wedge\text{tracks.t} = \text{Sensor.t}} \left(\sigma_{\text{ppm}>300}(\text{Sensor})\right). \tag{3.4}$$

Nun werden noch alle Personen ausgefiltert, die als möglich Substanzträger zu verschiedenen Zeiten in Betracht kommen:

$$\text{suspects} = \rho_{\text{pc1}\leftarrow\text{possCarr}}(\text{possCarr})$$
$$\bowtie_{\text{pc1.ID}=\text{pc2.ID}\wedge\text{pc1.t}>\text{pc2.t}} \rho_{\text{pc2}\leftarrow\text{possCarr}}(\text{possCarr}) \tag{3.5}$$

6 Fazit

In diesem Beitrag wurde gezeigt, dass Trackdaten über den kinematischen Zustand hinaus wertvolle Informationen liefern. Es ist möglich, Objekte und Situationen mittels Musteranalyse auf der Trackdatenhistorie und mittels Kontextinformationen zu klassifizieren. Diese Klassifikation ermöglicht die Konstruktion von Situation-Awareness-Systemen, die den Benutzer beim Auftreten bestimmter Ereignisse warnen. Relationale Datenbanksysteme sind ein starkes und flexibles Werkzeug zur Verarbeitung von Datenströmen und Kontextinformationen und können zu Trackingdatenbanken weiterentwickelt werden. Inkrementelle Updatepropagierung kann Trackingdatenbanksysteme beschleunigen. All dies kann mit schon verfügbarer Technologie realisiert werden. Schließlich wurden einige Beispiele für Kriterien zur Higher-Level-Fusion vorgestellt und gezeigt, wie diese in Relationaler Algebra ausgedrückt werden können.

Der nächste Schritt ist nun die Entwicklung eines automatischen Regelcompilers, der RA- oder SQL-Ausdrücke automatisch in Triggersysteme zur inkrementellen Updatepropagierung übersetzt.

Literatur

1. A. Behrend, R. Manthey, G. Schüller und M. Wieneke, „Detecting moving objects in noisy radar data", in *Proceedings of ADBIS 2009*, September 2009, S. 286 – 300.

2. ICS, „The digital universe is still growing", (Stand 19. Jan 2010). [Online]. Available: http://www.emc.com/digital_universe

3. S. S. Blackmann und R. Populi, *Design and Analysis of Modern Tracking Systems.* Boston, USA: Artech House, 1999.

4. Y. Bar-Shalom, X.-R.Li und T. Kirubarajan, *Estimation with Applications to Tracking and Navigation.* Wiley & Sons, 2001.

5. D. L. Hall und J. Llinas, Hrsg., *Handbook of Multisensor Data Fusion.* CRC Press, 2001.

6. W. Koch, *Target Tracking* in: *Advanced Signal Processing Handbook*, S. Stergiopoulos, Hrsg. CRC Press, 2001.

7. M. Wieneke und W. Koch, „Combined person tracking and classification in a network of chemical sensors", *International Journal of Critical Infrastructure Protection*, Vol. 2, Nr. 1-2, S. 51 – 67, 2009.

8. R. Streit und T. E. Luginbuhl, „Probabilistic multihypothesis tracking", Naval Undersea Warefare Center Division, Newport, RI, USA, Tech. Rep. NUWC-NPT/10/428, February 1995.

9. M. Wieneke und W. Koch, „On Sequential Track Extraction within the PMHT Framework", *EURASIP Journal on Advances in Signal Processing*, 2008.

10. S. Ceri und J. Widom, „Deriving production rules for incremental view maintenance", in *Proceedings of VLDB '91.* San Francisco, CA, USA: Morgan Kaufmann Publishers Inc., 1991, S. 577–589.

11. T. Griffin und L. Libkin, „Incremental maintenance of views with duplicates", in *Proceedings of SIGMOD '95.* New York, NY, USA: ACM, 1995, S. 328–339.

12. A. Gupta und I. Mumick, *Materialized views: techniques, implementations, and applications.* Cambridge, Massachusetts: The MIT Press, 1999.

13. R. Manthey, „Reflections on some fundamental issues of rule-based incremental update propagation." in *DAISD 94*, 1994, S. 255–276.

Infrastrukturen von automatisierten Messnetzen zur Erfassung und Überwachung von Schadstoffimmissionen

Kay Werthschulte

Elektroniksystem- und Logistik GmbH
Livry-Gargan-Straße 6, 82256 Fürstenfeldbruck

Zusammenfassung Die Überwachung und Einhaltung der in dem Bundesimmissionsschutzgesetz und den zugehörigen Verwaltungsordnungen rechtlich verbindlichen Grenzwerte für Schadstoffemissionen und -immissionen erfordern eine dezentrale und großflächige Erfassung von umweltrelevanten Messgrößen. Neben der Erfassung der Daten in einem engen Toleranzbereich ist auch die Auswahl der Messstellen ein wesentlicher Bestandteil der Messplanung. Mit der Umsetzung der EU-Luftqualitätsrahmenrichtlinie und deren Tochterrichtlinien ziehen Überschreitungen von Grenzwerten die Einführung von Maßnahmen zur Reduzierung der Schadstoffeinträge und damit die Senkung der Immissionswerte nach sich, was sich besonders bei den PM_{10}-Feinstaubgrenzwerten gezeigt hat. Im Beitrag werden die notwendigen Messverfahren und die erforderliche Infrastruktur der verteilten Messnetze, die sich sowohl auf Landes-, als auch auf Bundesebene erstrecken, vorgestellt. Anhand aktueller Immissionsmessungen wird dabei auf die Auswirkungen der Schadstoffüberwachungsmaßnahmen und die zugehörigen Auswertungen der Daten eingegangen.

1 Einleitung

Seit der Einführung des Bundesimmissionsschutzgesetzes sind der Bund und die Länder zur Überwachung umweltrelevanter Schadstoffe verpflichtet. Mit der Einführung europäischer Richtlinien wurde ein EU-übergreifendes Gesetzeswerk geschaffen, das international gültige Grenzwerte für festgelegte Stoffgruppen vorgibt. Mit der Verabschiedung der europäischen Richtlinie 96/62/EG im Jahre 1996 [1] und der nachfolgenden, dazugehörigen Tochterrichtlinien wurden gesetzliche Immissionsgrenzwerte vorgegeben, die mit Übergangsfristen in die deutsche Gesetzgebung eingebunden werden mussten. Diese sind als Ergänzung zu den bis dahin bestehenden Richtlinien für die Grenzwerte von Schwebstaub und Schwefeldioxid [2], Bleigehalt der Luft [3], Stickoxid [4] und Ozon [5] zu sehen. Wesentliche nationale Vorgaben sind durch das Bundesimmissionsschutzgesetz (BImSchG, [6, §44]), die 22. Bundesimmissionsschutzverordnung (22.BImSchV) [7], die 33. Bundesimmissionsschutzverordnung (33.BImSchV) und die Technische Anleitung zur Reinhaltung der Luft (TA Luft) [8] in der letzten Ausgabe von 2002, die sowohl Vorschriften für genehmigungsbedürftige und nicht genehmigungspflichtige Anlagen enthält, gegeben.

Zur Erreichung der Luftqualitätsziele wird in den vorgenannten gesetzlichen Bestimmungen unter anderem die Erfassung der Komponenten Schwefeldioxid, Stickstoffdioxid und -monoxid, Partikel, Blei [9], Benzol, Kohlenmonoxid [10] und Ozon [11] vorgeschrieben. Für die Feststellung von Überschreitungen der Immissionsgrenzwerte sind unterschiedliche Methoden vorgesehen, darunter Messungen sowie Aufstellungen von Modellrechnungen und Schätzungen.

Eine Überwachung wird in Ballungsräumen (vgl. [1, Artikel 9] festgeschrieben und im BImSchG durch die Maßgabe der Festlegung von Untersuchungsgebieten in deutsches Recht übernommen [6, vgl. §44], sofern sie bestimmte Kriterieren erfüllen. So ist in der 22. Verordnung zur Durchführung des Bundesimmissionsschutzgesetzes die Einstufung eines Gebiets als Ballungsraum an die Überschreitung von unteren Beurteilungsschwellen gebunden, die sich aus [7, Anlage 1, Absatz II] ergeben. Werden die Beurteilungsschwellen innerhalb eines fünfjährigen Zeitraums mehr als drei Jahre überschritten, ist die Luftqualität in diesen Gebieten nach den Anlagen 2 bis 5 (s. [7]) durch Messungen zu überwachen [7, § 10, Absatz 2]. Bei Unterschreitung kann der Nachweis der Einhaltung der Grenzwerte über Schätzungen und Modellrechnungen geführt werden [7, §10, Absatz 4]. Einen besonderen Stellenwert nimmt dabei der Schutz der Bevölkerung ein, der nicht nur durch Emissionsminderungsmaßnahmen erreicht werden soll, sondern auch durch Bekanntgabe der aktuellen Messwerte und der Überschreitungen von Alarmschwellen, bei denen akute Gesundheitsschäden zu erwarten sind.

„Die Öffentlichkeit ist nach Maßgabe der Rechtsverordnungen
[...] über die Luftqualität zu informieren. Überschreitungen von
[...] festgelegten Alarmschwellen sind der Öffentlichkeit von der
zuständigen Behörde unverzüglich durch Rundfunk, Fernsehen,
Presse oder auf andere Weise bekannt zu geben." [6, §46a]

2 Festlegung der Grenzwerte für Schadstoffe

Die Auswirkungen der überwachten Schadstoffe auf die Umwelt und auf
die menschliche Gesundheit sind vielfach untersucht worden. So zeigt sich
in epidemiologischen Studien ein Zusammenhang zwischen der Konzentration von Emissionen aus dem Straßenverkehr und kardiopulmonaren
Erkrankungen. Beispielsweise werden in [12] Untersuchungsergebnisse
über Auswirkungen des Straßenverkehrs verglichen, die kardiovaskuläre
Erkrankungen ursächlich auf Emissionen von Kohlenstoffverbindungen[1]
aus Verbrennungsprozessen und Abgasen zurückführen. Die Wirkungsprinzipien zur Entstehung der Erkrankungen sind weitgehend ungeklärt,
so dass erst genaue Analysen der Zusammensetzung der Partikel einen to-
xikologischen Zusammenhang herstellen können. Eine Untersuchung der
Zusammensetzung der urbanen Hintergrundaerosole in [13] zeigt einen
großen Anteil von Kohlenstoffverbindungen in Feinstäuben. Der Pro-
benahmeort befand sich am Stadtrand von Mainz, weitgehend unbe-
einflusst von verkehrsnahen Emissionen. Es zeigte sich, dass ein Großteil der Partikel bereits aus Sekundärpartikeln bestand (ca. 85%), die
während der Transmission physikalischen und chemischen Umwandlungen unterlegen waren. Der Anteil von Ruß lag bei Partikeln mit einem
aerodynamischen Durchmesser von $1-2{,}5\ \mu\mathrm{m}$ zwischen 8% und 21%.
Ähnliche Zusammensetzungen konnten auch in den Messungen des Berliner Luftgütemessnetzes BLUME an zwei Stationen [14] nachgewiesen
werden.

Die wissenschaftlichen Erkenntnisse werden auch in der neueren Gesetzgebung beachtet; legten die bisherigen Richtlinien lediglich Grenzwerte für PM_{10}[2] festgelegt, so werden in der neuen Richtlinie 2008/50/EG
[15], mit Wirkung ab dem 01.01.2010[3], erstmalig zur Vermeidung von

---

[1] Black Carbon.

[2] Particulate Matter.

[3] Termin zur Umsetzung in den Mitgliedsstaaten ist der 10.6.2010. Zur Zeit (Stand
Dezember 2009) liegt ein Entwurf in Form der 39. BImSchV zur Umsetzung der

gesundheitlichen Nachteilen durch $PM_{2,5}$-Emissionen Grenzwerte[4] und Zielwerte[5] vorgeschrieben. Der erste zu erreichende Grenzwert für $PM_{2,5}$ von 25 µg/m^3[6] ist bis 2015 einzuhalten. Die Angabe von Massenkonzentrationen für Grenzwerte erscheint unzureichend, da bisher noch keine Metriken existieren, um die Wirkung von Feinstäuben hinreichend zu beschreiben. Besonders die toxikologische Wirkung ist stark von der Zusammensetzung der Partikel abhängig, so dass der Ausschuss „Feinstäube" der Gremien aus ProcessNet, KRdL[7] und GDCh[8] in [16] weitere Untersuchungen mit Schwerpunkt auf die toxikologische Wirkung empfiehlt, um daraus Grenzwerte abzuleiten. Besonders im Hinblick auf Sekundärpartikel, die sich durch Anhaftungen von organischen und anorganischen Verbindungen auszeichnen, sind die Wirkungsprinzipien weitgehend unbekannt, mit denen die Auswirkungen erklärt werden können. Eine alleinige Beschränkung der Massenkonzentrationen ist nach [16] auch insofern nicht ausreichend, als oftmals bereits hohe Hintergrundkonzentrationen von Feinstäuben in den städtischen Bereich durch Windverfrachtungen eingebracht werden.

3 Messnetze

Sowohl der Bund als auch die einzelnen Länder betreuen Umweltmessnetze für die Überwachung der Luftqualität. Die Messnetze in Belastungsgebieten decken sowohl die Emissionen aus Verkehr und privaten Bereichen (Hausfeuerung) als auch die Emissionen aus den gewerblichen Tätigkeiten ab. Die Messplanung, also Messorte, die erforderliche Anzahl der Messstationen und die überwachten Schadstoffe lie-

---

Richtlinie vor.

[4] „Grenzwert ist ein Wert, der aufgrund wissenschaftlicher Erkenntnisse mit dem Ziel festgelegt wird, schädliche Auswirkungen auf die menschliche Gesundheit und/oder die Umwelt insgesamt zu vermeiden [...] und der innerhalb eines bestimmten Zeitraums eingehalten werden muss und danach nicht überschritten werden darf." [15].

[5] „Zielwert ist ein Wert, der mit dem Ziel festgelegt wird, schädliche Auswirkungen auf die menschliche Gesundheit und/oder die Umwelt insgesamt zu vermeiden [...] und der soweit wie möglich in einem bestimmten Zeitraum eingehalten werden muss." [15].

[6] Alle hier gemachten Angaben über Massenkonzentrationen beziehen sich auf den Normzustand, also $101,3$ kPa und $293°$K.

[7] Kommission Reinhaltung der Luft.

[8] Gesellschaft Deutscher Chemiker e.V.

gen im Zuständigkeitsbereich der Bundesländer. Parallel dazu dient das Messnetz des Bundesumweltamtes der Untersuchung von gezielten Fragestellungen, darunter Hintergrundbelastungen und klimatische Veränderungen. Im folgenden wird ein Messnetz des Bundeslandes Bayern vorgestellt, das hinsichtlich des Aufbaus mit den Messnetzen der anderen Bundesländer vergleichbar ist.

3.1 Standortauswahl

Die Ausbreitung von Schadstoffen und die Ermittlung ihrer Konzentration ist im städtischen Bereichen sehr stark abhängig von der Standortauswahl. Besonders die lokale Topographie beeinflusst die Ausbreitungsmechanismen der Schadstoffe, die bei Stäuben größen-, form- und masseabhängig sind. Feinstäube mit einem aerodynamischen Durchmesser unterhalb von $0,5$ µm unterliegen Diffusionsprozessen [17]. Größere Staubfraktionen werden durch die Schwerkraft beeinflusst und können durch Sedimentation abgelagert werden [18]. In [9, Anhang VI] werden folgende Kriterien für die Auswahl der Standorte für die Messstationen in Ballungsgebieten genannt:

- Die Daten sind an Orten zu bestimmen, an denen die höchsten Schadstoffkonzentrationen zu erwarten sind und an denen die Bevölkerung im Verhältnis zum Mittelungszeitraum der Erfassung den Schadstoffen einem signifikanten Zeitraum ausgesetzt ist.

- In den anderen Bereichen und Ballungsgebieten sollen Daten erfasst werden, die repräsentativ für die Exposition der Bevölkerung sind.

- Die Probenahmestellen sollen so gewählt werden, dass die Messung kleinräumiger Umweltbedingungen vermieden wird. Im städtischen Bereich soll die Probenahmestelle für Verkehr mindestens für eine Fläche von 200 m^2 repräsentativ sein.[9]

- Weitere Anforderungen an die lokalen Standortkriterien umfassen etwa die Entfernung von Kreuzungen, Straßen, Höhe der Lufteinlässe an Messstationen, Beeinflussung durch Gebäude etc.

Besonders die Anforderung der Berücksichtigung eines größeren Bereichs (200 m^2) ist auf Grund der besitzrechtlichen Gegebenheiten nicht immer möglich. So muss das beauftragte Landesamt für Umwelt nicht nur

---

[9] Für die städtischen Hintergrundquellen ist ein Bereich von mehreren Quadratkilometern erforderlich.

die globalen und lokalen Auflagen erfüllen, sondern sich auch nach der Verfügbarkeit der Aufstellungsorte richten.

Die Anzahl der Messstationen in Ballungsgebieten ist nach Einwohnerzahl und Quellenart, darunter nach diffusen Quellen und Punktquellen, festgelegt. Nach der EU-Richtlinie 1999/30/EG [9] sind bei einer Einwohnerzahl zwischen 1.000.000 und 1.499.000 vier ortsfeste Messstationen für die Überwachung diffuser Quellen einzurichten[10]. Für die Berechnung der Emissionen und der Transmissionen der Stoffe werden Modellrechnungen herangezogen, die die Prognosen über die Verbreitung der Stoffe auf Grund von Kennzahlen über die Hauptemittenten erlauben, etwa aus Emissionen aus dem Straßenverkehr. Dazu werden Kenndaten wie das tägliche Verkehrsaufkommen[11], die Flottenzusammensetzung, die emittierten Schadstoffe und die meteorologischen Größen wie Windgeschwindigkeit und -richtung, Luftdruck, Temperatur in Modellrechnungen einbezogen. Für die Ausbreitungsrechnung werden je nach Bundesland verschiedene Modellrechnungen angewandt. Das Bundesland Nordrhein-Westfalen erprobt für die Prognose der Verteilung von Schadstoffen Modelle aus dem EURAD-Projekt. Weitere Prognosemodelle, die auch zur Erstellung von Luftreinhalteplänen verwendet werden, sind IMMIS[luft 12] oder für Berechnungen nach der TA Luft AUSTAL[13].

3.2 Messmethoden

Für die Messungen der einzelnen Schadstoffe werden überwiegend physikalische Messverfahren eingesetzt, um die Wartungskosten möglichst gering zu halten. Für die Bestimmung der Kohlenstoffmonoxidkonzentrationen werden NDIR-Photometer verwendet, für die der Stickoxide Chemilumineszenzverfahren. Für die Messung von Stickstoffdioxiden wird die gleiche Anordnung verwendet, die jedoch zusätzlich mit einem Konverter bestückt ist, der die Stickstoffdioxide reduziert und damit messbar macht. Die Chemilumineszenzreaktion verläuft in Verbindung mit Ozon,

---

[10] München verfügt nach dem Stand vom Dezember 2009 über sechs Messstationen, von denen vier die Verkehrsemissionen aufnehmen und zwei der Messung der städtischen Hintergrundbelastung dienen.

[11] Durchschnittliche tägliche Verkehrsstärke (DTV).

[12] Verwendet vom Hessischen Landesamt für Umwelt und Geologie und vom Landesamt für Natur, Umwelt und Verbraucherschutz Nordrhein-Westfalen.

[13] Programm zur Ausbreitungsrechnung auf Basis eines Lagrangeschen Partikelmodells nach der Richtlinie VDI 3945, Blatt 3.

das im Überschuss im Messgerät erzeugt wird, nach folgendem Schema:

$$NO + O_3 \longrightarrow NO_2^* + O_2 \qquad\qquad (4.1)$$

$$NO + O_3 \longrightarrow NO_2 + O_2 \qquad\qquad (4.2)$$

Nach [19] verlaufen ca. 7,3% der beiden Reaktionen nach Gleichung (4.1), in der Stickstoffdioxid im angeregten Zustand erzeugt wird. Nur die Abgabe der überschüssigen Energie in Form eines Photons (600 − 3000 nm) kann messtechnisch erfasst werden. Ein weiterer Anteil wird durch Quenching abgegeben.

Ebenfalls über eine Chemilumineszenzreaktion können alle Schwefelverbindungen gemessen werden. Die Schwefelverbindungen werden atomisiert und gehen teilweise bei der Rekombination zu S_2 in einen angeregten Zustand über, der durch die Abgabe von Photonen wieder verlassen wird. Dabei wird Licht im Wellenlängenbereich zwischen 320 − 460 nm ausgestrahlt, das dann messtechnisch erfasst wird.

Schwefeldioxid wird über Fluoreszenz gemessen, indem das Probegas mit ultraviolettem Licht angeregt wird (ca. 240 nm) und beim Übergang in den Grundzustand längerwelliges Licht (bei ca. 320 − 420 nm) aussendet, dessen Intensität dann als Maß für die Konzentration herangezogen wird. Durch chemische Umwandlungen lässt sich damit auch Schwefelwasserstoff messen, indem diese in Schwefeldioxid umgewandelt werden, nachdem zuvor alle Schwefeldioxide entfernt worden sind.

Für die Erfassung von Partikeln sind zwei Messmethoden üblich: einerseits die Messung der Flächenmasse über die Strahlungsabsorption nach Lenard für langsame Elektronen mit Hilfe einer Betastrahlungsquelle (^{85}Kr oder ^{14}C) und andererseits die Eigenschwingungsmessung eines bestaubten Filters (Tapered Element Oscillating Microbalance − TEOM). Die Vorabscheidung größerer Partikel bei der Messung von PM_{10} oder $PM_{2,5}$ wird mit einem größenselektierenden Einlass vorgenommen, in der Regel durch geeignete Strömungsführung und Impaktoren im Probenahmekopf, der sich senkrecht über dem Messgerät befindet. Kohlenwasserstoffe werden über Flammenionisationsdetektoren erfasst, die zur selektiven Messung zusätzlich mit chromatographischen Säulen zur Stofftrennung ausgerüstet sind. Zur Ionisierung des Probengases wird eine Wasserstoffflamme erzeugt.

3.3 Messnetze des Bayerischen Landesamts für Umwelt

Das Landesamt für Umwelt in Bayern verfügt über mehrere Messnetze für die Überwachung verschiedener Immissionen aus der Luft. Neben dem Messnetz zur Überwachung der Luftqualität (Lufthygenisches Landesüberwachungssystem Bayern – LÜB) besteht ein Messnetz zur Überwachung der Kernreaktor-Emissionen (Kernreaktor-Fernüberwachungssystem – KFÜ) und seit 1986 ein Immissionsmessnetz für Radioaktivität (IfR). Das LÜB ging 1974 aus emissionsbezogenen stationären Messungen (Raffinerien) hervor und ist auch heute noch aus informationstechnischer Sicht – wie auch das IfR – mit dem Bayerischen Kernreaktor-Fernüberwachungssystem verbunden.

Aufbau des Messnetzes

Für die Luftqualitätsüberwachung sind nach Stand Dezember 2009 insgesamt 56 Stationen aktiv [20], die folgende Schadstoffkonzentrationen aufnehmen: Schwefeldioxid, Kohlenstoffmonoxid, Stickstoffoxide (NO, NO_2), Einzelkohlenwasserstoffe (Benzol, Toluol, o-Xylol (BTX)), Ozon, Schwefelwasserstoff und Feinstaub (PM_{10}). Die Messstellen sind sowohl in den Belastungsgebieten als auch in den Gebieten zur Ermittlung der Hintergrundbelastung aufgestellt. Für Emissionen aus dem Verkehr werden nach den Standortkriterien ortsfeste Stationen aufgestellt, die mit diskontinuierlichen oder kontinuierlichen Messverfahren die Konzentrationen bestimmen. Die Messstationen sind in der Regel als vollständig klimatisierte Messcontainer ausgeführt. Auf dem Dach der Messcontainer befinden sich in $1, 5$ m bis maximal 4 m Höhe die Probenahmesysteme, die die Messproben über kontinuierliche Gasströme an die Messgeräte weiterleiten. Die Probenahmezuleitungen bestehen aus inerten Materialien, so dass die Messkomponenten nicht mit den Zuleitungen in Wechselwirkung treten können. Bestimmte Leitungen sind beheizt, besonders bei hohen Volumenströmen, um der Kondensation von Wasser innerhalb des Systems vorzubeugen.

Die Stationen bestehen aus einem Messstationsrechner und den eigentlichen Messgeräten, die über den Messstationsrechner gesteuert werden. Die Messwerte werden im Stationsrechner gespeichert und in der Winterperiode 6 Mal täglich im Intervall von drei Stunden von der Messnetzzentrale abgefragt; in der Sommerperiode werden 12 Mal täglich Mess-

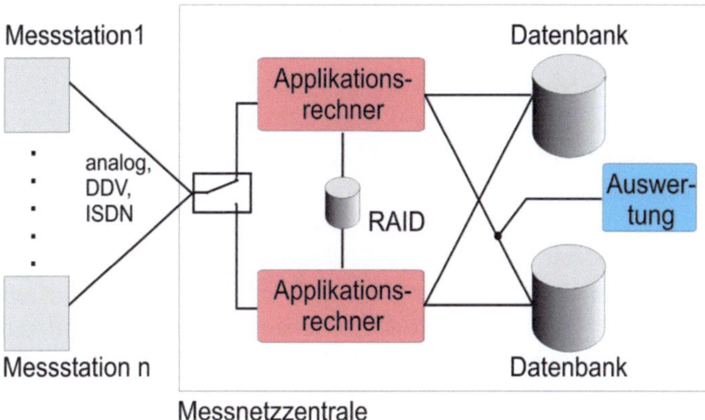

Abbildung 4.1: Aufbau des LÜB.

werte abgefragt, um rechtzeitig Überschreitungen der Ozonkonzentrationen ermitteln zu können. Die Datenverbindung zwischen den Messstationen und der Zentrale erfolgt über analoge Einwählverbindungen (Modem); Datendirektverbindungen (DDV) und ISDN werden lediglich für das KFÜ eingesetzt. In der Messnetzzentrale sorgt ein Multiplexer für die Auswahl der abzufragenden Messstation, deren Daten anschließend gespeichert werden. Durch die Kombination der Messsnetze (LÜB und KFÜ) ist die Messnetzzentrale redundant ausgelegt, um die kritischen Daten des KFÜ ausfallsicher zu speichern. Daher existieren in der Zentrale zwei Applikationsrechner, die jeweils mit den Messnetzen verbunden sind. Im normalen Betrieb sind die Applikationen zur Erfassung und zum Auslesen der Messstationen auf die beiden Rechner verteilt, die ihrerseits mit jeweils einem Datenbankrechner verbunden sind. Die Netzwerkverbindungen zwischen den Applikationsrechnern sind ebenfalls redundant ausgelegt. Im Falle des Versagens einer Applikation werden die entsprechenden Programmpakete automatisch auf dem jeweils noch funktionierenden Rechner gestartet, um den Betrieb aufrecht zu erhalten [21].

4 Ausblick

Seit dem Inkrafttreten der EU-Richtlinie 1999/30/EG am 01.01.2005 sind die Grenzwerte für die Massenkonzentration von PM_{10} über einen Mittelungszeitraum von einem Jahr auf 40 µg/m^3 und die Überschreitungshäufigkeit des 24-Stunden-Mittelwerts von 50 µg/m^3 auf maximal 35 Überschreitungen pro Kalenderjahr festgesetzt worden. In zahlreichen Städten konnten die Grenzwerte an Stellen der höchsten Konzentration, also an verkehrsreichen Knotenpunkten, nicht eingehalten werden [22][14]. Als Folge davon mussten sogenannte Luftreinhaltepläne mit gezielten Maßnahmen zur Reduktion der Emissionen erstellt werden. Ein Instrument war die Errichtung von Umweltzonen, die Fahrzeugen mit hohen zu erwartenden Feinstaubemissionen die Durchfahrt von verkehrsreichen Bereichen untersagen. Die Luftreinhaltemaßnahmen sind beispielsweise in München erst seit Oktober 2008 in Kraft, so dass bisher noch keine saisonübergreifenden Daten vorliegen, um abschließend beurteilen zu können, welche Auswirkung die Einführung der Umweltzonen auf die Emissionen hatte. Im Zuge dessen wurden besonders ältere Dieselfahrzeuge mit hohen Partikelausstößen, darunter auch Lkws aus dem Stadtgebiet ausgegrenzt. Erste Untersuchungen deuten auf einen positiven Effekt hin [16].

Mit dem Inkrafttreten der Grenzwerte nach der neuen EU-Richtlinie 2008/50/EG zum 01.01.2010 werden auch verbindliche Werte für Stickstoffdioxid vorgegeben[15]. Aus den bisherigen Untersuchungen geht bereits jetzt hervor, dass diese Werte überschritten werden [23], so dass neue Maßnahmen ergriffen werden müssen. Ein großer Beitrag von Stickoxid-Emissionen wird weiterhin durch den Straßenverkehr verursacht. Obwohl die Einführung von Katalysatoren bei Dieselfahrzeugen zur Umwandlung des Kohlenstoffmonoxids einen Trend zu geringeren Stickstoffmonoxidkonzentrationen erkennen lässt [24], reicht eine Umwandlung nicht aus; vielmehr müssen die Emissionen weiter gesenkt werden.

---

[14] Es bleibt anzumerken, dass in dem Bericht auch auf die Überschreitung der Grenzwerte in ländlichen Bereichen hingewiesen wird: "Die Feinstaubsituation im Winter 2006 brachte neue Erkenntnisse [...] dass lang anhaltende Episoden nicht ausschließlich auf die Ballungsräume [...] beschränkt sind, sondern dass auch eher ländlich strukturierte Gebiete erhöhten PM_{10}-Konzentrationen ausgesetzt sein können.".

[15] Überschreitungshäufigkeit des Stundenmittelwerts von 200 µg/m^3 nicht mehr als 18 Mal im Kalenderjahr, Jahresmittelwert 40 µg/m^3 nach [15].

Literatur

1. „Richtlinie 96/62/EG des Rates über die Beurteilung und die Kontrolle der Luftqualität vom 27. September 1996 (Amtsblatt Nr. L 296)", Europäische Union.

2. „Richtlinie 80/779/EWG des Rates über Grenzwerte und Leitwerte der Luftqualität für Schwefeldioxid und Schwebestaub vom 15. Juli 1980 (Amtsblatt Nr. L 229)", Europäische Union.

3. „Richtlinie 82/884/EWG des Rates betreffend einen Grenzwert für den Bleigehalt in der Luft vom 3. Dezember 1982 (Amtsblatt Nr. L 378)", Europäische Union.

4. „Richtlinie 85/203/EWG des Rates über Luftqualitätsnormen für Stickstoffdioxid vom 7. März 1985 (Amtsblatt Nr. L 087)", Europäische Union.

5. „Richtlinie 92/72/EWG des Rates über die Luftverschmutzung durch Ozon vom 21. September 1992 (Amtsblatt Nr. L 297)", Europäische Union.

6. „Gesetz zum Schutz vor schädlichen Umwelteinwirkungen durch Luftverunreinigungen, Geräusche, Erschütterungen und ähnliche Vorgänge (Bundes-Immissionsschutzgesetz - BImSchG) in der Fassung der Bekanntmachung vom 26.9.2002 (BGBl. I S. 3830)".

7. „Zweiundzwanzigste Verordnung zur Durchführung des Bundes-Immissionsschutzgesetzes (Verordnung über Immissionswerte für Schadstoffe in der Luft - 22. BImSchV) vom 4. Juni 2007 (BGBl. I S. 1006)".

8. „Erste Allgemeine Verwaltungsvorschrift zum Bundes-Immissionsschutzgesetz (Technische Anleitung zur Reinhaltung der Luft - TA Luft) vom 24. Juli 2002 (GMBl. 2002, Heft 25-29, S. 511-605)".

9. „Richtlinie 1999/30/EG des Rates über Grenzwerte für Schwefeldioxid, Stickstoffdioxid und Stickstoffoxide, Partikel und Blei in der Luft vom 22. April 1999 (Amtsblatt Nr. L 163/41)", Europäische Union.

10. „Richtlinie 2000/69/EG des europäischen Parlaments und des Rates vom 16. November 2000 über Grenzwerte für Benzol und Kohlenmonoxid in der Luft vom 16. November 2000 (Amtsblatt Nr. L 313/12)", Europäische Union.

11. „Richtlinie 2002/3/EG über den Ozongehalt der Luft vom 12. Februar 2002 (Amtsblatt Nr. L 67/14)", Europäische Union.

12. T. J. Grahame und R. B. Schlesinger, „Cardiovascular health and particulate vehicular emissions: a critical evaluation of the evidence", *Air Quality, Atmosphere & Health*, 2009, DOI 10.1007/s11869-009-0047-x.

13. B. P. Vester, „Feinstaubexpositionen im urbanen Hintergrundaerosol des Rhein-Main Gebietes: Ergebnisse aus Einzelpartikelanalysen", Dissertation, Technische Universität Darmstadt, Juni 2006.

14. A. v. Stülpnagel, „Luftgütemessdaten 2001", Berliner Senatsverwaltung für Stadtentwicklung, Jahresbericht, 2002.

15. „Richtlinie 2008/50/EG des europäischen Parlaments und des Rates vom 21. Mai 2008 (Amtsblatt Nr. L 152/1)", Europäische Union.

16. R. Zellner, T. A. J. Kuhlbusch, V. Diegmann, H. Herrmann, M. Kasper, K. G. Schmidt, W. Dott und J. Bruch, „Feinstäube und Umweltzonen", *Chemie Ingenieur Technik*, Vol. 81, Nr. 9, S. 1363–1367, 2009.

17. L. Krämer, „Mikrostruktur ultrafeiner Aerosolpartikel und Photoakustische Detektion von Rußaerosolen", Dissertation, Technische Universität München, Juni 2001.

18. R. S. José, A. Baklanov, R. Sokhi, K. Karatzas und J. Pérez, „Computational Air Quality Modelling", in *Environmental Modelling, Software and Decision Support*, A. J. Jakeman, A. A. Voinov, A. E. Rizzoli und S. H. Chen, Hrsg.   Elsevier, 2004, Vol. 3, S. 247–267.

19. D. M. Steffenson und D. H. Stedman, „Optimization of the Operating Parameters of Chemiluminescent Nitric Oxide Detectors", *Analytical Chemistry*, Vol. 46, Nr. 12, S. 1704–1709, 1974.

20. Referat 23, „Lufthygienischer Monatsbericht Dezember 2009", Bayerisches Landesamt für Umwelt, Monatsbericht, Dez. 2009. [Online]. Available: http://www.lfu.bayern.de/luft/daten/lufthygienische_berichte/doc/monatsbericht_12_09.pdf

21. F. Steinhauser, J. Faleschini und M. Weber, „Die neue Messnetzzentrale:Die 3. Generation", Bayerisches Landesamt für Umwelt, Tech. Rep., 2005.

22. D. Ahrens, K. Anke, S. Drechsler, B. Gromes, J. Holst, R. Lumpp, E. Sähn, H. Scheu-Hachtel und W. Scholz, „Einflussgrößen auf die zeitliche und räumliche Struktur der Feinstaubkonzentrationen", Landesanstalt für Umwelt, Messungen und Naturschutz Baden-Württemberg, Dokumentation, 2007.

23. Uwe Hartmann and Jutta Geiger, „Ermittlung und Bewertung der Luftqualität an Straßen", Landesumweltamt Nordrhein-Westfalen, Jahresbericht, 2002.

24. P. Rabl und W. Scholz, „Wechselbeziehungen zwischen Stickstoffoxid- und Ozon-Immissionen", *Immissionsschutz*, Nr. 1, S. 21–25, 2005.

Funksensornetzwerk zur Strukturüberwachung und Schadensfrüherkennung an Bauwerken

Matthias Bartholmai und Enrico Köppe

Bundesanstalt für Materialforschung und -prüfung,
Unter den Eichen 87, D-12205 Berlin

Zusammenfassung Die Installation von Messsystemen zur Strukturüberwachung und Schadensfrüherkennung an Bauwerken und Konstruktionen soll der Vermeidung von Schadensfällen durch Bauteilversagen und (Teil-) Einsturz mit Sach- und Personenschäden dienen. Oftmals ist die Installation eines geeigneten Systems äußerst aufwendig und problembehaftet oder kann nur wirkungsvoll eingesetzt werden, wenn sie kurzfristig erfolgt. Kabellose, verteilte Messsysteme bieten in diesem Zusammenhang interessante Möglichkeiten, indem sie mehrere Vorzüge vereinen. Die Bundesanstalt für Materialforschung und -prüfung (BAM) arbeitet gemeinsam mit der Berliner Firma Scatter-Web GmbH an der Entwicklung, Validierung und Anwendung eines funkbasierten Sensornetzwerkes zur Dehnungs- und Spannungsanalyse an Bauwerken und Infrastrukturen mit erhöhtem Gefährdungspotential. Das entwickelte Messsystem setzt sich aus einer Anzahl von Netzwerknoten zusammen, die sowohl als Datensender als auch als -empfänger dienen. Jeder Netzwerkknoten ist in Form eines eigenständigen Moduls konzipiert, das die Anbindung von Sensorik, z. B. Dehnungsmessstreifen, an die Funkeinheit realisiert. Dadurch soll das System anwendungsoptimiert zur Langzeitstrukturüberwachung insbesondere von Bauwerken und Infrastrukturen geeignet sein, bei denen eine Verkabelung Schwierigkeiten bereitet. In diesem Zusammenhang bestehen besondere Herausforderungen an Merkmale wie Energiebedarf, Funkeigenschaften, Zuverlässigkeit, usw., die von den Systemkomponenten erfüllt werden müssen.

1 Einleitung

Schadensfälle an Bauwerken treten auf, wenn es zu einem plötzlichen Bauteilversagen mit nachfolgendem Teileinsturz kommt. Gerade bei Wohngebäuden und Hallenkonstruktionen führt dies häufig zu verletzten und auch getöteten Personen. Die Eissporthalle in Bad Reichenhall oder die Abfertigungshalle auf dem Pariser Flughafen Charles-de-Gaulle sind typische Beispiele für derartige Unfälle, aber auch der Einsturz des Kölner Stadtarchivs und der Erdrutsch in Nachterstedt können hier genannt werden. Im Bereich der Verkehrsinfrastruktur stehen die hohe Altersstruktur von Brücken und das steigende Verkehrsaufkommen (besonders Schwerverkehr) in deutlichem Widerspruch zueinander. Schadensfälle wie der Einsturz der Mississippi-Brücke oder das Absacken der Inntal-Autobahnbrücke haben die Notwendigkeit von Kontrollmechanismen in Bezug auf die Standfestigkeit von Bauwerken aufgezeigt. Die wirkungsvollste Methode, die sichere Funktion und Nutzung der verwendeten Bauteile und Konstruktionen zu gewährleisten, ist eine kontinuierliche Strukturüberwachung (auch als "Structural Health Monitoring – SHM" bezeichnet) durch messtechnische Systeme mit für die jeweilige Anwendung geeigneten Sensoren.

Auf ein Bauwerk einwirkende Belastungen äußern sich in hohem Maße in Form von mechanischen Spannungen, die auf Teile des Bauwerks wirken oder als Eigenspannungen in Bauteilen bestehen. Dehnungsmessstreifen (DMS) sind die am häufigsten eingesetzten Sensoren, um Dehnungen und Spannungen zu messen. Bei allen konventionellen Messsystemen zur experimentellen Spannungsanalyse besteht eine zusammenhängende Verkabelung zwischen Messstellen und Messgerät. Für viele Anwendungen stellt diese Verkabelung ein Problem dar und verursacht den Großteil an Kosten und Aufwand des gesamten Messsystems – der Einsatz von Funktechnologie und die Kombination von Funktechnologie und DMS-Sensorik ist in diesem Bereich also nahe liegend.

Die Bundesanstalt für Materialforschung und -prüfung (BAM) und die Berliner Firma ScatterWeb GmbH haben im Rahmen eines vom BMWi geförderten Forschungsprojekts ein Messsystem zur Schadensfrüherkennung und Langzeit-Strukturüberwachung von Bauwerken und Infrastrukturen mit erhöhtem Gefährdungspotential entwickelt. Das Ergebnis ist ein funkbasiertes Sensornetzwerk zur Dehnungs- und Spannungsanalyse unter der energieeffizienten Verwendung von DMS-Sensorik.

2 Konzept

Das Messsystem besteht aus einer Anzahl von Netzwerknoten (-modulen), die sowohl als Datensender als auch als -empfänger dienen. Jedes Netzwerkmodul setzt sich aus der Funkeinheit und der Sensoreinheit zusammen. Die Funkeinheit soll ein sich selbst organisierendes Netzwerk mit weiteren baugleichen Modulen bilden und das lizenzfreie 868 MHz-ISM-Band verwenden. Um große oder schwer zugängliche Anwendungsobjekte zuverlässig überwachen zu können, muss eine ausreichende Funkreichweite gewährleistet sein. Mittels Multihop-Architektur wird eine Netzwerkstabilität erreicht, die den Austausch einzelner Module und die Integration zusätzlicher Module ohne Unterbrechung des Netzwerkbetriebs ermöglicht. Die Sensoreinheit verwendet Themperatur- und Feuchtesensoren sowie DMS zur Spannungsanalyse des Bauwerks und bietet Anschlussmöglichkeiten zusätzlicher Sensorik.

Die für ein Langzeitmonitoring nötige, energiearme Nutzung von DMS-Sensorik in einem solchen System, bedarf besonderer technischer Voraussetzungen. Hier wird ein innovatives Konzept verfolgt, das die Kombination von DMS und Funktechnologie energieeffizient ermöglicht. Dabei wird anstatt der üblichen Wheatstone'schen Brückenschaltung ein alternatives Messverfahren genutzt. Nach diesem Prinzip ist eine hochpräzise Dehnungsmessung bei einem äußerst geringen Energiebedarf realisierbar. Weitere Vorteile wie ein großer Messbereich, eine hohe Temperaturstabilität und ein großer Anwendungstemperaturbereich sowie variable Schaltungsmöglichkeiten werden realisiert.

Die Funktechnik beruht auf einem takt- und skalierbaren Multihop-Zeitschlitzverfahren, das von der ScatterWeb GmbH entwickelt worden ist. Bei der Entwicklung wurde Wert darauf gelegt, die Inbetriebnahme möglichst einfach zu halten – die Messstellen müssen lediglich eingeschaltet werden, dann baut sich das Netz automatisch auf (Selbstorganisation). Die Datenübertragung von Messstelle zu Erfassungseinheit muss nicht auf direktem Weg stattfinden, sondern kann von Netzwerkmodul zu Netzwerkmodul in mehreren Schritten realisiert werden (Multihop). Das verwendete Routing nutzt energieeffiziente Hardware und kombiniert lange Lebenszeiten mit kurzen Ereignisbenachrichtigungen, auch über eine Kette von Knoten. Dies wird durch zeitsynchronisierte Kommunikation und extrem kurze aktive Empfangsperioden erreicht. Das Routing verfügt über Redundanzmechanismen und Sicherungen ge-

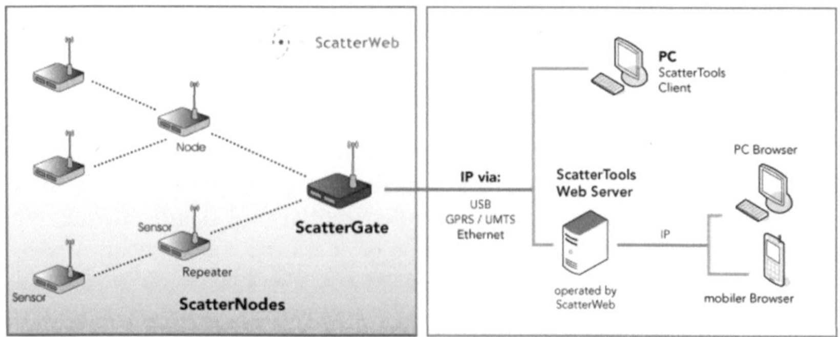

Abbildung 5.1: Netzwerkarchitektur.

gen Übertragungsfehler. Redundanz wird durch Nutzung alternativer Routen im Netzwerk erreicht. Übertragungsfehler werden durch fehlende Bestätigungen bemerkt und durch erneute Übertragung, schnellen Nachbarwechsel und schließlich durch Wechsel des Subkanals im 868 MHz-Band kompensiert.

3 Innovation

Mittlerweile existiert eine Vielzahl von Sensortechnologien und Messsystemen, die eine Kommunikation über Funk nutzt. Viele Telemetriesysteme der Prozess- und Automatisierungstechnik sind insbesondere für rotierende Komponenten ausgelegt. Die Datenübertragung erfolgt direkt zwischen Sensoreinheit und Empfangseinheit. Nach diesem Verfahren sind Punkt-zu-Punkt- und sternförmige Verbindungen möglich.

Bisher stellte die bei der kabellosen Langzeitstrukturüberwachung benötigte energiearme Anwendung von Dehnungsmessstreifen ein essentielles Problem dar. Das vorgestellte Projekt zeigt erstmals einen innovativen Ansatz, der Funktechnologie mit dem äußerst energieeffizienten Zeitdifferenzenverfahren zur Anwendung von DMS kombiniert. Die Widerstandsänderung der Sensoren wird anstatt über die Messung der Spannungsänderung mittels der üblichen Wheatstone'schen Brückenschaltung anhand der Änderung der Entladungszeiten hochpräziser Kondensatoren gemessen. Nach diesem Verfahren können extrem genaue Dehnungsmessungen mit sehr geringem Energiebedarf durchgeführt werden. Weitere

Vorteile sind ein sehr großer Messbereich, hohe Temperaturstabilität und ein großer Temperaturanwendungsbereich.

Zu Vergleichszwecken wurde ein kommerziell erhältliches funkbasiertes Messsystem untersucht, das DMS-Sensorik mit konventioneller Wheatsoneschen Brückenschaltung verwendet. Die Ergebnisse belegen, dass diese Technologie für einen Langzeiteinsatz über mehrere Wochen weder ausgelegt ist noch sich als geeignet erweisen konnte. Neben dem für diese Anwendung zu hohen Energieverbrauch bei geringer Messwertauflösung, verursachen Einschwingphänomene Probleme, die unter Verwendung des Zeitdifferenzenverfahrens nicht auftreten. Außerdem unterstützt das kommerzielle System das Multihopverfahren nicht und ist somit in seiner Netzwerkstruktur, -flexibilität und Reichweite stark eingeschränkt. Demzufolge sind die Autoren überzeugt, dass der neue, zum Patent angemeldete, Ansatz, die Kombination von Multihop-Sensornetzwerk und dem Zeitdifferenzenverfahren zum Einsatz von DMS, eine sinnvolle und vielversprechende Lösung auf dem Gebiet der Strukurüberwachung (SHM) bietet.

4 Realisierung

Ein typisches Anwendungsszenario zum Einsatz des Messsystems ist die Langzeitstrukturüberwachung von Brücken mittels Dehnungsmessungen. Um den Einfluss der Umgebungsbedingungen Temperatur und Luftfeuchte messstellenabhängig registrieren und kompensieren zu können, sind die Module entsprechend mit Temperatur- bzw. Thermohydrosensoren ausgestattet. Die Konstruktion der Module ist in zwei Bauformen realisiert – zum einen als handliches Innenraummodul und Demonstrator mit Gehäuseschutzart IP54 (Abb. 5.2). Dieses Modul bietet die Möglichkeit zwei DMS in Halbbrückenschaltung und einen Temperatursensor anzuschließen. Die Sensoren bzw. deren Kabelzuführungen werden über Lötanschlüsse mit dem Modul verbunden.

Die zweite Bauform ist für den Außeneinsatz unter Bewitterungsbeanspruchung konzipiert und hat die Schutzart IP66 (Abb. 5.3). Zwei Anschlussvarianten sind möglich: zum einen für 8 DMS-Halbbrücken und 4 Temperatursensoren, zum Anderen für zwei DMS-Rosetten mit je einem Thermohydrosensor zur Messdatenkompensation je Messstelle.

Abgesehen von den Möglichkeiten der Messdatenerfassung und des

Abbildung 5.2: Innenraummodul bzw. Demonstrator zum Anschluss von 2 DMS-Halbbrücken, hier mit angelöteten Präzisionswiderständen zur Simulierung von DMS.

Einsatzrahmens sind Funktionen und Verwendung beider Bauformen identisch; sie können ohne Umstände im gleichen Netzwerk betrieben werden. Die Konfiguration der Messdatenerfassung inklusive Einstellung der Abtastrate, Nullabgleich und Plausibilitätsprüfung kann direkt an jedem Modul unabhängig von externen Geräten erfolgen. Modi für Inbetriebnahme und Wartung sind vorgesehen. Die Bedienung erfolgt mittels Joystick und Display (siehe Bild 5.2 und Bild 5.3). Die Messdatenübertragung wird in der Regel über das Netzwerkrouting realisiert, kann aber auch im Einzelbetrieb über die USB-Schnittstelle jedes Moduls ablaufen. Zur gemeinsamen Erfassung und Zusammenführung der Daten aller Messstellen eines Sensornetzwerkes wird ein Gateway an einem Rechner betrieben. Dessen Software steuert und kontrolliert den Betrieb des

Abbildung 5.3: Modul zum Außeneinsatz, Anschluss von 8 DMS-Halbbrücken möglich.

Netzwerks und ermöglicht eine Visualisierung zur vorläufigen Datenauswertung. Ein Datenexport in geeignete Softwareformate zur umfassenden Verarbeitung und Analyse der Messdaten ist vorgesehen.

5 Ausblick

Funkbasierte Messsysteme werden künftig an Bedeutung gewinnen. Dennoch ist ihre Anwendung nicht in jedem Szenario und Zusammenhang sinnvoll. Eine nach ihren Rahmenbedingungen geeignete Applikation und die Nutzung energieeffizienter Komponenten bilden die Voraussetzungen für einen Technologiefortschritt in spezifischen Bereichen der Messtechnik. Die Langzeitüberwachung und Schadensfrüherkennung an kritischen oder schwer zugänglichen Objekten bietet geeignete Möglichkeiten zur Anwendung kabelloser Systeme, liefert aber gleichzeitig auch individuelle Herausforderungen an die Technik. Das vorgestellte Messsystem zeigt beispielhaft die Vorteile einer Installation ohne hohe Kosten und großen Aufwand, anwenderfreundlicher Bedienbarkeit und hohem technischen Standard hinsichtlich Zuverlässigkeit und Messgenauigkeit.

Simulation von regionalen Erdgasverteilnetzen mit unvollständiger Messinfrastruktur

Hans-Peter Beck, Ernst-August Wehrmann und Torsten Hager

Technische Universität Clausthal, Institut für Elektrische Energietechnik, Leibnizstraße 28, D-38678 Clausthal-Zellerfeld

Zusammenfassung Diverse Gesetzesinitiativen in den vergangenen Jahren, sowohl auf europäischer wie auch auf nationaler Ebene, haben zu weitreichenden Veränderungen im Gassektor geführt. Im Laufe dieses Prozesses haben sich auch die Anforderungen an die Simulations- und Rekonstruktionssysteme für regionale Erdgasverteilnetze geändert. Mit kommerziell erhältlichen Simulationswerkzeugen ist es bisher jedoch noch nicht möglich, vermaschte Erdgasnetze mit ungemessenen Abflüssen realitätsnah zu simulieren. Einzig für Transportnetze, die üblicherweise eine vollständige Messinfrastruktur besitzen, können realitätsgetreue Simulationen durchgeführt werden.

Da ein Ausbau der Messinfrastruktur auf das für eine Simulation erforderliche Maß bei regionalen Erdgasverteilnetzen sehr teuer ist, wurde am Institut für Elektrische Energietechnik der TU Clausthal ein Verfahren entwickelt, um die nicht gemessenen Abflüsse aus dem Netz nachzubilden. Bei diesem Verfahren werden die nicht gemessenen Abflüsse mittels eines sogenannten Knotenlastbeobachters auf Basis der vorhandenen Messdaten und Topologieinformationen geschätzt. Vorbild hierfür ist der aus der Regelungstechnik bekannte Störgrößenbeobachter, mit welchem dauerhafte Störungen auf ein System nachgebildet werden können. Die geschätzten Abflüsse werden einem Luenberger Beobachter, welcher auch in kommerzieller Simulationssoftware eingesetzt wird, zugeführt. Dieser berechnet daraus zusammen mit den gemessenen Abflüssen und Drücken den Systemzustand des Erdgasnetzes.

1 Einleitung

Die Liberalisierung des Erdgasmarktes durch die Novellierung des Energiewirtschaftsgesetzes (EnWG) im Jahre 1998 und weitere nationale, sowie europäische Gesetzesinitiativen haben in den vergangenen Jahren zu weitreichenden Veränderungen im Gasmarkt geführt. So müssen zum Beispiel Letztverbraucher, gleich- oder nachgelagerte Gasversorgungsnetze, Erzeugungs- und Speicheranlagen zu technischen und wirtschaftlichen Bedingungen die angemessen, diskriminierungsfrei und transparent sind, an das Netz angeschlossen werden [1]. Zusätzlich wird in [2] explizit der vorrangige Anschluss von Biogasanlagen an das Erdgasnetz vorgeschrieben. Dies führt dazu, dass neue Einspeisepunkte im Netz geschaffen werden, was wiederum die Flussverhältnisse beeinflusst und zu weiteren Gasmischzonen im Netz führt. Da das aufbereitete Biogas eine weitere Gasqualität ins Netz bringt, wird die Abrechnung der Endkunden, vor allem im Bereich der Gasmischzonen erschwert.

Um diesen neuen Anforderungen gerecht werden zu können, ist es für die Betreiber von Erdgasverteilnetzen notwendig den Gasnetzzustand ihrer Netze genau zu kennen. Hierfür werden Simulations- und Rekonstruktionssysteme eingesetzt, mit denen die Drücke und Flüsse im Netz nachbildet werden können. Mit den kommerziell erhältlichen Systemen ist solch eine Simulation jedoch nur dann möglich, wenn alle dem Netz zu- und abfließenden Gasmengen bekannt, das heißt gemessen sind. Sollen die simulierten Werte zeitnah zur Verfügung stehen, so müssen die Messwerte in regelmäßigen Zyklen (online), z. B. im Zwölf-Minuten-Takt, ausgelesen und an das Simulationssystem übertragen werden.

Vollständig gemessene Netze findet man in der Regel jedoch nur bei den Transportnetzen, da hier die Anzahl der Ausspeisungen relativ gering ist. Im Gegensatz dazu sind Erdgasverteilnetze in der Regel stark vermascht und haben viele Ausspeisungen in nachgelagerte Ortsnetze,von denen oftmals viele nicht gemessen werden, und zu Großkunden. Die Installation einer vollständigen Messinfrastruktur in einem solchen Netz wäre sehr kostenintensiv und ist daher in der Praxis nicht umsetzbar. Daraus ergibt sich die Notwendigkeit neue Werkzeuge zu entwickeln, mit denen die Simulation von Netzen mit einer unvollständigen Messinfrastruktur möglich ist. Ein vielversprechender Ansatz ist der in [3] vorgestellte Knotenlastbeobachter, der die nicht gemessenen Abflüsse nachbildet, mit denen dann eine Simulation des Netzes durchgeführt werden kann.

2 Konzept des Knotenlastbeobachters

Um das Konzept des Knotenlastbeobachters erklären zu können, werden vorab die diesem zugrunde liegenden theoretischen Ansätze erläutert. Der Knotenlastbeobachter wurde auf Basis des schon langjährig eingesetzten Gasnetzsimulators (GANESI) entwickelt, welcher inzwischen mit den Produkten der Firma PSI AG (PSI Ganesi), die sich auch an der Entwicklung des Knotenlastbeobachters beteiligt, kommerziell vertrieben wird.

Ein Erdgasnetz kann als technisches System mit den Eingangsgrößen $\underline{u}$ und den Ausgangsgrößen $\underline{y}$ aufgefasst werden. Die Eingangsgrößen dieses Systems sind die zu- und abfließenden Gasmengen. Die im Netz gemessenen Drücke stehen als Ausgangsgrößen $\underline{y}$ des Systems zur Verfügung. Damit wird aber nicht der komplette Systemzustand des Erdgasnetzes wiedergegeben. Die nicht gemessenen Rohrflüsse und die nicht gemessenen Knotendrücke im Netz fehlen. Um diese berechnen zu können, wird ein mathematisches Modell für das Erdgasnetz benötigt. Dieses wurde in den Arbeiten [4], [5] und [6] unter der Annahme einer eindimensionalen Rohrströmung aus der Kontinuitätsgleichung und der Impulsbilanz hergeleitet und begründet. Daraus abgeleitet ergibt sich die Gleichung für die Knotendrücke zu

$$\dot{p}_{kno}^{(i)} = \frac{c_T^2 \cdot (p_{kno}^{(i)})}{V_{kno}^{(i)}} \cdot \left(\sum_{j=1}^{n_{ror}} k_{i,j} \cdot q_{ror}^{(j)} - q_R^{(i)} \right) \tag{6.1}$$

und für die Rohrflüsse zu

$$\dot{q}_{ror}^{(j)} = \underline{f}^T \cdot \begin{bmatrix} q_{ror}^{(j)} \\ p_{kno}^{(i)} \\ p_{kno}^{(k)} \end{bmatrix} \quad \text{mit} \tag{6.2}$$

$$\underline{f} = \begin{bmatrix} \dfrac{-2 \cdot \lambda^{(j)} \cdot c_T^2(p_m)}{d^{(j)} \cdot F^{(j)}} \cdot \dfrac{\left| q_{ror}^{(j)} \right|}{p_{kno}^{(i)} + p_{kno}^{(k)}} \\[2.5ex] \dfrac{-k_{i,j} \cdot F^{(j)}}{2 \cdot \Delta z^{(j)}} + \dfrac{\lambda^{(j)} \cdot c_T^2(p_m)}{d^{(j)} \cdot F^{(j)}} \cdot \dfrac{q_{ror}^{(j)} \cdot \left| q_{ror}^{(j)} \right|}{(p_{kno}^{(i)} + p_{kno}^{(k)})^2} \\[2.5ex] \dfrac{-k_{k,j} \cdot F^{(j)}}{2 \cdot \Delta z^{(j)}} + \dfrac{\lambda^{(j)} \cdot c_T^2(p_m)}{d^{(j)} \cdot F^{(j)}} \cdot \dfrac{q_{ror}^{(j)} \cdot \left| q_{ror}^{(j)} \right|}{(p_{kno}^{(i)} + p_{kno}^{(k)})^2} \end{bmatrix} \tag{6.3}$$

Stellt man diese Gleichungen für alle Knoten und Rohre des Erdgasnetzes auf und fasst sie in Matrizenform zusammen, dann erhält man die Zustandsraumdarstellung des Systems

$$\dot{\hat{\underline{x}}} = \underline{A} \cdot \hat{\underline{x}} + \underline{B} \cdot \underline{u} \tag{6.4}$$

$$\hat{\underline{y}} = \underline{C} \cdot \hat{\underline{x}} \tag{6.5}$$

mit den Zustands-, Mess- und Eingangsgrößen

$$\hat{\underline{x}} = \begin{bmatrix} p_1 \\ q_2 \\ \vdots \\ q_{n-1} \\ p_n \end{bmatrix}, \quad \hat{\underline{y}} = \begin{bmatrix} p_1 \\ \vdots \\ p_r \end{bmatrix}, \quad \underline{u} = \begin{bmatrix} q_{ab,1} \\ \vdots \\ q_{ab,m} \end{bmatrix}.$$

Um nun aus diesem mathematischen Modell und den in dem System gemessenen Werten den Systemzustand berechnen zu können, kann ein Beobachter entworfen werden. Dieser Beobachter rekonstruiert aus dem Verlauf der Eingangs- und Ausgangsgrößen den Systemzustand. Beim GANESI wurde an dieser Stelle ein sogenannter Luenberger Beobachter entworfen, welcher die Differenzen der gemessenen und berechneten Ausgangsgrößen über eine Gewichtungsmatrix $\underline{G}$ auf den Eingang zurückführt (siehe Abbildung 6.1). Das Problem bei einem Erdgasverteilnetz, bei dem nicht alle Ausspeisungen gemessen sind, besteht darin, dass dem Luenberger Beobachter nicht alle Eingangsgrößen zur Verfügung stehen. Das heißt der Eingangsvektor $\underline{u}$ ist nur unvollständig besetzt. Dies hat zur Folge, dass solch ein Netz nicht mit diesem System simuliert werden kann.

An diesem Punkt setzt der am Institut für Elektrische Energietechnik der TU Clausthal (IEE) in [3] entwickelte Ansatz des Knotenlastbeobachters an. Bei diesem Ansatz werden die nicht gemessenen Ausspeisemengen als Störgrößen interpretiert. In der Regelungstechnik werden solche dauerhaften und nicht messbaren Störungen auf ein System mittels eines Störgrößenbeobachters abgeschätzt [7]. In dem vorliegenden Fall wird folglich ein Störgrößenbeobachter für die Abschätzung der nicht gemessenen Ausspeisungen konzipiert, welcher in [3] als Knotenlastbeobachter bezeichnet wird. Die somit nachgebildeten Ausspeisungen komplettieren den Eingangsvektor des Luenberger Beobachters, der damit den Systemzustand berechnen kann (siehe Abbildung 6.1).

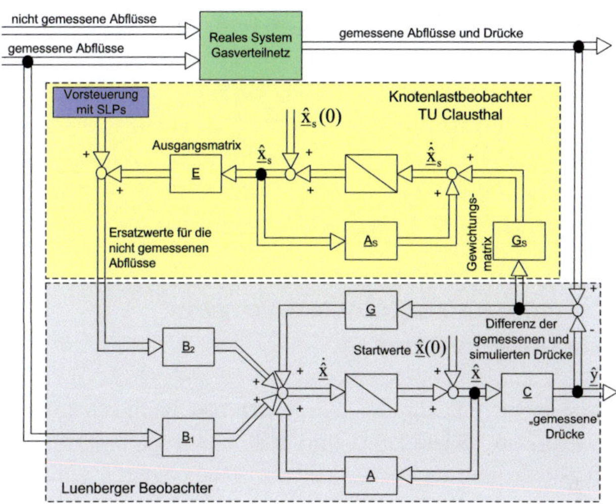

Abbildung 6.1: Blockschaltbild des Simulationssystems GANESI mit Knotenlastbeobachter.

Die Berechnung der nicht gemessenen Abnahmemengen durch den Knotenlastbeobachter erfolgt in mehreren Schritten. Im ersten Schritt berechnet der Luenberger Beobachter den kompletten Systemzustand, indem er die nicht gemessenen Abnahmen als null ansetzt. Daran anschließend werden die berechneten mit den gemessenen Drücken an den sogenannten Teilnetzknoten verglichen und die Differenz daraus dem Knotenlastbeobachter zugeführt. Dieser berechnet mittels der Beobachtergewichtungsmatrix $\underline{G}_s$ eine noch zu verteilende Gasmenge (Fehlmenge), welche über die Ausgangsverstärkung $\underline{E}$ auf die nicht gemessenen Ausspeiseknoten verteilt wird. Berechnet wird die Ausgangsverstärkung indem die Jahresenergiemengen an den Ausspeiseknoten ins Verhältnis mit der geringsten Ausspeisemenge gesetzt werden.

Zur Unterstützung des Knotenlastbeobachters wird zusätzlich eine Vorsteuerung mittels Standardlastprofilen (SLP) implementiert, welche für die nicht gemessenen Ausspeiseknoten einen groben Abnahmeverlauf vorgeben. Dadurch muss der Knotenlastbeobachter nur noch die Differenzen zwischen den SLP-Werten und den tatsächlichen Ausspeisewerten ausgleichen. Für die hier gemachten Untersuchungen wurden die SLP nach dem Verfahren der TU München (vgl. [8]) ausgerollt und in das System eingebunden.

Aus diesen Ausführungen lässt sich erahnen, wie wichtig die Auslegung der Ausgangsverstärkung $\underline{E}$ und der Beobachtergewichtungsmatrix $\underline{G}_s$ für ein gutes Simulationsergebnis ist. Zusätzlich unterstützt eine hohe Güte bei den SLP die Genauigkeit der Simulationsergebnisse und verringert die Einschwingzeit des Beobachters deutlich.

3 Erste Simulationsergebnisse an zwei Untersuchungsnetzen

Der mathematische Ansatz des Knotenlastbeobachters muss nicht nur in ein Software-Tool (MATLAB und PSI Untersuchungssystem (UTS)) implementiert werden, sondern auch an realen Netzen validiert werden. Hierzu stehen am IEE Netzdaten von zwei realen Erdgasverteilnetzen zur Verfügung. Zum einen von einem kleinen Teilnetz der E.ON Thüringer Energie AG mit 23 gemessenen Ausspeisungen und zum anderen von einem Netz der E.ON Avacon AG in Sachsen-Anhalt mit ca. 200 Ausspeisungen und einer unvollständigen Messinfrastruktur (siehe Abb. 6.2).

Die vollständige Messinfrastruktur des kleinen Netzes ermöglicht es, die grundsätzliche Funktionsfähigkeit des Knotenlastbeobachters zu überprüfen. Hierzu werden einzelne Ausspeisungen als nicht gemessen betrachtet und die damit gewonnen Simulationsergebnisse mit den vorliegenden Messwerten verglichen. Im Gegensatz dazu kann mit dem großen Netz der E.ON Avacon überprüft werden, wie sich der Knotenlastbeobachter bei einer sehr großen Anzahl von Ausspeisung und bei einer vermaschten Netzstruktur verhält. Hierzu werden die Ergebnisse durch Plausibilitätsprüfungen und punktuell durch temporär installierte Messungen überprüft.

In ersten Szenarien wurden Simulationen mit MATLAB, sowie mit einem Untersuchungssystem der Firma PSI AG, welches ebenfalls den Knotenlastbeobachter enthält, an einem Ausschnitt aus dem kleinen Teilnetz (zehn Ausspeisungen, davon drei gemessen, siehe Abbildung 6.3) durchgeführt. Das Ergebnis der Simulationen an zwei ausgewählten Ausspeiseknoten ist in Abbildung 6.4 zu sehen. Ausgewählt wurde ein Knoten direkt nach der Einspeisung und einer am anderen Ende des Netzausschnittes, um zwei Extreme abzubilden. Man kann in den Diagrammen

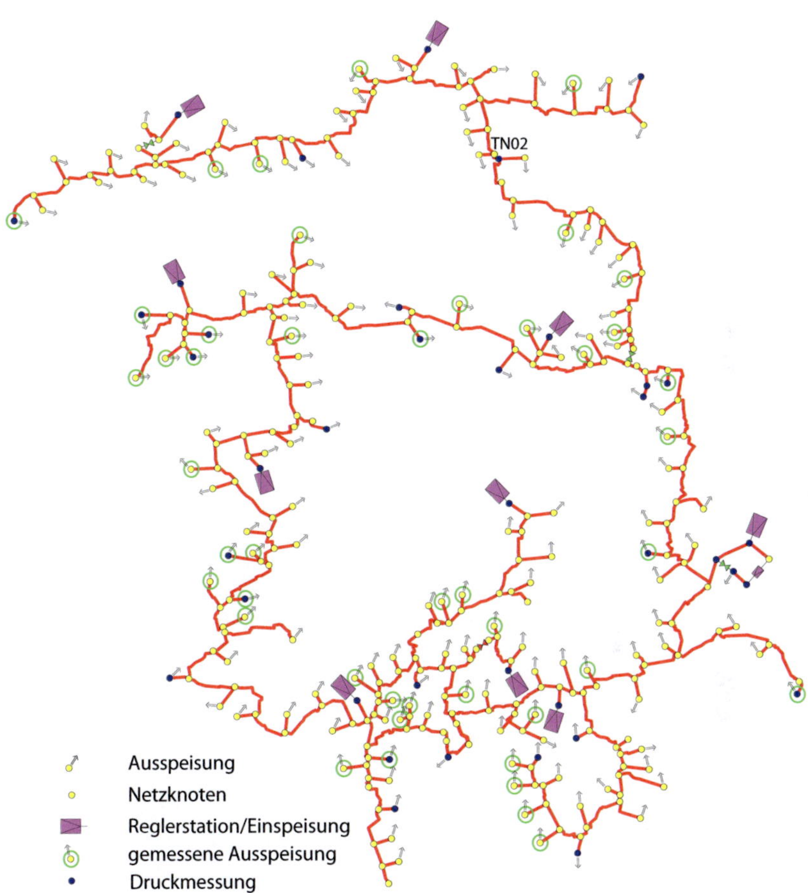

Abbildung 6.2: Netztopologie des Erdgasverteilnetzes der E.ON Avacon AG in Sachsen-Anhalt.

erkennen, dass die Simulationen bei beiden Knoten zu Beginn sehr schnell einschwingen und dann dem Verlauf der Messung folgen. Einzig beim Durchlaufen der Täler kommt es zu größeren Abweichungen zwischen den Simulationen und den Messwerten. Des weiteren ist bei beiden Simulationen beim Tageswechsel ein Überschwingen zu erkennen, welches jedoch wieder relativ schnell abklingt. Dieses Verhalten resultiert aus der Vorsteuerung mit den SLP. Da diese als Eingangsdaten die Tagesmitteltemperatur haben, welche sich folglich zum Tageswechsel ändert, kommt es zu einem Sprung bei den SLP-Werten, was sich bei der Simulation bemerkbar macht. Bei der Bewertung der gezeigten Ergebnisse ist die große Anzahl an nicht gemessenen Ausspeisungen (70 Prozent der Ausspeisungen) und das frühe Entwicklungsstadium des Systems zu berücksichtigen. Die aktuellen Arbeiten haben zum Ziel, diese Abweichungen auf wenige Prozent zu reduzieren.

In weiteren Untersuchungen wurde das größere Netz der E.ON Avacon AG auf dessen Beobachtbarkeit untersucht. Hierbei wurden zwei Punkte betrachtet. Zum einen wurde das Netz auf strukturelle Beobachtbarkeit überprüft, um zu ermitteln, ob die Netzstruktur eine Beobachtung mittels Knotenlastbeobachter ermöglicht. Da diese Untersuchung positiv verlief, wurde zusätzlich die Kundenstruktur an den einzelnen Ausspeiseknoten durchleuchtet. Dadurch wurden Knoten identifiziert, deren Kundenstruktur einen sehr großen Anteil an Industriekunden ohne registrierende Leistungsmessung besitzt. Vergleiche zwischen SLP und Messwerten zeigen, dass wenn der Anteil solcher Industriekunden größer als ca. ein Viertel der Gesamtabnahme an einem Knoten ist, eine Abbildung der Abnahmen mittels SLP nicht mehr möglich ist und stattdessen eine Messung notwendig wird. Daraus hat sich ergeben, dass die Messinfrastruktur in diesem Netz um sechs weitere Messstellen erweitert werden muss. Des Weiteren werden die über nachgelagerte Ortsnetze gekoppelten Ausspeiseknoten ebenfalls mit Messeinrichtungen ausgestattet, da hier die Zuordnung der einzelnen Kunden zu den Ausspeiseknoten nicht direkt möglich ist. Dies führt dazu, dass in dem Netz zukünftig ca. 20 Ausspeisestellen messbar gemacht werden, um die Beobachtbarkeit zu sichern. Ein positiver Nebeneffekt dieses Ausbaues ist, dass dadurch dem Beobachter gemessene Ausspeisungen, über das komplette Netzgebiet verteilt, als Eingangswerte zur Verfügung stehen.

Des Weiteren wurden erste Simulationen an diesem Netz durchgeführt. Hierbei lag der Fokus auf der Qualität mit der der Knotenlastbeobachter die Fehlmenge auf die nicht gemessenen Ausspeisungen verteilt. Erkennen kann man dies an der nicht verteilten Gasmenge, die an den Teilnetzknoten als fiktive Ausspeisemengen angesetzt wird. Diese sollte im Idealfall null sein. Ebenfalls wurde ein Augenmerk auf die Güte der simulierten Drücke an den Teilnetzknoten gelegt. Stellvertretend für alle Teilnetzknoten sind beide Verläufe für den Teilnetzknoten 2 in Abbildung 6.5 zu sehen. Die Drücke werden an dem Teilnetzknoten korrekt simuliert (linkes Diagramm) und wie man in dem rechten Diagramm ablesen kann, sind auch die Fehlmengen praktisch null. Die einzelnen Peaks resultieren aus numerischen Ungenauigkeiten und sind nicht weiter von Bedeutung. Damit ist gezeigt, dass die Fehlmengen auch in dem großen Netz korrekt berechnet und verteilt werden. Nun stellt sich nur noch die Frage, ob die Fehlmengen auch auf die korrekten Ausspeisungen verteilt werden. Da die oben beschriebenen für den Beobachter notwendigen Ausbauten der Messinfrasstruktur noch nicht abgeschlossen sind, ist zu erwarten, dass die Verteilung noch nicht korrekt verläuft, was sich auch in ersten Untersuchungen bestätigt hat.

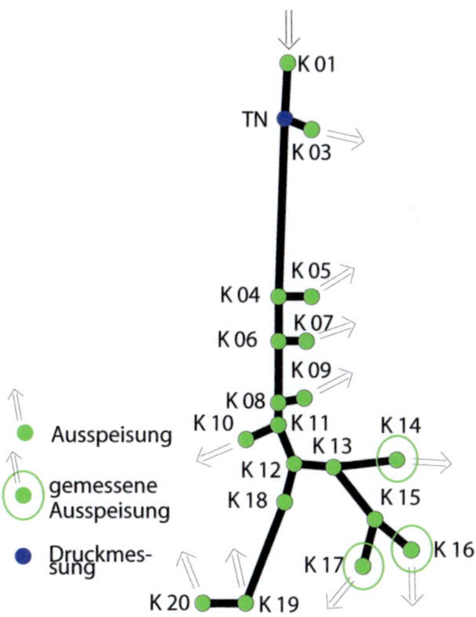

Abbildung 6.3: Topologie des Netzausschnittes aus dem Teilnetz der E.ON Thüringer Energie AG.

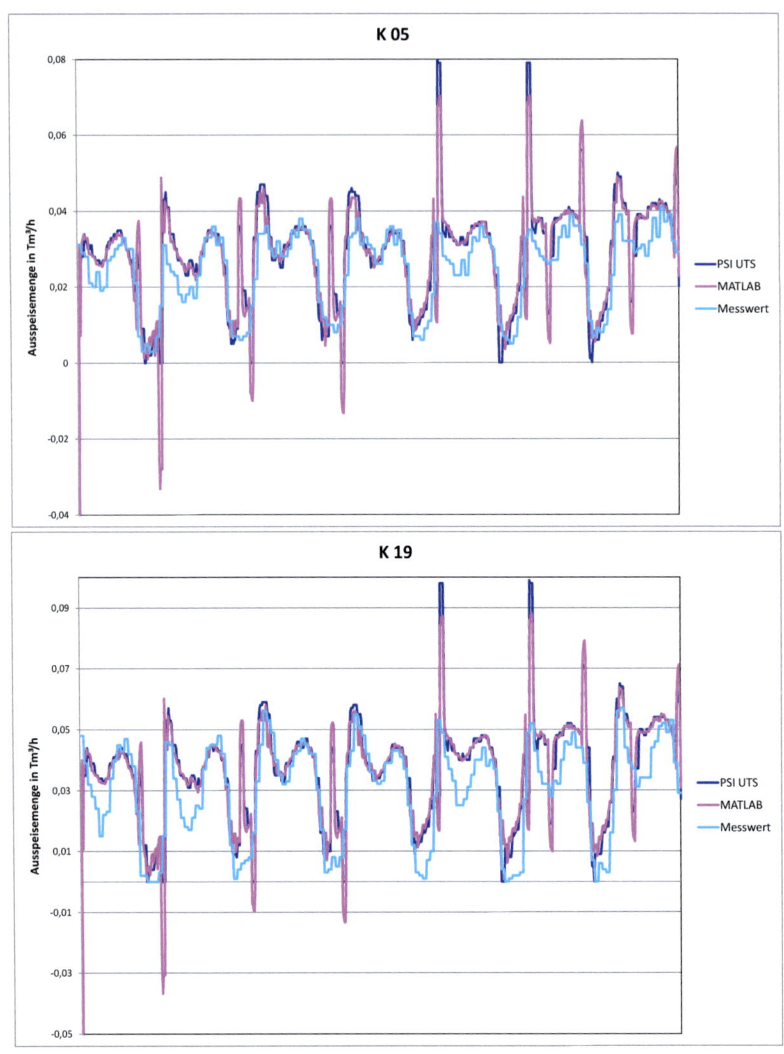

Abbildung 6.4: Vergleich Simulation – Messwerte an den Ausspeisungen K 05 und K 19 des Netzausschnittes aus Abbildung 6.3.

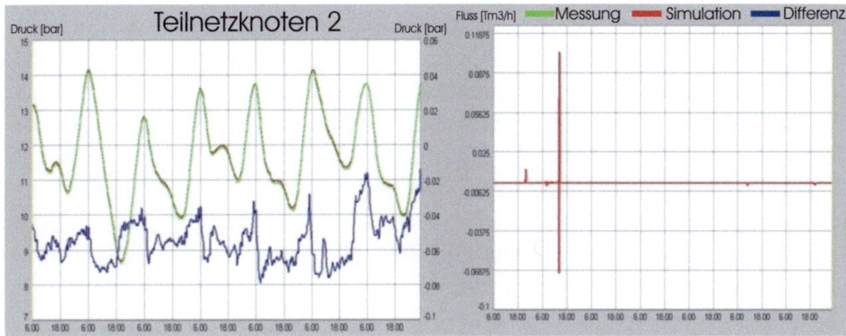

Abbildung 6.5: Druckverläufe (simuliert, gemessen, Differenz) (links) und Fehlmenge (rechts) an dem Teilnetzknoten 2 des sachsen-anhaltinischen Netzes (Abb. 6.2).

4 Ausblick

Bei der weiteren Entwicklung des Simulationssystems wird die Hauptaufgabe sein, die Genauigkeit, die Lauffähigkeit und die Zuverlässigkeit des Knotenlastbeobachters bei großen und vermaschten Netzen zu verbessern und zu validieren.

Im Detail bedeutet dies, dass die Methoden zur Bestimmung der Eingangsgewichtung $\underline{G}_s$ und der Ausgangsverstärkung $\underline{E}$ weiterentwickelt werden müssen. Ein möglicher neuer Ansatz zur Berechnung der Ausgangsverstärkung ist die Verwendung der im letzten Zeitschritt berechneten Ausspeisemengen anstelle der Jahresenergiemengen. Hierdurch werden die jahreszeitlichen Schwankungen der Lastflüsse berücksichtigt.

Bei großen Netzen stellt sich außerdem die Frage, ob man diese in mehrere Netzgebiete unterteilt und in jedem einen Eingrößenbeobachter einsetzt oder ob man für das gesamte Netz einen Mehrgrößenbeobachter entwickelt. Bei den bisherigen Betrachtungen am Netz der E.ON Avacon AG wurde hierbei auf die erste Variante zurückgegriffen. Der Vorteil dieser Variante liegt in der einfachen Implementierung. Als Nachteil ergibt sich jedoch die strikte Abgrenzung der Netzgebiete. Diese wird nur durch ein itteratives Vorgehen bei der Berechnung, welche zu einer indirekten Beeinflussung der Netzgebiete untereinander führt, abgeschwächt. Daher könnte es zur Verbesserung der Simulationsgüte notwendig sein, einen Mehrgrößenbeobchter zu implementieren, bei dem es keine Netzbereiche gibt und die Teilnetzknoten direkt miteinander wechselwirken. Jedoch bringt dies auch die Schwierigkeit mit sich, gewichten zu müssen, wie stark der Einfluss der einzelnen Teilnetzknoten auf die verschiedenen Ausspeisepunkte im gesamten Netz ist.

Des Weiteren steckt noch Entwicklungspotenzial in den für die Vorsteuerung verwendeten SLP, wobei diese sich von Netzbetreiber zu Netzbetreiber unterscheiden können und daher im Einzelfall geschaut werden muss, wie diese beeinflusst werden können.

Literatur

1. „Gesetz über die Elektrizitäts- und Gasversorgung (Energiewirtschaftsgesetz – EnWG)", 2005.

2. „Verordnung über den Zugang zu Gasversorgungsnetzen (Gasnetzzugangsverordnung – GasNZV)", 2005.

3. C. Schröder, „Prozessbegleitende Simulation von regionalen Gasverteilnetzen mit unvollständiger Messinfrastruktur durch Einsatz eines Knotenlastbeobachters", Dissertation, Technische Universität Clausthal, 2009.

4. A. Weimann, „Modellierung und Simulation der Dynamik von Gasverteilnetzen im Hinblick auf Gasnetzführung und Gasnetzüberwachung", Dissertation, Technische Universität München, 1978.

5. G. Lappus, „Analyse und Synthese eines Zustandsbeobachters für große Gasverteilnetze", Dissertation, Technische Universität München, 1984.

6. D. Vollmer, „Ein Beitrag zur prozeßbegleitenden Zustandsbeobachtung in regionalen Erdgasverteilnetzen", Dissertation, Technische Universität Clausthal, 1999.

7. J. Lunze, *Systemtheoretische Grundlagen, Analyse und Entwurf einschleifiger Regelungen*, 7. Aufl. Springer, 2008.

8. U. Wagner und B. Geiger, „Gutachten zur Festlegung von Standardlastprofilen Haushalte und Gewerbe für BGW und VKU", München, 2005.

Automated Metering und Kommunikationstechnologie – Power Line Communication zur Vernetzung intelligenter Stromzähler

Michael Bauer und Klaus Dostert

Karlsruher Institut für Technologie, Institut für Industrielle Informationstechnik, Hertzstraße 16, 76135 Karlsruhe

Zusammenfassung Die automatische Fernablesung der Zählerstände von Energieverbrauchszählern wird als Automated Metering oder auch Smart Metering bezeichnet und stellt eine wesentliche Komponente intelligenter Energieversorgungsnetze, sogenannter Smart Grids, dar. Das Rückgrat solcher Anwendungen bildet die Informations- und Kommunikationstechnologie. Eine große Rolle spielt für das Smart Metering insbesondere die Power Line Communication (PLC). Den derzeit vorgesehenen Anwendungsfällen stehen jedoch Herausforderungen gegenüber, deren Ursprung auf die physikalischen Eigenschaften des Stromnetzes zurückzuführen ist. Diese Eigenschaften werden im Überblick dargelegt mit dem Ziel, eine realistische Einschätzung der Potentiale der PLC-Technologie zu ermöglichen.

1 Einleitung

Das Bewusstsein dafür, dass Erzeugung und Verbrauch von Energie effizienter gestaltet werden müssen, ist in den vergangenen Jahren deutlich gewachsen. Die Begrenztheit der Ressourcen, welche für die konventionelle Energieerzeugung verwendet werden, wird immer deutlicher spürbar, ebenso wie die Auswirkungen konventioneller Energieerzeugung und konventionellen Energieverbrauchs auf die Umwelt. Der vermehrte Einsatz regenerativer Energiequellen wie Solar- oder Windenergie soll dazu beitragen, die Energieerzeugung umweltfreundlicher zu gestalten. Gleichzeitig wird versucht, den Energieverbrauch insgesamt durch effizienzsteigernde Maßnahmen zu senken oder zumindest die Endenergieverbraucher derart zu beeinflussen, dass für Spitzenlasten weniger Reserven vorgehalten werden müssen. Mit diesen Ansätzen in direktem Zusammenhang stehen intelligente Energieverteilnetze, sogenannte „Smart Grids". Hinter diesen Begriffen verbirgt sich eine Vielzahl verschiedenster Anwendungen und Dienste für unterschiedliche Nutzergruppen, die jedoch zum größten Teil bislang eher als Visionen denn als konkrete Realisierungen existieren. Hauptgrund für das langsame Voranschreiten der Entwicklung hin zu intelligenten Energieversorgungsnetzen ist die hohe Komplexität der Gesamtsysteme, hauptsächlich bedingt durch die Querabhängigkeiten der einzelnen Systemkomponenten sowie deren räumliche Trennung. Daher kommt der Informations- und Kommunikationstechnologie eine überaus große Bedeutung zu.

Die verschiedenen Dienste für Smart Grids lassen sich in drei übergeordnete Anwendungsbereiche gliedern. Abbildung 7.1 zeigt eine Übersicht dieser Bereiche, die englischsprachigen Termini wurden dabei bewusst direkt übernommen.

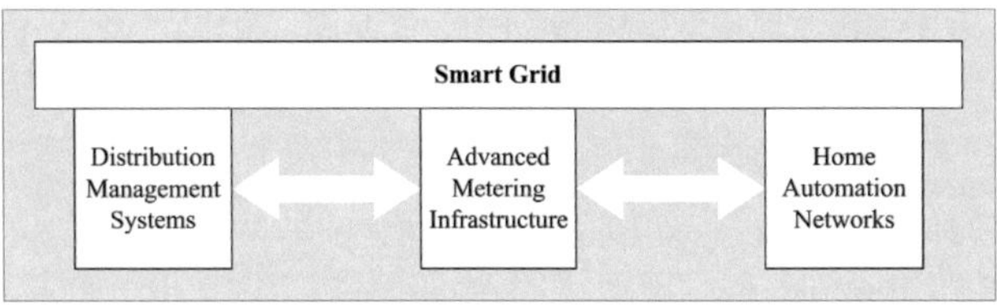

Abbildung 7.1: Struktur der Anwendungen in intelligenten Netzen.

Durch die Dezentralisierung der Energieerzeugung, durch den zunehmenden Einsatz kleinerer Energiequellen mit fluktuierender Leistung und durch den dynamischen Wechsel zwischen den vormals fest verteilten Rollen als Energieerzeuger und -verbraucher werden die herkömmlichen Ansätze für die Organisation der Energieverteilung vor neue Herausforderungen gestellt. Ziel bei den Anwendungen im Bereich der Energieverteilung (Distribution Management) ist es, diesen Herausforderungen u.a. durch den Einsatz neuartiger Informations- und Kommunikationstechnologie zu begegnen. Auf diese Weise soll die Netzstabilität weiter erhalten werden sowie die Energieerzeugung flexibel an den aktuellen Energieverbrauch angepasst werden können. Mögliche Lösungsansätze werden aktuell im Rahmen von Modellprojekten des BMWi-Förderprogramms

„E-Energy" [1] untersucht.

Die Haushaltsautomatisierung durch Vernetzung verschiedenster Geräte innerhalb von Gebäuden zu sogenannten Home Automation Networks (HANs) stellt eine weitere Komponente der intelligenten Energieverteilnetze dar. Die Ideen für solche Anwendungen sind vielfältig, wenngleich sie noch weit von einem flächendeckenden Einsatz entfernt zu sein scheinen. Voraussetzung für die Realisierung sind Informationen, die nur durch die Vernetzung mit anderen Komponenten intelligenter Energieverteilnetze bereitgestellt werden können.

Das Smart Metering nimmt in Smart Grids eine zentrale Stellung ein, da es den Informationsaustausch zwischen Endenergieverbraucher und Energieerzeuger ermöglicht. Zusammen mit einer geeigneten Kommunikations-Infrastruktur stellen „intelligente" Energiemengenzähler die hauptsächlichen Komponenten einer Advanced bzw. Automated Metering Infrastructure (AMI) dar. Eine übergeordnete Rolle spielt dabei der Stromzähler. Intelligente Zähler (Smart Meter) übertragen die jeweiligen Zählerstände automatisch an den Messstellenbetreiber (sogenanntes Automated Meter Reading, AMR) und ermöglichen das Konfigurieren verschiedener Tarife. Dies ermöglicht eine im Idealfall lückenlose Erfassung aller relevanten Verbrauchswerte in kürzeren Zeitabständen als bei der herkömmlichen Ablesung von Zählerständen sowie die Schaffung von Anreizen für Verbraucher durch flexible Tarife. Die reine AMR-Funktionalität kann durch Funktionen wie beispielsweise Lastmanagement (in Zusammenspiel mit HANs) oder das Bilanzieren von eingespeister und verbrauchter Energie erweitert werden [2]. Häufig führt dies zu der Bezeichnung „Advanced Metering Infrastructure" (AMI).

Seit dem 01.01.2010 sind in Deutschland die Messstellenbetreiber, sofern „technisch machbar und wirtschaftlich zumutbar", lt. §21b, Abs. 3a EnWG verpflichtet, „Messeinrichtungen einzubauen, die dem jeweiligen Anschlussnutzer den tatsächlichen Energieverbrauch und die tatsächliche Nutzungszeit widerspiegeln." Der flächendeckende Einsatz intelligenter Energiemengenzähler rückt somit in greifbare Nähe. Den gesetzlichen Forderungen stehen diverse technische Herausforderungen hinsichtlich der Vernetzung einer großen Anzahl von Zählern mit einer zentralen Datenverwaltung gegenüber. Die aktuellen Bemühungen erstrecken sich von einer einheitlichen Definition der Dienste und Anwendungen bis hin zur Schaffung eines einheitlichen, offenen Standards für die Datenübertragung mittels PLC (vgl. EU-Forschungsprojekt „OPEN meter" [3]).

Im Fokus der folgenden Betrachtungen liegt die Datenübertragung über Energieverteilnetze (Power Line Communication, PLC) für Automated Metering. Zunächst werden die allgemeine Systemarchitektur sowie die zugehörigen Systemkomponenten dargelegt und die Anforderungen an die Kommunikationstechnologie beleuchtet. Im Anschluss daran werden die speziellen Eigenschaften der Power Line Communication vertieft behandelt. Abschließend werden Möglichkeiten zur Bewertung der Leistungsfähigkeit von PLC-Übertragungssystemen aufgezeigt und die Ergebnisse zusammengefasst.

2 PLC als Kommunikationstechnologie für Smart Grids

Bei der Power Line Communication [4] werden digitale Daten über das Stromnetz übertragen. Da Stromzähler direkt mit dem Niederspannungsnetz verbunden sind und die Verantwortung für die Netze ohnehin der Energieversorgungsindustrie obliegt, erscheint PLC für die digitale Vernetzung intelligenter Stromzähler mit Datenkonzentratoren über das Niederspannungsnetz auf den ersten Blick ideal geeignet. Das Niederspannungsnetz ist jedoch ursprünglich für die Energieverteilung ausgelegt und weist daher im Vergleich zu anderen Übertragungsmedien einige Besonderheiten auf, die sich auf die Qualität der Datenübertragung auswirken können. Sie bedürfen daher einer genaueren Betrachtung. Den großen wirtschaftlichen Vorteilen von PLC steht in erster Linie die Tatsache gegenüber, dass es sich dabei um eine relativ junge Technologie handelt, deren Leistungsfähigkeit a priori für den Endanwender nur schwer einzuschätzen ist. Die folgenden Abschnitte behandeln die technischen Besonderheiten von PLC und liefern somit eine Bewertungsgrundlage.

2.1 Systemkomponenten einer Infrastruktur für intelligente Stromzähler

Abbildung 7.2 zeigt einen Ausschnitt der Systemarchitektur für AMI in Anlehnung an [2]. Die Systemarchitektur ist um die in [5] spezifizierten Kommunikationstechnologien erweitert. Wesentliche Systemkomponenten für die Realisierung der Funktionen sind die Stromzähler und der Datenkonzentrator. Der Stromzähler dient dabei als Gateway. Er fasst die relevanten Informationen, die z. B. von Gas-, Wasser- und

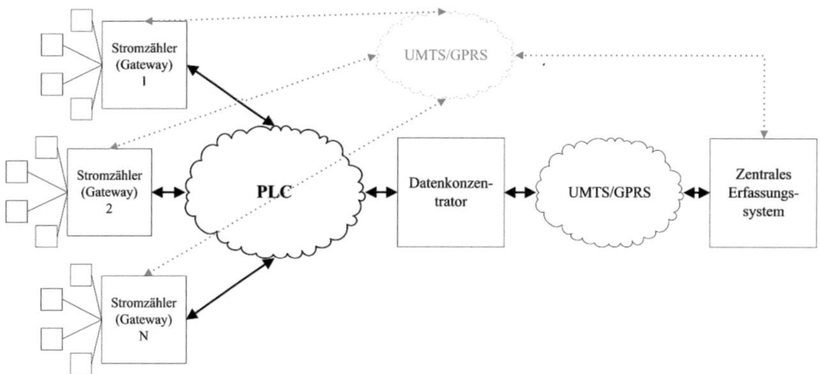

Abbildung 7.2: AMI-Systemkomponenten und Art der Vernetzung.

Wärmezählern, aber auch von anderen Geräten stammen können, zusammen und überträgt sie an den Datenkonzentrator. Dieser koordiniert die Datenübertragung zwischen Stromzählern und Datenkonzentrator und übernimmt darüber hinaus deren Steuerung und Verwaltung. Entsprechende Bedeutung kommt der Schnittstelle zwischen Zähler und Datenkonzentrator zu, nicht zuletzt auf Grund der großen Anzahl an Geräten, die über diese Schnittstelle bedient werden müssen. In [5] sind hierfür mit Kommunikationstechnologien nach IEC 61334-5-1 und PRIME-Spezifikation [6] ausschließlich PLC-Technologien vorgesehen. Eine weitere Schnittstelle ermöglicht es, einen Zähler direkt über das Mobilfunknetz mit dem zentrale Datenerfassungssystem zu verbinden und somit den Datenkonzentrator als vermittelnde Instanz zu übergehen. Diese ist jedoch nicht primär für den flächendeckenden Einsatz bestimmt.

2.2 Anforderungen an Kommunikationssysteme

Das Kommunikationssystem muss gewährleisten, dass die zu übermittelnden Informationen auch tatsächlich und korrekt übertragen werden. Die wichtigsten Anforderungen sind daher Zuverlässigkeit und Verfügbarkeit. Eine weitere wichtige Anforderung ist die Echtzeitfähigkeit. Es muss gewährleistet sein, dass Informationen innerhalb einer bestimmten Zeit von der Informationsquelle zur Informationssenke übertragen werden. Welche maximale Zeitdauer dafür im konkreten Fall zulässig ist, hängt dabei von der jeweiligen Anwendung ab.

Zusätzlich zu Zuverlässigkeit, Verfügbarkeit und Echtzeitfähigkeit muss die Datensicherheit gewährleistet sein. Bei den zu übertragenden Informationen handelt es sich häufig um geldwerte und personenbezogene Daten oder auch um Daten, welche die Betriebssicherheit bzw. Funktionsfähigkeit des Energieversorgungsnetzes betreffen. Übertragungssysteme müssen, insbesondere im Zusammenhang mit Energiemengenzählern, auch eichrechtlichen Anforderungen entsprechen.

Neben den technischen Anforderungen an Kommunikationssysteme spielen natürlich auch die wirtschaftlichen Anforderungen eine große Rolle. Die Transformation der existierenden Energieversorgungsnetze hin zu intelligenten Energieversorgungsnetzen ist mit erheblichen Kosten verbunden, da beispielsweise der Austausch vorhandener konventioneller Energiemengenzähler durch intelligente Zähler notwendig ist.

Um die anfänglichen Investitionskosten so gering wie möglich zu halten, müssen daher die Stückpreise der Zähler trotz erweiterter Funktionalität und Kommunikationsfähigkeit niedrig sein. Gleiches gilt für die laufenden Kosten der Kommunikationssysteme. Wünschenswert ist außerdem, dass die intelligenten Zähler eine vergleichbar hohe Lebensdauer besitzen und ebenso wartungsarm sind wie herkömmliche Zähler. Insbesondere eine hohe Lebensdauer bei gleichzeitig niedrigem Wartungsaufwand sind vor dem Hintergrund, dass noch keinerlei Erfahrungswerte hinsichtlich der Leistungsfähigkeit verschiedener Kommunikationsmodule existieren, schwer zu gewährleisten. Bezüglich der Auswahl einer geeigneten Kommunikationstechnologie existieren somit erhebliche Investitionsrisiken, zumal einheitliche leistungsfähige Standards fehlen. In [7] wird am Beispiel der Situation in Flandern der Versuch unternommen, eine Entscheidungsgrundlage bezüglich der Kommunikationstechnologien zu erarbeiten. Eine umfassendere Darstellung der Potentiale verschiedener Kommunikationstechnologien findet sich in [8], ebenso wie die Ergebnisse einer diesbezüglich unter 40 Energieversorgern durchgeführten Erhebung. Dieser zufolge ist das Interesse an PLC als Kommunikationstechnologie mit 65% am höchsten, dicht gefolgt von GSM mit 63%.

2.3 Unterschiede zwischen Breitband-PLC und Schmalband-PLC

Auf Grund der verschiedenen Wellenlängen und Bandbreiten der Übertragungssignale wird zwischen Breitband-PLC (Broadband Power Line Communication, BPL) und Schmalband-PLC (Narrowband Power Line Communication, NPL) unterschieden.

Breitband-PLC

Das Übertragungsband für BPL liegt üblicherweise zwischen über 1 MHz und maximal 80 MHz.

Auf Grund der Tatsache, dass die Leitungslängen des Niederspannungsnetzes im Vergleich zu den Wellenlängen des Übertragungssignals um ein Vielfaches größer sind, können die Stromleitungen in diesem Frequenzbereich als Antenne wirken. Dies bedingt auf der einen Seite, dass Übertragungssignale unbeabsichtigt abgestrahlt werden können, und auf der anderen Seite, dass unbeabsichtigterweise Übertragungssignale von Funkdiensten in die Leitung eingekoppelt werden können. Eine gegenseitige Störung von PLC und Funkdiensten ist somit prinzipiell nicht auszuschließen. Neben der Antennenwirkung der Stromleitungen kann es zu Reflexionen entlang der Leitungen kommen, wodurch die Übertragungssignale innerhalb schmalbandiger Bereiche („Notches") extrem gedämpft werden können.

Als Modulationsverfahren kommen ausschließlich Mehrträger-Modulationsverfahren zum Einsatz, in der Mehrzahl der Fälle OFDM. Lediglich im Falle von HD-PLC werden Filterbänke zur Modulation verwendet. Die Vorteile von BPL bestehen in – verglichen mit NPL – hohen nominellen Datenübertragungsraten in der Größenordnung bis zu einigen Hundert Mbit/s. Nachteilig sind die vergleichsweise geringen Reichweiten sowie hohe Kosten für Modems. Insbesondere problematisch ist jedoch die mögliche Abstrahlung der Übertragungssignale durch Stromleitungen. Da in dem für BPL verwendeten Frequenzbereich auch Funkdienste angesiedelt sind, können im Falle der Beeinträchtigung dieser Dienste durch BPL rechtliche Probleme auf die Betreiber der Geräte zukommen.

Schmalband-PLC

Der für NPL genutzte Frequenzbereich liegt weit unter dem von BPL und weist eine deutlich geringere Bandbreite auf. Der innerhalb der EU verwendbare Frequenzbereich – festgelegt in CENELEC EN 50065 [9] – liegt zwischen 9 kHz und 148 kHz, während in den USA und in Japan Frequenzen bis zu 500 kHz freigegeben sind. Auf Grund der Wellenlängen des Übertragungssignals, die größer sind als der überwiegende Anteil der Längen von Stromleitungen im Niederspannungsnetz, kommt es kaum zu Signalreflexionen. Ebensowenig ist eine Störung von Funkdiensten zu befürchten. Problematisch sind allerdings das Impedanzverhalten der am Netz angeschlossenen Verbraucher sowie ein hoher Störsignalpegel.

Als Modulationsverfahren wurden in der Vergangenheit überwiegend schmalbandige Verfahren wie FSK und Einträgermodulation verwendet. Die derzeit einzige auf einem offenen Standard (IEC 61334-5-1) basierende Technologie verwendet FSK als Modulationsverfahren und erreicht maximal 2.4 kbit/s. Mit der Nachfrage nach höheren Datenraten kommen zunehmend OFDM-basierte Übertragungssysteme zum Einsatz. Beispiele hierfür sind Technologien wie beispielsweise PRIME [6] und G3 [10], die Datenraten bis nominell maximal 129 kbit/s (PRIME) bzw. 35 kbit/s (G3) versprechen. Beide Technologien existieren bislang lediglich als technische Spezifikationen und sind daher nicht standardisiert. In seltenen Fällen werden auch bandspreizende Modulationsverfahren wie Direct Sequencing Spread Spectrum (DSSS) oder Chirp Spreading eingesetzt.

Wesentlicher Vorteil der NPL-Technologien ist die durch die Norm EN 50065 festgelegte Berechtigung zur Nutzung der Frequenzbereiche für PLC, auf die sich die Betreiber von NPL-Geräten berufen können. Nachteilig ist die im Vergleich zu BPL niedrige Brutto-Datenübertragungsrate, die durch unvorteilhafte Störszenarien oder hohe Signaldämpfung unter Umständen drastisch weiter verringert werden kann. Prinzipiell wird für AMI-Anwendungen NPL klar gegenüber BPL bevorzugt. Das Fehlen geeigneter offener Standards für Kommunikationstechnologie steht jedoch einem flächendeckenden Einsatz von NPL-Technologie entgegen. Daher werden aktuell Anstrengungen unternommen, geeignete NPL-Technologien auszuwählen und zu standardisieren [3].

2.4 Eigenschaften des Übertragungskanals

Untersuchungen am Energieverteilnetz hinsichtlich seiner Eigenschaften als Übertragungskanal zeigen, dass es sich deutlich anders verhält als konventionelle Übertragungskanäle. Ein wesentlicher Unterschied ist, dass sich die additiven Störungen nicht als additives weißes Rauschen modellieren lassen [11], [12]. Das prinzipielle Kanalmodell für NPL ist in Abbildung 7.3 dargestellt. Im Folgenden werden, basierend auf den Untersuchungen in [13], [14] und [15], die Auswirkungen der Eigenschaften des PLC-Übertragungskanals auf Sendesignale näher beleuchtet.

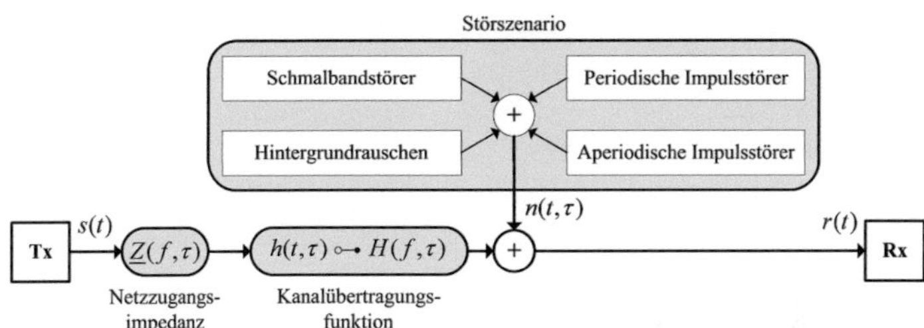

Abbildung 7.3: Störszenario des PLC-Übertragungskanals.

Die Endstufe des Senders (Tx) wird mit der Netzzugangsimpedanz $\underline{Z}(f,\tau)$ belastet. Sie ist, ebenso wie die Kanalübertragungsfunktion $H(f,\tau)$ im Wesentlichen zeit- und frequenzvariant und kann sehr kleine Werte von bis zu $< 1\Omega$ annehmen. Leistungsverstärker müssen also entsprechend dimensioniert und eine entsprechende Leistungsaufnahme im Sendebetrieb einkalkuliert werden. Netzzugangsimpedanz und Kanalübertragungsfunktion bewirken zusammen, dass die Amplitude des Sendesignals frequenzselektiv gedämpft werden kann, wobei die Dämpfung betragsmäßig bis zu -60dB betragen kann [13].

Die additiven Störungen sind ebenfalls zeit- und frequenzvariant und lassen sich, wie in Abbildung 7.3 dargestellt, in vier Klassen unterteilen. Das Hintergrundrauschen weist ein mit abnehmender Frequenz überproportional zunehmendes Leistungsdichtespektrum auf, wobei -40dBW/kHz selten überschritten [14] werden. Während schmalbandige Störungen bei BPL üblicherweise auf eingekoppelte Signale zurückzuführen sind, sind sie im Falle von NPL üblicherweise auf Störquellen zurückzuführen, die direkt mit dem Niederspannungsverteilnetz verbunden sind. Obwohl die Leistungen einzelner Schmalbandstörer mit maximal -60dBW [14] jeweils relativ niedrig sind, können in den betreffenden schmalen Frequenzbändern vergleichsweise hohe Leistungsdichten erreicht werden. Impulsstörer zeichnen sich durch kurzzeitig auftretende hohe Amplituden von vereinzelt mehr als 10V aus. Man unterscheidet zwischen periodischen Impulsstörern, die entweder synchron oder asynchron zur Netzspannung auftreten können, und aperiodischen Impulsstörern, deren Auftrittszeitpunkte lediglich stochastisch modelliert werden können [16]. Das Auftreten mehrerer aperiodischer Impulsstörer in Folge wird als Burst-Störer bezeichnet. Im Zeitbereich liegen die Maximalamplituden von Impulsstörern deutlich über denen des Hintergrundrauschens und der Schmalbandstörer, wobei die Maximalamplituden periodischer oftmals weit unter denen aperiodischer Impulsstörer liegen. Im Frequenzbereich sind Impulsstörer auf Grund ihrer kurzen Zeitdauer breitbandig, wobei hauptsächliche Anteile der Störleistung in vielen Fällen in einem oder mehreren breiten Frequenzbändern konzentriert sind. Die Auswirkungen der in Abbildung 7.3 allgemein dargestellten Störeinflüsse haben zur Folge, dass sich die Leistungsfähigkeit von PLC-Übertragungssystemen in der Realität deutlich von der theoretisch möglichen unterscheidet.

Zur Erläuterung wird im folgenden Beispiel davon ausgegangen, dass das Empfangssignal durch die Übertragungsfunktion verschieden stark gedämpft wird und – aus Gründen der besseren Vergleichbarkeit mit den z. B. in [17] analytisch hergeleiteten Zusammenhängen – mit weißem Rauschen überlagert. Ebenfalls zur besseren Vergleichbarkeit wird die Leistungsdichte des Rauschens dabei so angepasst, dass der Signal-Störabstand auf das gedämpfte Empfangssignal bezogen wird. Das Empfangssignal wird anschließend einer AD-Wandlung mit 12 Bit Auflösung unterzogen. Im ersten Fall wird OFDM-System mit 512 Trägern bei kohärenter 2-PSK-Modulation angenommen. In Abbildung 7.4 (a) ist deutlich zu erkennen, dass die Verläufe des Bitfehlerhäufigkeit über dem Signal-Störabstand pro Bit E_b/N_0 sich ab einer Dämpfung von -50dB deutlich vom idealen Verlauf entfernen. Der Grund dafür ist, dass die Quantisierung der Abtastwerte des Empfangssignals durch den AD-Wandler mit zunehmender Dämpfung nur noch unzureichend ist. Ab einschließlich -60dB Dämpfung ist eine fehlerfreie Übertragung bereits ausgeschlossen. Grundsätzlich existieren zwei Möglichkeiten, eine derart drastische Verschlechterung der System-Performance durch hohe Signaldämpfung abzumildern. Einerseits kann eine automatische Verstärkungsregelung eingesetzt werden, die den Spannungspegel des Empfangssignals so regelt, dass der Wertebereich des AD-Wandlers stets vollständig nutzbar ist. In der Realität kann das Empfangssignal aller-

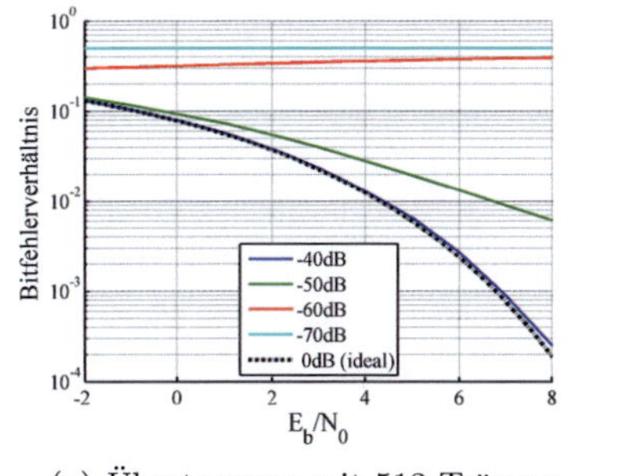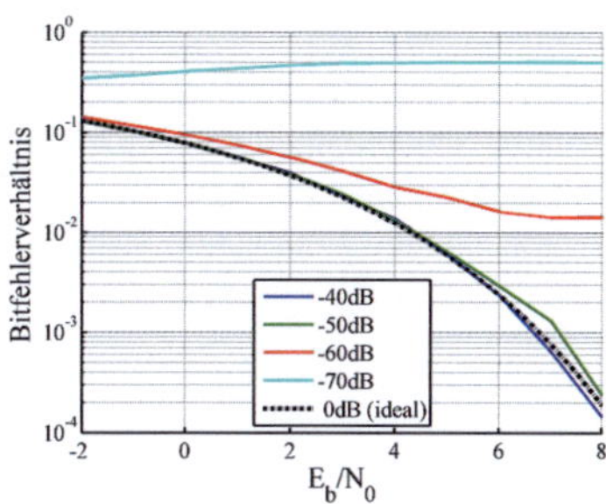

(a) Übertragung mit 512 Trägern.   (b) Übertragung mit 32 Trägern.

Abbildung 7.4: Bitfehlerhäufigkeit für verschiedene Signaldämpfungen bei Quantisierung mit 12 Bit Auflösung.

dings kurzzeitig durch Impulsstörungen gestört sein kann, was den Entwurf eines geeigneten Regelungskonzeptes deutlich erschwert. Eine alternative Lösung besteht darin, weniger Träger zur Übertragung zu verwenden. Dadurch verringert sich das Verhältnis von maximaler zu mittlerer Amplitude des Empfangssignals (Crest-Faktor bzw. PAPR), wodurch die Auswirkungen des Quantisierungsfehlers verringert werden, s. Abbildung 7.4 (b). Hier ist eine Übertragung bei einer Dämpfung von -60dB immerhin möglich, allerdings zu Lasten der Datenrate, welche sich im Beispiel um den Faktor 16 reduziert.

2.5 Methoden zur Bestimmung der Systemperformance

Häufig sind Anwender aus der Energieversorgungsbranche mit dem Problem konfrontiert, ein für Smart Grid bzw. Smart Metering geeignetes PLC-Übertragungssystem auszuwählen. Von fundamentaler Bedeutung für die Funktionsfähigkeit ist dabei die Bitübertragungsschicht. Leider versagen jedoch herkömmliche Evaluierungsmethoden, da der PLC-Übertragungskanal nicht mit dem üblichen Modell eines AWGN-Kanals vergleichbar ist. Im Folgenden werden daher Möglichkeiten erläutert, die eine Beurteilung der Leistungsfähigkeit der Bitübertragungsschicht verschiedener PLC-basierter Technologien ermöglichen. Zwar existieren in der Literatur umfangreiche Untersuchungen, die darauf abzielen den PLC-Übertragungskanal im Detail zu analysieren (z. B. [13], [14] und

[15]). Da dieser jedoch orts-, zeit- und frequenzvariant ist, ist es dennoch schwierig, ein geschlossenes verallgemeinertes Modell dieses Kanals zu finden, auf dessen Grundlage die Leistungsfähigkeit eines Systems zuverlässig bewertet werden kann. Gesicherte Erkenntnisse über eine Übertragungstechnologie setzen daher eine experimentelle Untersuchung voraus. Das Energieverteilnetz ist hierfür auf Grund der inhärenten Instationarität und Varianz der Parameter allerdings denkbar schlecht geeignet. Vielmehr müssen die Erkenntnisse unter reproduzierbaren Randbedingungen zustande kommen. Ein Kanalemulator [18] ist hierfür ideal geeignet, zumal in Kombination mit aus der Realität abgeleiteten Referenz-Szenarien.

Zusätzlich kann es nützlich sein, die Eignung eines Systems direkt am Niederspannungsnetz zu verifizieren, sofern gleichzeitig alle Informationen wie Störszenario und Übertragungsfunktion über die betreffende Übertragungsstrecke protokolliert werden. In diesem Fall muss also das Übertragungssystem um Diagnosefunktionalität erweitert werden. Abbildung 7.5 zeigt ein derartiges System, das neben der Datenübertragung direkt auch das Protokollieren zugehöriger Empfangssignale erlaubt. Dadurch können, falls Übertragungsfehler auftreten, die Ursachen für diese Fehler im Detail nachvollzogen werden. Zum Einen können diese Informationen herangezogen werden, um neue Referenz-Szenarien für einen Kanalemulator zu definieren. Zum Anderen kann ein derartiger Aufbau über die Systemverifikation hinaus auch zur Optimierung der Systemparameter herangezogen werden.

3 Zusammenfassung

Zwischen den eigentlichen Systemanforderungen für Anwendungen und Dienste in Smart Grids und der Realität bezüglich geeigneter PLC-Übertragungstechnologie herrscht eine gewisse Diskrepanz. Während auf der einen Seite durchaus interessante Anwendungsszenarien entstehen, herrscht auf der anderen Seite noch große Unsicherheit, in welchem Umfang PLC für Smart Grids einsetzbar ist. Zwar wäre die Power Line Communication aus Perspektive der Anwender ideal geeignet, die Herausforderungen und Fragen bezüglich der technischen Umsetzung sind jedoch noch nicht abschließend beantwortet. Dies scheint den Fortschritt bezüglich der Realisierung intelligenter Energieverteilnetze aktu-

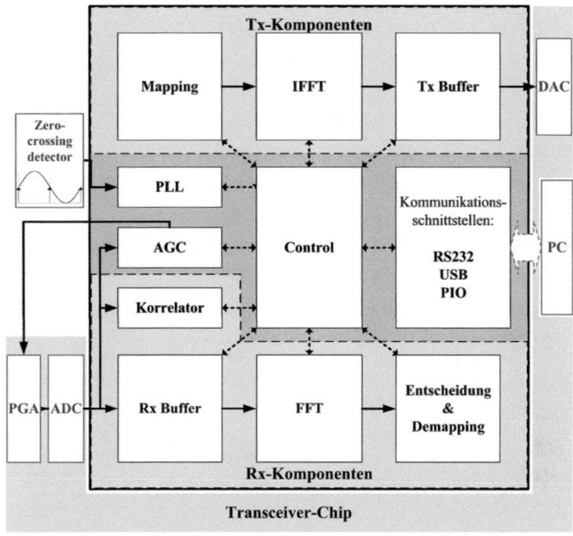

Abbildung 7.5: Struktur des Digitalteils eines PLC-Modems.

ell zu hemmen. Um die aktuelle Situation zu verbessern sind dringend neue Methoden zur Systemverifikation und -validierung notwendig. Zwei Möglichkeiten wurden aufgezeigt: Mit Hilfe eines Kanalemulators lassen sich verschiedene Technologien auf Ebene der Bitübertragungsschicht unter reproduzierbaren Randbedingungen vergleichen, wodurch eine Entscheidungsgrundlage zu Gunsten tatsächlich überlegener Technologien geschaffen werden kann. Bezüglich der Optimierung der Leistungsfähigkeit aktueller Systemansätze wurde die Möglichkeit vorgestellt, das eigentliche Kommunikationssystem um Diagnosefunktionen zu erweitern und somit die Anpassung der Systemparameter an reale Kanaleigenschaften zu ermöglichen.

In absehbarer Zeit sind sicherlich funktionsfähige und standardisierte Lösungen zu erwarten, auf deren Basis Dienste für Smart Grids flächendeckend mit Power Line Communication realisiert werden können. Die Realisierung hoher Datenraten in der Größenordnung von 100 kbit/s auf der Bitübertragungsschicht ist allerdings sehr unwahrscheinlich.

Literatur

1. E-Energy. [Online]. Available: http://www.e-energy.de

2. Projekt OPEN meter, „Deliverable D 1.1 – Report on the Identification and Specification of Functional, Technical, Economical and General Requirements of Advanced Multi-Metering Infrastructure, Including Security Requirements", 2009.

3. Open Public Extended Network Metering. [Online]. Available: http://www.openmeter.com

4. K. Dostert, *Powerline-Kommunikation.* Franzis, 2000.

5. Projekt OPEN meter, „Deliverable D 2.2 – Assessment of Potentially Adequate Telecommunications Technologies – General Requirements and Assessment of Technologies", 2009.

6. PRIME Consortium, „Draft Standard for Powerline-Related Intelligent Metering Evolution, Version 1.3".

7. G. Deconinck, „An evaluation of two-way communication means for advanced metering in flanders (belgium)", in *IEEE Instrumentation and Measurement Technology Conference (IMTC)*, May 2008, S. 900–905.

8. O. Franz *et al.*, „Potenziale der Informations- und Kommunikations-Technologien zur Optimierung der Energieversorgung und des Energieverbrauchs (eEnergy)", 2006.

9. *EN 50065 – Signalling on low voltage electrical installations in the frequency range 3 kHz to 148.5 kHz*, CENELEC Std., 1991.

10. ERDF, „PLC G3 physical layer specification".

11. M. Götz, M. Rapp und K. Dostert, „Power line channel characteristics and their effect on communication system design", *Communications Magazine, IEEE*, Vol. 42, Nr. 4, S. 78–86, Apr 2004.

12. H. Dai und H. Poor, „Advanced signal processing for power line communications", *Communications Magazine, IEEE*, Vol. 41, Nr. 5, S. 100–107, May 2003.

13. K. Dostert, M. Zimmermann, T. Waldeck und M. Arzberger, „Fundamental properties of the low voltage power distribution grid used as a data channel", *European Transactions on Telecommunications*, Vol. 11, Nr. 3, S. 297–306, 2000.

14. O. Hooijen, „A channel model for the residential power circuit used as a digital communications medium", *Electromagnetic Compatibility, IEEE Transactions on*, Vol. 40, Nr. 4, S. 331–336, Nov 1998.

15. J. Bausch, T. Kistner, M. Babic und K. Dostert, „Characteristics of indoor power line channels in the frequency range 50 - 500 khz", in *Power Line Communications and Its Applications, 2006 IEEE International Symposium on*, 0-0 2006, S. 86–91.

16. M. Zimmermann und K. Dostert, „Analysis and modeling of impulsive noise in broad-band powerline communications", *Electromagnetic Compatibility, IEEE Transactions on*, Vol. 44, Nr. 1, S. 249–258, Feb 2002.

17. J. Proakis und M. Salehi, *Digital communications.* McGraw-hill New York, 1995.

18. M. Bauer, W. Liu und K. Dostert, „Channel emulation of low-speed PLC transmission channels", in *IEEE International Symposium on Power Line Communications and Its Applications (ISPLC)*, 29 2009-April 1 2009, S. 267–272.

Auftragsorientierte Videoauswertung zur sensorübergreifenden Objektverfolgung in großen verteilten Kamerasystemen

Eduardo Monari

Fraunhofer-Institut für Optronik, Systemtechnik und Bildauswertung IOSB, Fraunhoferstr. 1, D-76131 Karlsruhe

Zusammenfassung In diesem Beitrag soll ein Kameranetzwerk anstatt aus der klassischen Sicht der zentralen/dezentralen sensororientierten Informationsauswertung, aus einem alternativen Blickwinkel betrachten werden: aus der Sicht des Analyseauftrages. Hierbei wird ein sogenanntes auftragsorientiertes Videoauswertungskonzept vorgestellt, welches durch eine hybride logische Netzwerktopologie die Vorteile zentraler bzw. dezentraler Grundsysteme für eine konkrete Analyseaufgabe kombiniert. Exemplarisch, wird der Grundgedanke der auftragsorientierten Videoauswertung am konkreten Beispiel einer videobasierten Multi-Kamera-Personenverfolgungsaufgabe verdeutlicht.

1 Einleitung

In modernen Videoüberwachungssystemen findet man immer mehr automatische Videoanalyse zur optimierten Datenaufzeichnung und Aufmerksamkeitssteuerung des Personals. Dadurch wird das Personal entlastet und die Speicherressourcen geschont, da nur bei Detektion bzw. Erkennung von Objekten auch die zugehörigen Bilddaten archiviert werden.

Die Prozessstrukturen für eine automatisierte Videoanalyse unterscheiden sich je nach Größe des Kameranetzwerkes und nach eingesetzten Kommunikationstechnologien bzw. sonstigen Komponenten. Grundsätzlich findet man bei den heutigen automatisierten Kamerasystemen zwei Typen von Prozessstrukturen vor: die sogenannte „zentrale Auswertung" und „dezentrale Auswertung" – je nach Lage der Videoanalyseprozesse im System.

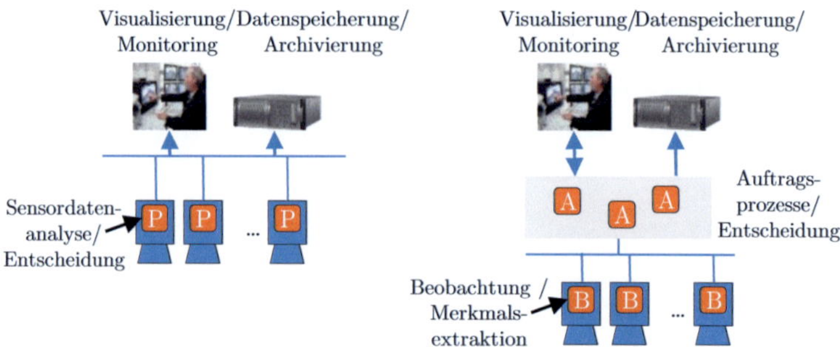

Abbildung 8.1: Klassisches dezentrales sensororientiertes System (links) und der auftragsorientierte Ansatz (rechts) für Videoüberwachungssysteme.

Unabhängig von der Art der Prozessstruktur (zentral oder dezentral) haben all diese Systeme und Verfahren Eines gemeinsam: Sie sind werten die Informationen *sensororientiert* aus. Alle Systeme sind so konzipiert, dass möglichst alle Informationen aus allen verfügbaren Kameras extrahiert und gesammelt werden können. In der Videoüberwachung geht es insbesondere darum alle Objekte (Personen, Fahrzeuge, etc.), die sich in einem beobachteten Bereich aufhalten, zu erfassen und zu analysieren. Diese Anforderung, alle Objekte im Überwachungsbereich zu detektieren und zu verfolgen, führt unweigerlich dazu, dass auch alle verfügbaren Sensoren kontinuierlich Informationsgewinnung betreiben müssen. Der hier vorgestellte Ansatz zur auftragsorientierten Multi-Kamera-Videoauswertung verfolgt hingegen das Ziel, ausschließlich auftragsbezogene Videodaten auszuwerten und extrahierte Informationen weiter zu verarbeiten. Es wird gezeigt, dass obwohl die Prozessstruktur mit bereits bekannten Topologien und Systemen vergleichbar ist, sich die auftragsorientierte Informationsgewinnung und -verarbeitung allerdings signifikant vom Informationsfluss in bekannten sensororientierten Systemen unterscheidet.

Für diese Forschungsarbeit wurde ein Verfahren zur kameraübergreifenden Verfolgung einer Person in einem Kameranetzwerk mit überlappenden und nicht-überlappenden Erfassungsbereichen entwickelt, welches für den Funktionsnachweis („Proof of Concept") für die erarbeitete auftragsorientierte Systemarchitektur eingesetzt wurde.

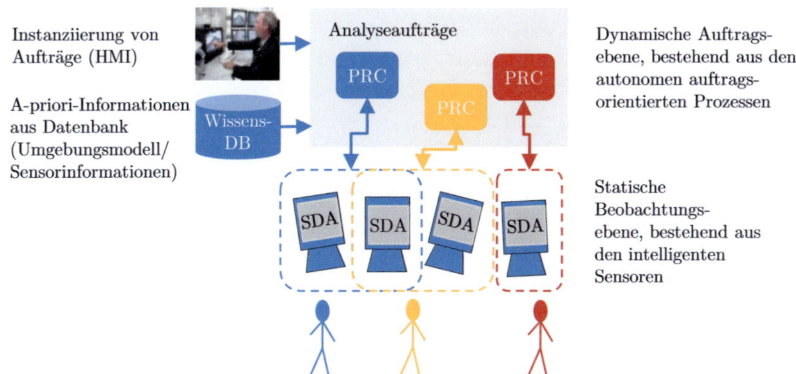

Abbildung 8.2: Die entworfene Prozessarchitektur, bestehend aus den Auftragsprozessen (PRCs) und den intelligenten Kameras mit integrierter Agentenplattform (SDAs).

2 Auftragsorientierte Prozessstruktur

Die objekt- und auftragsorientierte Organisation stellt ein neues logisches Paradigma basierend auf physikalisch bewährten Netzwerktopologien dar. Die Idee hierbei ist, für jedes relevante Objekt bzw. für jeden Analyseauftrag einen autonomen Prozess mit einer dedizierten Auswertungsaufgabe zu versehen und diesen dann als neuen Verarbeitungsknoten in die Netzwerkstruktur einzufügen. Daraus ergibt sich auf logischer Ebene eine dynamische Netzwerkstruktur, in welcher Objekte oder Aufträge als autonome Verarbeitungsknoten auftreten.

Jeder auftragsorientierte Verarbeitungsknoten verfolgt hierbei das Ziel, die aufgetragene Aufgabe bestmöglich zu erfüllen. Um dieses Ziel zu erreichen, agiert er komplett autonom und strebt durch Auswertung von vorhandenem A-priori-Wissen und dynamisch gewonnener lokaler Informationen nach einer zielgerichteten lokalen Organisation zur Informationsgewinnung. D. h. der auftragsorientierte Verarbeitungsknoten versucht selbstständig die Sensoren zu ermitteln, die für die Erfüllung der aufgetragenen Aufgabe entweder notwendig sind, oder, im Falle einer Redundanz, sich am besten hierfür eigenen.

Bei der Prozessstruktur unterscheidet man zwischen einer (statischen) sensororientierten Prozessebene, bestehend aus intelligenten Sensorknoten (sogenannten *Specialized Detection Agencies* oder *SDAs*), und einer (dynamischen) auftragsorientierten Ebene, bestehend aus autonomen auftragsorientierten Prozessen (*Processing Clusters* oder *PRCs*) (Abb. 8.2).

Die SDAs sind jeweils einem Sensor direkt zugeordnet und sind deshalb auf die Verarbeitung dieser Sensordaten spezialisiert. Um die Anforderung nach einer generischen Systemarchitektur zu erfüllen, insbesondere bzgl. der Anwendbarkeit des Systems für unterschiedliche Auswerteaufgaben, sind die SDAs als Agentenplattformen konzipiert. Diese ermöglichen eine dynamische Aktivierung vielfältiger Analyseagenten, die für eine spezielle temporäre, Informationsgewinnung eingesetzt werden können (z. B. Gesichtsdetektion, Bewegungsdetektion, Objektklassifikation, usw.). Zur Gewährleistung der Skalierbarkeit des Systems sind die SDAs physikalisch als „intelligente Sensoren" konzipiert.

Im Gegensatz zu den SDAs sind die PRCs nicht an spezielle Sensoren gebunden, sondern sind prinzipiell in der Lage, multi-sensorielle Datenauswertung mit beliebigen Untermengen der vorhandenen Sensoren durchzuführen. Da sich die Anzahl der Aufträge über die Zeit ändern kann (z. B. wenn der Benutzer neue Analyseaufträge startet) und des Weiteren die Analyseaufträge in der Regel keine Daueraufträge sind, sondern eine endliche Lebenszeit aufweisen, ist auch die Lebenszeit solcher PRCs begrenzt. Dies führt zu einer dynamischen Struktur der Auftragsprozessebene und Kommunikationstopologie, d. h. der Sensor-Auftrag-Zuordnung (Sensor-Task-Assignment).

Die vorgestellte Architektur ist insbesondere durch die fehlende hierarchische Verwaltung der Auftragsprozesse gekennzeichnet. Während klassische Architekturen eine „oberste" Instanz sowohl zur Initialisierung und Steuerung der Auswerteprozesse als auch zur Sensor-Auftrag-Zuordnung vorsehen, ist in diesem Konzept lediglich eine Auftragsinitialisierung erforderlich. Nach der Instanziierung und Initialisierung des Auftragsprozesses (in Form eines PRCs) agiert dieser völlig selbstständig und übernimmt somit die komplette Kontrolle über die Abwicklung des aufgetragenen Auftrags und selektiert selbstständig die als auftragsrelevant ermittelten Sensoren. Eine Kommunikation zwischen Auftragsprozessen ist prinzipiell möglich, aber nicht zwingend notwendig, da diese komplett autonom handeln.

Im nächsten Abschnitt werden zunächst die einzelnen Systemkomponenten (SDAs und PRCs) für den Einsatz im Bereich der Multi-Kamera-

Videoüberwachung erläutert. Weiter wird der Informationsfluss zwischen diesen Komponenten vorgestellt.

2.1 Specialized Detection Agency

Die *Specialized Detection Agencies* sind verteilte Software-Plattformen für rekonfigurierbare, intelligente Sensoren. Diese ermöglichen, unterschiedliche Agenten zur Sensordatenauswertung dynamisch zu starten und zu konfigurieren. Die Agenten werden hierbei als reine sensororientierte (d. h. jeweils direkt einem Sensor zugeordnete) Informationslieferanten eingesetzt, die selbst keine Interpretation der Beobachtungen vornehmen. Sie generieren aus den Sensorrohdaten eine abstrakte Beschreibung der Szene (Merkmalsextraktion) und können diese dann in Form von Metadaten bereitstellen. Aus den Informationen eine Interpretation abzuleiten und Entscheidungen zu treffen, ist allein dem auftragsorientierten Prozess (PRC) vorbehalten.

Eine *Specialized Detection Agency* ist aus drei logischen Einheiten aufgebaut:

- ein Sensor-Interface (zur Datenakquise der Sensorrohdaten, z. B. Videostrom für eine intelligente Kamera),
- das PRC-Interface (zur Kommunikation und Metadatenaustausch mit den abonnierten Auftragsprozessen),
- die Agenten Plattform (AP)

Abhängig von der verfügbaren Rechenkapazität des intelligenten Sensors und der speziellen Informationsanfrage durch einen PRC aktiviert die Agentenplattform einen oder mehrere Analyseagenten zur Sensordatenauswertung und Informationsextraktion. Alle aktivierten Agenten führen individuell eine Verarbeitung der Sensorrohdaten durch (z. B. Objektdetektion und -lokalisierung, Merkmalsextraktion zur Beschreibung des Objektes, Objektklassifikation). Wurden erst einmal Informationen aus den Sensordaten extrahiert, stehen diese allen PRCs zur Verfügung, die Informationen bei dieser SDA abonniert haben. Durch die Verfügbarmachung der Beobachtungsinformationen auf Merkmalsebene, und zusätzlich auch nur auf Anfrage, wird die Netzwerklast sehr stark reduziert und die Kommunikationsinfrastruktur dementsprechend entlastet.

2.2 Processing Cluster

Die auftragsorientierten Prozesse (Processing Clusters oder PRCs) sind die komplexesten Komponenten des Systems. PRCs sind verantwortlich für die (multi-sensorielle) auftragsbezogene Informationsverarbeitung. Während die SDAs als reine Informationslieferanten zur Beschreibung der Beobachtungen auf Merkmalsebene dienen, sind die PRCs, neben der evtl. Fusion multi-sensorischer Daten, primär für die auftragsbezogene Interpretation der Informationen verantwortlich. Die PRCs bestehen, neben einer einfachen Initialisierungsschnittstelle (zur Auftragsinitialisierung), hauptsächlich aus zwei Teilmodulen – dem sogenannten *dynamischen Sensor Manager* und dem *Fusionsmodul* (Abb. 8.3).

Der *dynamische Sensor Manager* ist ein unabhängiges Teilmodul zur dynamischen Selektion der auftragsrelevanten Sensoren (SDAs) für einen gegebenen Auftragszustand. Hiermit wird gewährleistet, dass ein PRC nicht alle Sensoren im Netzwerk abonnieren und dem zufolge auch alle Beobachtungsinformationen auswerten muss, sondern sich ausschließlich auf die auftragsrelevanten Sensoren beschränken kann. Die Untermenge an Sensorknoten des Sensornetzwerkes wird als *Sensoren-Cluster* bezeichnet. Als Eingangsgröße für den *dynamischen Sensor Manager* dient der aktuelle Auftragszustand (z. B. Objektpositin / Trajektorie). Als direktes Ergebnis des integrierten Sensorselektionsalgorithmus werden die Cluster-Sensoren bzw. SDAs aufgefordert Beobachtungsinformationen zu übermitteln.

Die Beobachtungsinformationen der Cluster-Sensoren werden von den *Fusionsmodul* des PRCs verarbeitet und ggf. interpretiert. Dieser ist somit in der Lage, durch die Interpretation aktueller Beobachtungen den Auftragszustand zu aktualisieren und den Kreis zur Sensorselektion zu schließen.

Die Autonomie und Selbstorganisation eines PRCs ist somit in der Fähigkeit begründet, aus aktuellen Beobachtungen, Beobachtungshistorie und Zuhilfenahme von A-priori-Wissen die auftragsrelevanten Informationsquellen zu ermitteln und neue Beobachtungen abrufen zu können. Der Informationskreislauf, bestehend aus Beobachtungen der Cluster-Sensoren, Datenfusion und Interpretation, Aktualisierung des Zustandes und schließlich die Selektion neuer Cluster-Sensoren ermöglicht eine fortlaufende und inkrementelle Informationssammlung und -auswertung.

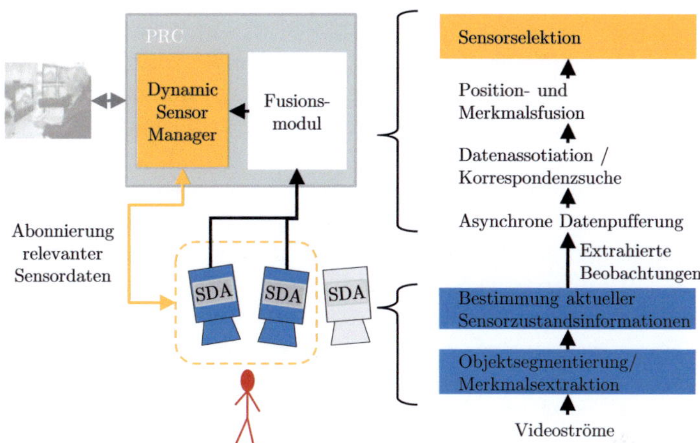

Abbildung 8.3: Informationsfluss zwischen PRC und SDAs, für das Multi-Kamera Personentracking.

3 Realisierung eines auftragsorientierten Multi-Kamera-Tracking-Systems

Nach Einführung des Konzeptes für die auftragsorientierte Prozessarchitektur wird nun eine spezielle Ausprägung dieser zur Realisierung eines Videoüberwachungssystems zur Multi-Kamera-Personenverfolgung vorgestellt. Hierbei wird das Multi-Kamera-Personentracking als ein spezieller Auftrag (somit als PRC) abgebildet. Die Durchführung der Sensordatenanalyse (Personendetektion, Segmentierung, Lokalisierung) und die Bereitstellung der benötigten Beobachtungsinformationen (Objektposition und Merkmalsextraktion zur Objektbeschreibung), obliegen wie spezifiziert den SDAs als dezentrale intelligente Kameras.

Die Systemkomponenten müssen somit, obwohl sie in ihrer Grundstruktur identisch mit der des vorgestellten generischen Ansatzes sind, mit speziell ausgeprägten Teilmodulen bestückt werden. Für die SDAs werden Analyseagenten bereitgestellt, die auf die Detektion von Personen in Videoströmen und die Extraktion von Wiedererkennungsmerkmalen spezialisiert sind.

Der *Tracking*-PRC wurde mit einem *Trackingmodul* als spezielle Ausprägung des *Fusionsmoduls* realisiert. Weiter wurde ein neuartiges wissensbasiertes Kameraselektionsverfahren in den *dynamischen Sensor Manager* integriert [1], welcher in der Lage ist, anhand des aktuellen Trackingzustands, die für die Objektverfolgung relevanten Kameras zu bestimmen.

Der Informationsfluss bei der Multi-Kamera-Personenverfolgung wird „bottom-up" oder gemäß dem Ausführungsprozess beschrieben: Zunächst besteht das System aus einer beliebigen Menge an intelligenten Kameras mit integrierten SDAs. Im Grundzustand sind diese alle in Betrieb und bei dem auftragsorientierten System registriert. Die jeweilige initiale Registrierung einer Kamera ist notwendig, um deren Zugriffsparameter den Auftragsprozessen (PRCs) bei der Auftragsinitialisierung zur Verfügung zu stellen, damit diese mit den intelligenten Sensoren kommunizieren können (u. a. um Beobachtungsinformationen zu abonnieren).

Die Verarbeitungskette des Personendetektionsagenten besteht aus einer klassischen Hintergrundschätzung und Bewegungsdetektion, gefolgt von einer Klassifikation von bewegten Objekten (formbasiert), Klassifizierungen von Objekten als Person/nicht Person, Positionsschätzung im globalen Koordinatensystem und Extraktion von Geometrie- und Erscheinungsmerkmalen (Objektgröße, Kleidungsfarbe).

Zusätzlich stellen die SDAs Zustandsparameter des Sensors bzw. der Sensorplattform zur Verfügung. Im Falle der intelligenten Kameras sind das die Kamera-ID, die Systemzeit, den aktuellen Erfassungsbereich der Kamera (Field-of-View) und die Verfügbarkeit/Qualität des Sensors. Diese Informationen beschreiben somit sowohl die beobachteten Objekte in der Szene auf Merkmalsebene als auch den aktuellen Kamerazustand.

Ein Trackingauftrag kann prinzipiell auf zwei Wegen gestartet werden: manuell oder automatisch. Bei der manuellen Auftragsinitialisierung startet der Benutzer, mithilfe einer grafischen Schnittstelle (GUI), einen neuen Überwachungsauftrag (hier zur Verfolgung einer Person). Im automatischen Fall wird dieser von einem bereits laufenden Auftrag (z. B. Event-Detektionsauftrag) gestartet. Das auftragsorientierte System erzeugt darauf hin einen neuen Auftragsprozess (PRC). Mit der Instanziierung bekommt dieser PRC a priori Information und -Parameter übergeben. Darunter die Auftrags-ID, die Kommunikationsparameter zur Übermittlung von Trackingergebnissen (z. B. an der grafischen Benutzerschnittstelle), die Kommunikationsparameter der Kameras im Sensornetzwerk und ein Gebäude- oder Liegenschaftsmodell zur Ermittlung der relevanten Sensoren.

Als nächster Schritt wird eine Auftragsinitialisierung durchgeführt, die ebenfalls manuell oder automatisch durchgeführt werden kann. Hierbei geht es um die Definition bzw. Selektion des zu überwachenden Objekts. In der manuellen Variante erfolgt dies über einen Mausklick in einem Bildstrom auf die Person die man verfolgen möchte. Im automatischen Fall wird die Positionsangabe zum Objekt von einem anderen Detektionsauftrag bestimmt. Der zugehörige PRC erhält in beiden Fällen von der Benutzerschnittstelle die Kamera-ID und die Objektposition als Initialisierungsparameter.

Diese Informationen dienen nun im PRC zur Initialisierung des Trackingmoduls.

Wurde eine Initialisierung erfolgreich durchgeführt, so kann der Kreislauf zur autonomen Auftragsabwicklung, bestehend aus dynamischer Selektion von Beobachtungsdaten, Datenfusion und Tracking, beginnen. Die initiale Objektposition wird als „Initialbeobachtung" interpretiert. Das Trackingmodul stellt diese somit als aktuellen Trackingzustand direkt dem *dynamischen Sensor Manager* bereit. Der DSM ermittelt dann anhand der Positionsinformation die auftragsrelevanten Kameras und abonniert weitere Beobachtungsinformationen. Hierbei gelten alle Kameras als auftragsrelevant, die zur zukünftigen Beobachtung des Objekts beitragen können. Insbesondere müssen auch kurz- oder längerfristige Verdeckung des Objekts sowie Lücken in der Kameraabdeckung berücksichtigt werden. Eine detailierte Beschreibung des eingesetzten Verfahrens ist in [1] zu finden. Die auftragsrelevanten Kameras (Cluster-Sensoren) versorgen das Trackingmodul mit neuen Objektbeobachtungen. Erst dadurch ist der Kreis geschlossen. D. h., es ist essenziell, dass das zu verfolgende Objekt (auch nach einer Verdeckung) in einer der Kameras des Clusters beobachtet werden kann. Der Sensorselektionsalgorithmus muss deshalb garantieren, stets alle für die Wiedererkennung notwendigen Kameras in die Auswertung mit einzubeziehen.

Sind die Cluster-Sensoren erst einmal bestimmt, so übermitteln diese kontinuierlich (bis zu einer Abbestellung durch den DSM) alle durchgeführten Beobachtungen (detektierte Objekte in der Szene). Das Trackingmodul puffert die eintreffenden Nachrichten und arbeitet diese unabhängig von der eigentlichen Informationsquelle sequenziell ab. Für jede einzelne Beobachtung, die abhängig von der Anzahl an Personen/-Objekten im Sichtfeld der Kamera einen oder mehrere Objektkandidaten beinhalten kann, wird nach der besten Übereinstimmung mit dem *Objekt des Interesses* gesucht. Das eingesetzte Verfahren Datenassotiation wurde in [2] beschrieben. Gibt es eine Übereinstimmung zwischen Objektkandidat und dem zu überwachenden Objekt, so wird eine Datenfusion und eine Aktualisierung des Zustandsschätzers durchgeführt. Der aktuelle Zustand wird u.a. dem DSM für eine Aktualisierung des Kamera-Clusters zur Verfügung gestellt.

3.1 Exemplarische Realisierung / „Proof of Concept"

Im Rahmen des Forschungsprojektes NEST des Fraunhofer-Instituts für Optronik, Systemtechnik und Bildauswertung IOSB wurde in den vergangen Jahren ein Experimentalsystem für automatisierte auftragsorientierte Sensorauswertung und Situationsanalyse entwickelt. Das NEST-System besteht aus einer service-orientierten Softwarearchitektur (SOA), bei der Teilaufgaben modular als einzelne spezialisierte Software-Dienste integriert werden können. Ein solches spezialisiertes Teilmodul des NEST-Demonstrationssystems ist das *Person Tracking Service* (PTS). Dieser Service ist zuständig für die Verfolgung einer vordefinierten Person in einem Kameranetzwerk. Nach einer Initialisierung der zu verfolgende Person, übernimmt der PTS die komplette Überwachungsaufgabe und liefert als Ergebnis die Trajektorie des Objektes zurück. Die Analyse der Situation, anhand der beobachteten Trajektorie, obliegt in NEST den sogenannten Situationsanalyse-Diensten. Für die Funktionalität der restlichen NEST-Dienste sei an dieser Stellen auf die Arbeiten von Bauer et Al. [3, 4] verwiesen.

Als Sensornetzwerk stehen dem NEST-System 20 kommerziell erhältliche IP-Kameras zur Verfügung. Diese sind fest installiert und verteilt auf 3 Etagen des IOSB.

Als „Proof of Concept" zeigt Abbildung 8.3 eine vom Person-Tracking-Service generierte Trajektorie. Hierbei wurde eine Person über sieben Kameras mit teilweise nicht-überlappenden Sichtbereichen verfolgt. Der zuständige PRC erhielt hierbei nicht die Beobachtungsdaten aller verfügbaren 20 NEST-Kameras, sondern lediglich einer kleinen Untermenge die temporär als relevant eingestuft wurden. Das Diagramm in Abbildung 8.3 zeigt hierzu die erreichte Bandbreitenreduktion durch Einsatz einer auftragsorientierten Sensorselektion. Die Schwankungen der Bandbreitenreduktion sind durch die unregelmäßige Anordnung der Ka-

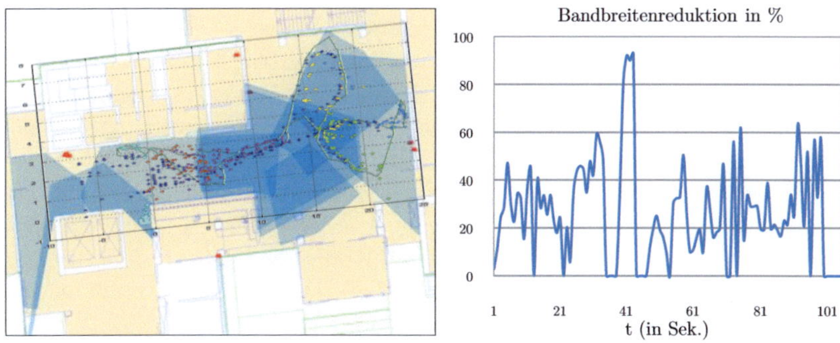

Abbildung 8.4: Kameraübergreifendes Tracking einer Person durch einen autonomen Auftragsprozess (links) und die daraus entstandene Bandbreitenreduktion (rechts).

meras gegeben, sowie durch die schwankende Anzahl an Personen im Überwachungsbereich.

Im Durchschnitt wurden beim obigen Beispiel Beobachtungsinformationen von drei Kameras zeitgleich abboniert. D. h. das Fusionsmodul wurde mit der Filterung und Datananalyse von Beobachtungen aus durchschnittlich drei Kameras belastet. Es hat sich gezeigt, dass diese Auswertung und Datenfusion in Videoechtzeit durchgeführt werden konnte. Eine sensororientierte Lösung, die eine Auswertung aller im Netz verfügbaren Kameras zur Folge hat, führte hingegen zur Überlastung des „zentralen" auftragsorientierten Prozesses und somit zu Performanceverlusten. Die exemplarische Realisierung des auftragsorientierten Ansatzes konnte somit das Konzept bestätigen.

4 Zusammenfassung

In diesem Artikel wurde eine Prozessarchitektur zur multi-sensoriellen Daten- und Informationsauswertung vorgestellt, die alle Anforderungen für ein auftragsorientiertes System erfüllt. Insbesondere in Hinblick auf ihre Anwendbarkeit in einem Videoüberwachungssystem, wurden Systemkomponenten konzipiert und die hierfür benötigten Teilmodule vorgestellt.

Weiter wurde die vorgestellte Architektur für die Anwendung der

Multi-Kamera-Objektverfolgung untersucht. Dabei ist die nahtlose Verfolgung eines Individuums als Überwachungsauftrag konzipiert worden. Für diese Anwendung wurden die SDAs mit Bildanalyse-Agenten zur Personendetektion, Objektsegmentierung und Merkmalsextraktion eingesetzt. Die Processing Clusters werden wiederum mit einem Trackingverfahren als *Fusion Module* und einem speziellen Kameraselektionsverfahren als *dynamischen Sensor Manager* betrieben. Es wurde insbesondere der Informationsfluss zwischen diesen Komponenten und Teilmodulen skizziert, welcher ermöglicht, dass das Tracking-PRC mit Zuhilfenahme von a priori Informationen und nach einer einmaligen Objektinitialisierung (Auftragsinitialisierung) die Überwachungsaufgabe komplett autonom durchführen kann.

Dieses Trackingsystem wurde am Fraunhofer IOSB im Rahmen des Forschungsprojektes NEST exemplarisch realisiert und verifiziert. Es hat sich gezeigt, dass der auftragsorientierte Ansatz zu einer signifikanten Bandbreitenreduktion und gleichzeigt zu einer Entlastung zentraler Prozesse führt. Dadurch können „zentrale" Prozesse zur Multi-Kamera-Auswertung auch in großen verteilten Kameranetzwerken eingesetzt werden.

Literatur

1. E. Monari und K. Kroschel, „A knowledge-based camera selection approach for object tracking in large sensor networks", in *Proc. ACM/IEEE International Conference on Distributed Smart Cameras ICDSC*, 30 Aug.-2 Sept. 2009.

2. E. Monari, J. Maerker und K. Kroschel, „A robust and efficient approach for human tracking in multi-camera systems", in *Proc. IEEE International Conference on Advanced Video and Signal Based Surveillance AVSS*, 2–4 Sept. 2009.

3. A. Bauer, S. Eckel, T. Emter, A. Laubenheimer, E. Monari, J. Moßgraber und F. Reinert, „N.E.S.T. - Network Enabled Surveillance and Tracking", in *Proc. Future security: 3rd Security Research Conference*, K. Thoma, Hrsg. Fraunhofer IRB Verlag, 10–11 Sept. 2008, S. 349–353.

4. J. Moßgraber, F. Reinert und H. Vagts, „An architecture for a task-oriented surveillance system – a service and event based approach", in *Proc. Fifth International Conference on Systems ICONS*, 11–16 April 2010.

Person Classification in a Multi-Sensor Security Assistance System

Monika Wieneke and Wolfgang Koch

Fraunhofer FKIE, Neuenahrer Str. 20, D-53343 Wachtberg

Zusammenfassung The timely recognition of threats can be significantly supported by security assistance systems that work continuously in time and call the security personnel in case of anomalies. In this work we describe the concept and the realization of an indoor security assistance system for real-time decision support. Data for the classification of persons are provided by a new generation of chemical sensors detecting hazardous materials. Due to their limited spatio-temporal resolution, a single chemical sensor cannot localize this material and assign it to a person. We compensate this deficiency by fusing the output of multiple, distributed chemical sensors with the kinematical data from laser-range scanners. Both, the tracking and the fusion of tracks with chemical attributes can be processed within one single framework called Probabilistic Multi-Hypothesis Tracking (PMHT). An extension of PMHT for dealing with classification measurements (PMHT-c) already exists. We show how PMHT-c can be applied to assign chemical attributes to person tracks. This affords the localization of threads and a timely notification of the security personnel.

1 Introduction

Freedom of movement for people as well as freedom of coming together safely in open public events or utilities is vital for each citizen. The defence of this freedom against ubiquitous threats requires the development of intelligent security assistance systems that comprise state-of-the-art surveillance technology and work continuously in time. In our work we demonstrate core functions of an indoor security assistance system for real-time decision support that is based on a heterogeneous sensor suite and a multi-sensor fusion framework. Basic input data for the classification of persons are provided by chemical sensors detecting hazardous materials, such as explosives. However, due to the fact that these sensors have a limited spatio-temporal resolution, an individual chemical sensor is unable to localize hazardous material and to assign it to potentially threatening persons in the surveillance area. Our system realizes an integrative approach that compensates this deficiency in dynamic scenarios by fusing the output of several chemical sensors with kinematical data from laser-range scanners used for multiple person tracking.

The incoming laser measurements can be assigned to successively updated tracks in many ways. Therefore the solution of the assignment problem is crucial for every multi-target tracking algorithm. Traditional approaches to multi-hypothesis tracking rely on the complete enumeration of all possible interpretations of a series of measurements and avoid an exponential growth of the arising hypothesis trees by various approximations [1,2]. A powerful, alternative approach is given by the *Probabilistic Multi-Hypothesis Tracking* (PMHT) [3]. Essentially, PMHT is based on Expectation-Maximization (EM) [4] for handling assignment conflicts. It works on a sliding data window and exploits the information of previous and following scans in every of its kinematic state estimates. Linearity in the number of targets and measurements is the main motivation for the further development and extension of this methodology.

The original formulation of PMHT [3] deals with measurements that are instantaneous observations of the state of a particular model – here: the kinematical model of a person. The problem of assigning measurements to targets arises because the particular model that caused a measurement is unknown. Thus PMHT forms an estimate of the unknown model states based on the state observation with uncertain origin. In practical applications, a sensor may be able to get other information besides the state observations. [5] considers the case where the tracking filter has an estimate of the class of the target that caused each available state observation and extended the PMHT for dealing with classification measurements (PMHT-c). A classification measurement is treated as an observation of the assignment of the corresponding kinematical measurement. However, in our security scenario there is no fixed association between a position measurement and a chemical output. We show how PMHT-c can nevertheless be applied and be used to estimate the alert levels of the persons in the surveillance area.

Outline: Section 2 provides notations. Section 3 deals with the incorporation of chemical attributes into the PMHT. Section 4 shows experimental results. In section 5 we summarize and describe future work.

2 Notations and Fundamentals

Let S be the number of persons that are moving in the surveillance area and that are observed by multiple laser-range scanners. The sensors generate a measurement series $\mathcal{Z} = \mathcal{Z}_{1:T} = \{\mathbf{z}_t\}_{t=1}^{T}$ for a time interval $[1 : T]^1$. Measurements $\mathbf{z}_t^n \in \mathbb{R}^2$ with $n \in [1 : N_t]$ are assumed to be Cartesian position data. The task of person tracking consists in estimating the kinematic states $\mathcal{X} = \mathcal{X}_{1:T} = \left\{ \{\mathbf{x}_t^s\}_{s=1}^{S} \right\}_{t=1}^{T}$ of the observed persons. The states $\mathbf{x}_t^s \in \mathbb{R}^4$ with $s \in [1 : S]$ comprise position and velocity. Each person moves according to the discrete-linear model $\mathbf{x}_{t+1}^s = \mathbf{F}\mathbf{x}_t^s + \mathbf{v}_t^s$. The measurement model is given by $\mathbf{z}_t^n = \mathbf{H}\mathbf{x}_t^s + \mathbf{w}_t^s$. Here, the random sequences $\mathbf{v}_t^s$ and $\mathbf{w}_t^s$ are assumed to be white, zero-mean, Gaussian, and mutually independent, with $\mathrm{E}[\mathbf{v}_t^s\mathbf{v}_t^{s\,\mathsf{T}}] = \mathbf{Q}$ (process noise covariance) and $\mathrm{E}[\mathbf{w}_t^s\mathbf{w}_t^{s\,\mathsf{T}}] = \mathbf{R}$ (measurement error covariance) $\forall\, s, t$. $\mathbf{F}$ is the state transition matrix and $\mathbf{H}$ is the observation matrix. Note that the measurement covariance depends on the person extension. Difficulties arise from unknown assignments $\mathcal{A} = \mathcal{A}_{1:T} = \{\mathbf{a}_t\}_{t=1}^{T}$ of measurements to persons. The assignments are modeled as discrete random variables $\mathbf{a}_t = \{a_t^n\}_{n=1}^{N_t}$ that map each measurement $n \in [1 : N_t]$ to one of the persons $s \in [1 : S]$ by assigning $a_t^n = s$. Thus, mathematically expressed, the optimization problem $\arg\max_{\mathcal{X}} p(\mathcal{X}|\mathcal{Z})$ is to be solved and PMHT is an efficient method for this task. It works on a sliding data window (also called batch), and exploits the information of previous and following scans in every of its kinematic state estimates. For each window position, PMHT applies the method of Expectation-Maximization (EM) [4] to the underlying data. EM is an iterative method for localizing posterior modes. At each iteration, EM first calculates posterior weights $p(\mathcal{A}|\mathcal{Z}, \mathcal{X}(l))$. The posterior weights define an optimal lower bound

$$\mathcal{Q}(\mathcal{X}; \mathcal{X}(l)) = \log p(\mathcal{X}) + \sum_{\mathcal{A}} \log(p(\mathcal{A}, \mathcal{Z}, \mathcal{X}))\, p(\mathcal{A}|\mathcal{Z}, \mathcal{X}(l)) \qquad (9.1)$$

---

^{1} $[1 : T]$ denotes the integral interval from 1 up to T

of $p(\mathcal{X}|\mathcal{Z})$ at the current guess $\mathcal{X}(l)$, where l is the iteration index. Since $\mathcal{Q}(\mathcal{X};\mathcal{X}(l))$ is expressed as an expectation, this first step is called Expectation-Step (E-Step). In the following Maximization-Step (M-Step), EM maximizes the bound with respect to the free variable $\mathcal{X}$, which leads to improved estimates $\mathcal{X}(l+1)$. The new estimates control the lower bound of the following E-Step. E-Step and M-Step are repeated until the estimates converge. How the M-Step is done depends on the application. PMHT is the application of EM to the tracking problem. It results in estimates $\mathbf{x}_t^s$ for each target $s \in [1 : S]$ at each time $t \in [1 : T]$.

3 PMHT with Chemical Assignments

The basic PMHT has been extended for dealing with classification measurements by Davey [5] who calls this extension PMHT-c. Here, we describe how PMHT-c can be applied within our security assistance system. The core of this algorithm is a standard PMHT (3.1). The extensions corresponding to [5] make PMHT able to estimate classifications (3.2).

3.1 Multiple Person Tracking

Using the language of EM the unknown associations $\mathcal{A}$ of measurements to targets are the so-called *Hidden Variables*. For certain associations $\mathcal{A}$, measurements $\mathcal{Z}$ and kinematic state estimates $\mathcal{X}$ we obtain

$$p(\mathcal{Z},\mathcal{X},\mathcal{A}) = \prod_{s=1}^{S} p(\mathbf{x}_1^s) \prod_{t=2}^{T}\prod_{s=1}^{S} p(\mathbf{x}_t^s|\mathbf{x}_{t-1}^s) \prod_{t=1}^{T}\prod_{n=1}^{N_t} \pi_t^{na_t^n} \mathcal{N}(\mathbf{z}_t^n; \mathbf{H}\mathbf{x}_t^{a_t^n}, \mathbf{R}_t^n),$$

where the expression $\mathcal{N}(\mathbf{y};\mu,\Sigma)$ denotes the multivariate Gaussian density with random variable $\mathbf{y}$, expected value μ and covariance Σ. π_t^{ns} is the *prior* probability $p(a_t^n = s)$. Starting from this, the following iterative algorithm can be derived [3]:

In the **Expectation-Step** (E-Step) we calculate posterior probabilities that a measurement n at scan t refers to person s according to

$$w_t^{ns}(l) = \pi_t^{ns}(l)\mathcal{N}(\mathbf{z}_t^n; \mathbf{H}\mathbf{x}_t^s(l), \mathbf{R}) \left/ \sum_{s'=1}^{S} \pi_t^{ns'}(l)\mathcal{N}(\mathbf{z}_t^n; \mathbf{H}\mathbf{x}_t^{s'}(l), \mathbf{R}) \right. . \quad (9.2)$$

The weights are calculated for all scans t of the current window position and for all measurements with respect to all persons. They are based on the measurements $\mathbf{z}_t^n$ and the current state estimates $\mathbf{x}_t^s(l)$. According to [3] the π's can be easily estimated taking the number of measurements N_t and the weights $w_t^{ns}(l)$ into account: $\pi_t^{ns}(l+1) = \frac{1}{N_t} \sum_{n=1}^{N_t} w_t^{ns}(l)$. Hereupon, using the assignment weights in (9.2) we form synthetic measurements and corresponding covariances according to

$$\bar{\mathbf{z}}_t^s(l) = \sum_{n=1}^{N_t} w_t^{ns}(l)\mathbf{z}_t^n \bigg/ \sum_{n=1}^{N_t} w_t^{ns}(l) \,, \quad \bar{\mathbf{R}}_t^s(l) = \mathbf{R} \bigg/ \sum_{n=1}^{N_t} w_t^{ns}(l) \,. \quad (9.3)$$

A synthetic measurement referring to a person s is the suitably weighted sum of all measurements reported at a certain scan t. Since persons are extended objects, the significance of a single laser measurement is dominated by the underlying object extension. Therefore, we set $\mathbf{R}$ to the assumed average body extension of a person.

During the **Maximization-Step** (M-Step) each person track is updated by means of a Kalman Smoother that processes the synthetic values. This leads to new, improved state estimates $\mathbf{x}_{1:T}^s(l+1)$.

E-Step and M-Step are repeated until the state estimates do not considerably change anymore (convergence). After convergence, the prediction $\mathbf{x}_{T+1|T}^s$ is to be calculated for the following window position. When all persons have been processed, the window is shifted by one scan and the iteration process is started for the new window position.

3.2 Incorporating Classification Information

Originally, PMHT-c was designed to take advantage of classification measurements to improve data association [5]. In the considered scenarios the classification measurements could be used for this, because for each of the position measurements the corresponding classification output was known. The author exploits this assignment information and hence deals with *pairs* of measurements that consist of a kinematical and a classification observation.

In our security scenario the situation is different. There are classification measurements provided by the chemical sensors, but we do not have any information about their assignment to the laser measurements. To apply PMHT-c we have to consider the scenario in a different way: Also in the security scenario there are *pairs* of position information and classification output available but the position information is not provided by a laser-range scanner. In fact it is given by the chemical sensor placement. Thus, referring to the experimental corridor in fig. 9.2 we have 5 measurement pairs at each scan t. Each of them consists of the position information of the chemical sensor and its classification output.

In an early version of our algorithm we used the installation place of each chemical sensor as its position information, which leads to the following effect: The closer a person passes a chemical sensor, the higher is the influence of the reported sensor output with respect the classification of this person. This approach should be used if the mathematical model of the chemical sensor is unknown and further information, e.g. about the approximative distance of the hazardous material, cannot be derived from the chemical output. The procedure fails if another person, not carrying an explosive, stays closer to the sensor than the dangerous one.

A precise mathematical model of a chemical sensor could yield more useful position information, e.g. an estimated distance of the chemical source based on the amplitude of the chemical signal. In this case the position measurement belonging to a certain classification output lies on a circle whose radius is determined by the value of the concentration amplitude. That is, a low amplitude corresponds to a big radius (estimated distance from source to sensor) and a high amplitude implies a small radius, tightly around the sensor. Based on an accurately derived, precise model, the classification can be significantly improved.

The existence of the above described *measurement pairs* (position and classification) affords the derivation of the PMHT-c algorithm as presented by Davey [5]. In the following we explain how PMHT-c can be applied to assign the chemical outputs to person tracks.

Let $\mathbf{p}_t^{\text{ch},s}$ denote the position information of the chemical sensor with index $\text{ch} \in [1:5]$. This can either be the sensor's installation place which is independent of s and t or a position on an estimated circle based on the signal amplitude. In this case the position information is dependent on t and the estimated position of the currently processed person s. However, for the sake of simplicity we omit the indices s and t in the following explanations.

Each chemical sensor has an associated classification measurement at each scan t. We denote the classification measurement associated with $\mathbf{p}^{\text{ch}}$ as o_t^{ch} and let the total measurement vector be the collection of the position and its associated classification measurement $\mathbf{z}_t^{\text{ch}} := (\mathbf{p}^{\text{ch}}, o_t^{\text{ch}})$. Assume that $\text{ch} \in [1:5]$ and $n \notin [1:5]$. We will not deal with laser measurements in this part of the paper. The classification measurement is a discrete variable. We assume that it can take a value from 5 different classes denoted by colors, where green stands for No Alert and yellow, orange, red and dark red symbolize the alert levels from I up to IV (from low to high). Our problem can be formalized as follows: Given the estimated kinematic states $\mathcal{X}(l)$ of the S persons we want to estimate their classification. The desired information is provided by the probability mass function $p(o_t^{\text{ch}}|a_t^{\text{ch}})$, which is the probability that the classification process will produce the class output $o_t^{\text{ch}} = i$ when the observation was in fact caused by person $a_t^{\text{ch}} = s$. The classification estimates can be represented by a matrix. The rows correspond to the possible classification outputs and the columns correspond to the persons. Such a matrix is called a confusion matrix. We denote the confusion matrix as $\mathsf{C} = \{c_{is}\}$. Since the assignments a_t^{ch} are unknown, they belong to the *Hidden Variables* and the EM auxiliary function (9.1) has to be extended to $\mathcal{Q}(\mathcal{X}, \Pi, \mathsf{C}; \mathcal{X}(l), \Pi(l), \mathsf{C}(l))$. Like $\mathcal{X}$ and Π, the classification estimates C are to be iteratively updated for each window position. The estimation is based on all sensors and refers to all persons that are observed at the current time. Hence there is one matrix C per window position. The final estimation result for C of the current PMHT-c batch yields initial values for the following batch.

The estimates of C are found by iteratively maximizing the $\mathcal{Q}$-function. This leads to the algorithm called PMHT-c that has been derived in [5]. To get the PMHT-c, the Expectation-Step (E-Step) and the Maximization-Step (M-Step) of the basic PMHT have to be extended by the classification estimation. We explain the significant steps as they are applied for our purposes.

Calculate Assignment Weights (E-Step)

First we have to calculate the posterior assignment probabilities $w_t^{\text{ch},s}(l)$. According to the derivation by Davey [5] we use the following update formula (9.4).

$$w_t^{\text{ch},s}(l) = \sigma^{\text{ch}} \cdot \underbrace{\pi_t^{\text{ch},s}(l) \cdot \mathcal{N}(\mathbf{p}^{\text{ch}}; \mathbf{Hx}_t^s(l), \mathsf{Cov}) \cdot c_{o_t^{\text{ch}}s}(l)}_{\text{to be normalized w.r.t. the persons}}, \qquad (9.4)$$

where σ^{ch} is a factor to normalize the following expression with respect to the persons. The posterior weights reflect the *relevance* of a chemical output for the classification of a person s in the surveillance area. Since all outputs have *a priori* the same relevance we set $\pi_t^{\text{ch},s}(l)$ to a constant $(\forall s, l)$ which makes them vanish. The relevance weights are governed by the Gaussian $\mathcal{N}(\mathbf{p}^{\text{ch}}; \mathbf{H}\mathbf{x}_t^s(l), \text{Cov})$ which is a measure for the distance between the position information of the chemical sensor with index ch and the current position estimate of person s. Recall that the position information can either be the installation place $\mathbf{p}^{\text{ch}}$ of the chemical sensor or an estimated position $\mathbf{p}^{\text{ch},s}$ based on a mathematical model that yields a functional relation between the signal amplitude and the distance of a chemical source.

Furthermore, if the distance of a person to a chemical sensor is bigger than the detection radius of the sensor, then the corresponding weight is set to a constant close to zero. $c_{o_t^{\text{ch}}s}(l)$ is the current estimate of the entry of matrix $\mathbf{C}$ that associates the output of sensor ch with person s, that is the probability that s caused a certain alarm (level IV, III, II, I or No Alert). The posterior weights $w_t^{\text{ch},s}(l)$ are calculated for each sensor ch and each person s at each scan of the current PMHT window.

Maximize the $\mathcal{Q}$-Function (M-Step)

During the M-Step the parameter estimates have to be updated. Besides $\mathcal{X}(l)$ and $\Pi(l)$ for tracking purposes we have to update the entries of the confusion matrix. Following [5] this means processing formula (9.5). Since

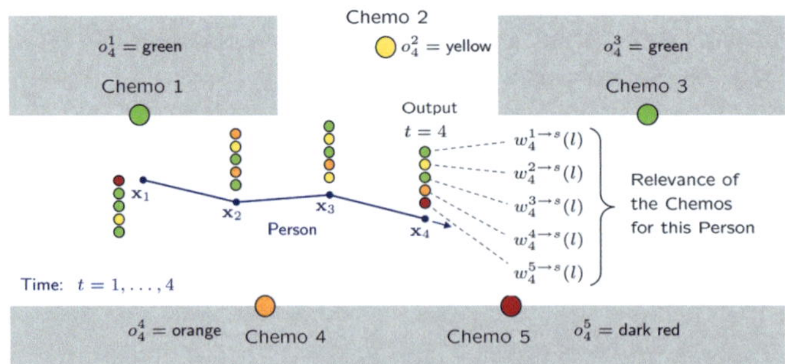

Abbildung 9.1: M-Step of the classification.

PMHT-c works on a sliding data window (batch), not only the relevance weights of the current scan are available but also the whole history of the weights (fig. 9.1).

$$c_{is}(l+1) = \left(\sum_{t=1}^{T} \sum_{ch=1}^{5} \left(\delta(o_t^{ch} - i) \cdot w_t^{ch,s}(l) \right) \right) \Big/ \sum_{t=1}^{T} \sum_{ch=1}^{5} w_t^{ch,s}(l) \quad (9.5)$$

To update the classification entry for a certain alert level, we have to sum up all weights of sensors that indicate this level. The weights have to be normalized with respect to the whole window.

4 Experimental Results

In the following we apply PMHT-c to simulated and to real data.

4.1 Simulations

We demonstrate PMHT-c in the following simulated situation: Two persons are walking slightly staggered from the left entry to the right entry of the main corridor (fig. 9.2). The length of the PMHT window (batch)

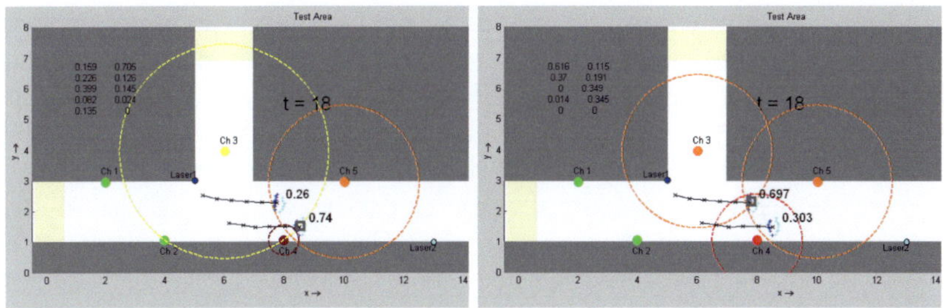

Abbildung 9.2: Scenarios: Lower/upper person carries material (left/right).

is set to 6 scans and a constant number of 4 iterations is processed. A track is extracted when a person passes one of the entrance areas (light yellow). The two person tracks are extracted at the same time so that they are having the same batch length at each time. We calculate the sum of all alert probabilities, i.e. $\sum_{\text{Alert}=I}^{IV} c_{\text{Alert}, s}$ for each person s and *re-normalize* these sums with respect to the persons. This number is shown at the head of each person track in fig. 9.2 referring to scan $t = 18$. The dangerous person is marked by a rectangle. The chemical sensors react according to their Euclidian distance to the source. The output is symbolized by colors (see section 3.2).

Since we are in a simulated world, the behavior of the five chemical sensors is well understood. Therefore we could include a sensor model providing a suitable source distance for every possible chemical output. In fig. 9.2 a particular source distance is represented by a dashed circle in

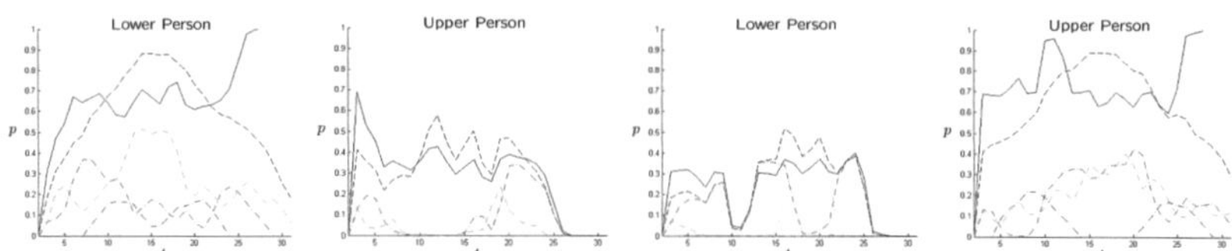

Abbildung 9.3: Classification results for both simulations. Left: lower person carries material, right: upper person carries material.

the color of the corresponding chemical output. It is not surprising that the position of the dangerous person corresponds to the barycenter of the intersections of all distance circles in each situation. In the left scenario the lower person carries the material, in right scenario the upper person. In both cases the dangerous person is correctly localized and classified. Fig. 9.3 shows all relevant values from the entering of the persons at scan 2 up to the finish of the classification procedure at scan 31. The dashed and solid black lines show the sum of all alert probabilities and the corresponding renormalized value, respectively. Hence, the solid line corresponds to the numbers plotted at the head of the tracks in fig. 9.2. The four colored dashed-dotted lines show the values of the alert entries in the confusion matrix, i.e. $C(i, s) \, \forall \, i$ for the particular person s.

However, this simulation reflects perfect conditions and the derivation of a suitable model for real chemical sensors turned out to be hard.

4.2 Real-Time System

The system was used for modeling the chemical sensor response and for demonstrating the classification concept. The corridor (with a U-turn) is shown in fig. 9.4 (left). We set up 3 scanners and 5 metal oxide sensors detecting hydrocarbons like fuels, alcohols or solvents (see [6] for details).

We empirically analyzed the reaction of the chemical sensors. Fig. 9.4

shows the results in two 3D-plots. The middle plot shows the signal of a chemical sensor (averaged over all runs), when a person with phenol passes it at five different distances. The vertical axis corresponds to the signal amplitude. The horizontal axes show the time when the amplitude value was reached and the distance between the person trajectory and the wall where the sensor was installed. To get the complete model we

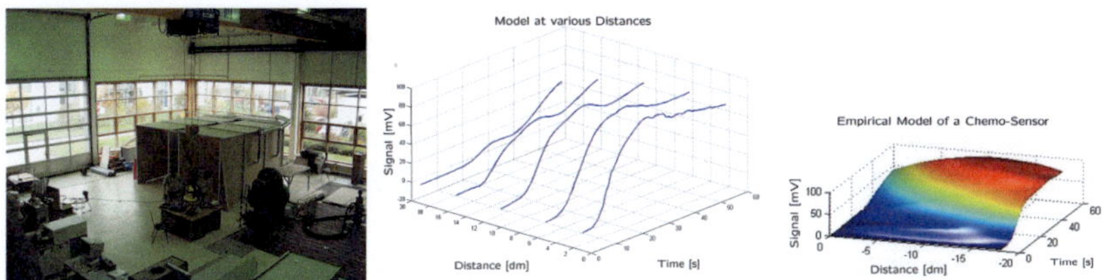

Abbildung 9.4: Demonstrator (left), sensor model (middle, right).

made an area interpolation with cubic splines (right plot). The plots show a high delay of about 10 sec at every of the distances. After integrating an air ventilation system we were able to reduce the delay to approx. 4 sec. However, the reliable determination of the delay and the derivation of the source distance from a given signal amplitude remained hard in the real environment. A single amplitude value is influenced by multiple physical quantities making a correct association to persons difficult.

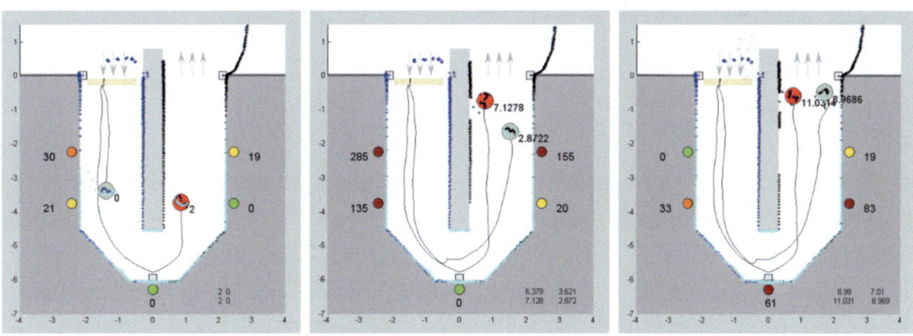

Abbildung 9.5: Snapshots of our real-time system.

Nevertheless we achieved good results when the persons walked well separated. In fig. 9.5 the first person carried an open bottle of phenol.

We processed one classification iteration. The weights were calculated using the sensor-to-person distance. From the entering of a person we let the PMHT-c batch grow until their leaving. Since differing batch lengths can wrongly influence the classification, we only note the sum of eq. 9.5 without normalization. The chemical output was compared to the position estimates lying a constant number of scans in the past.

5 Summary and Future Work

We showed how PMHT-c can be applied for combined person tracking and classification in the context of security assistance. Our simulations show that PMHT-c can achieve reliable classification results if it works on the basis of an accurate sensor model. The problem of differing batch lengths will be easily solved soon. However, regarding real environments, more experiments are necessary to find a suitable chemical sensor model. Especially air circulations caused by the persons will play an important role.

Literatur

1. S. Blackman und R. Populi, *Design and Analysis of Modern Tracking Systems.*   Artech House Inc., Boston, 1999.

2. Y. Bar-Shalom, X. Li und T. Kirubarajan, *Estimation with Applications to Tracking and Navigation (Theory, Algorithms and Software).*   John Wiley & Sons Inc., New York, 2001.

3. R. Streit und T. Luginbuhl, „Probabilistic multi-hypothesis tracking", Naval Undersea Warefare Center Division, Tech. Rep. NUWC-NPT/10/428, 1995.

4. A. Dempster, N. Laird und D. Rubin, „Maximum likelihood from incomplete data via the EM algorithm", *Journal of the Royal Statistical Society*, Vol. 39, S. 1–88, 1977.

5. S. Davey, „Extensions to the probabilistic multi-hypothesis tracker for improved data association", Dissertation, University of Adelaide, 2003.

6. C. Becher, W. Koch, C. Micheloni, S. Waldvogel, M. Wieneke *et al.*, „A security assistance system combining person tracking with chemical attributes and video event analysis", in *Proc. International Conference on Information Fusion*, Cologne (Germany), 2008.

Tracking and Deghosting Problems for Passive Air Surveillance Systems

Martina Daun and Wolfgang Koch

Sensor Data and Information Fusion Dept., Fraunhofer FKIE
Neuenahrerstraße 20, 53343 Wachtberg

Zusammenfassung Digital Audio/Video Broadcasting (DAB/ DVB-T) is already available in a large area of Europe. The advantage of using these signals for passive air surveillance is the disposability of a large range of illuminators sending an easily decodeable digital broadcast signal. The main task for target tracking is to handle ghosts that arise due to problems of association between illuminators, targets and measurements.

As a solution, we present a Multi Hypothesis Tracking (MHT) filter working on different stages. The first stage includes a primary tracking directly on the measurements; the second stage works on 2D-estimates and addresses the association problem; the final stage yields 3D information. Numerical results will include performance analysis via Monte-Carlo simulations.

1 Introduction

In bistatic scenarios, e.g., illuminators of opportunity like radio or television [1, 2] can be used. Since the illuminators are dislocated from the receiver, instead of measuring the round trip time (RTT), we measure the Time Difference of Arrival (TDoA) between the signal received directly from the sender and delayed copies reflected of potential targets. In our application, also Doppler shift, i.e. range-rate, is measured, which gives us information about the velocity.

Using signals emitted by radio and television antennas provide interesting opportunities for passive air surveillance. We consider a network of television or radio antennas, broadcasting digital signals (DAB/DVB-T) [3] at the same frequency, a so-called single frequency networks (SFN).

Thus, even if we consider only one single receiver, we usually obtain multiple copies, depending on the number of illuminators within range. Advantages in comparison to active systems are (i) the possibility of covert air surveillance, (ii) there is no need for frequency allocations, (iii) the possibility to detect even stealth and low altitude targets [4] and (iv) a potential saving of costs, since no additional illuminators are needed. Besides all these perspectives, using non-cooperative illuminators for air surveillance still holds challenges in the fields of signal processing [5] and target tracking.

In this work, we point out difficulties concerning target tracking and present an approach that is adapted to the special requirements of DAB and DVB-T networks. The main difficulty with respect to target tracking is that the association between illuminators and measurement is principally unknown. This leads to challenging association problems.

We base our tracking algorithm on Multi Hypothesis Tracking (MHT) [6]. To decrease computational complexity we divide it into several tracking stages: The first tracking stage works directly on the incoming measurements in bistatic range and range-rate. In the second stage we generate possible 2D estimates by combining information of two illuminators and solve the association problem (Deghosting). Finding a probable 2D Cartesian target estimate is based on clustering and depends on an appropriate description of the probability density [7]. Last, the third stage delivers a 3D Cartesian state estimate.

We will give numerical results for the different tracking stages via Monte Carlo Runs and discuss the dependencies between them. Estimation performance will be analyzed in terms of the averaged estimation error and includes a comparison to the corresponding average trace of the covariance matrix.

This work has the following structure: In section 2 we will describe the scenario and give an overview about the challenges with regard to target tracking. Section 3 will address the derivation of the multi-stage MHT algorithm, and numerical results via Monte Carlo runs will be given in section 4. Section 5 summarizes the results.

2 Multistatic Scenario with Range and Doppler Measurements using DAB/DVB-T

2.1 Scenario Description

For adequate target localization in position and velocity we need measurements of at least two illuminators ($\mathbf{x}_{s,1}$ and $\mathbf{x}_{s,2}$). If we project this scenario on a 2D plane, exploiting the range measurements can geometrically be interpreted as intersecting two ellipses with foci at the origin and $\mathbf{x}_{s,i}$, c.f. Fig. 10.1(a). Since in this case the two ellipses share one focal point, there will be two solutions. To estimate the velocity, we exploit that the range-rate is linear in velocity. After the position has been estimated, if we set the speed in z to zero, two Doppler measurements give us a linear equation system. Of course if the position estimate is off, this will heavily punch through on the velocity estimate.

Estimation ambiguity adds to already existing ambiguity problems – not being able to associate measurements to senders – not to speak about multi-target tracking.

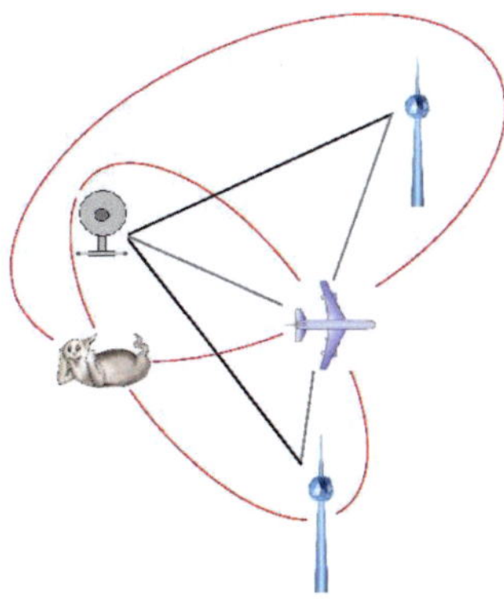
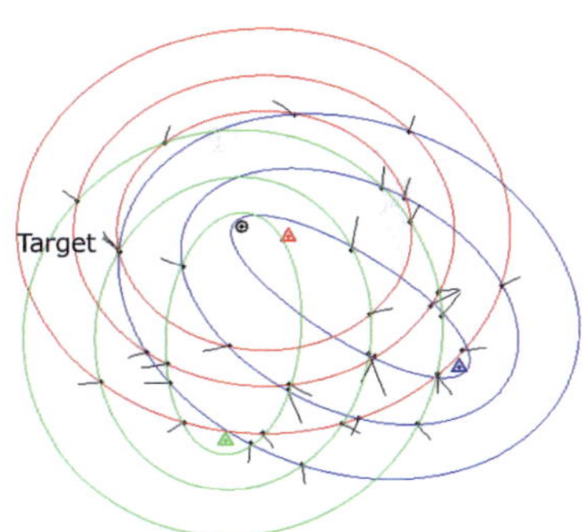

(a) 2D scenario, combining TDoA information of two illuminators

(b) Association problem: one target, three illuminators (triangles), one receiver (circle), three measurements, one time scan

Abbildung 10.1: Ambiguity problem of tracking in SFN.

2.2 Problem Statement

To discuss the association problem, we consider the following example of one target, one observer and three illuminators, which involves up to three TDoA and Doppler measurements per time stage, see Fig. 10.1(b). TDoA measurements, associated to different illuminators, are shown with ellipses in the colour of the respective illuminator; 2D estimates are given by black dots with corresponding velocity vectors. Mis-association and ambiguity result in a large number of false estimates (ghosts) that show similar movements like a target. However, good knowledge of the target movement may help to unmask some ghosts.

The approach, presented here, is based on a different criterion. We exploit that target estimates lie close to each other. So, if we regard measurements of more than two illuminators, this will result in target clustering. This method avoids fostering ghost tracks and provides a quick decision criterion. But doing so, target measurements of at least three illuminators are needed to extract a target track.

Without any error the target would lie in the intersection of all the ellipses. However, in a real scenario we have to consider noisy measurements and additional error caused by the unknown height of the object, because the third dimension is neglected in this model. Further, finding the true target will be impeded by missing detections. Measurements of at least three illuminators are also a prerequisite for 3D Cartesian state estimation, which is of course the final aim of target tracking. For sure, combining measurements of three illuminators also yields a better 2D estimation performance, since the influence of the unknown height of the target can be neglected. Nevertheless, considering the number of possible combinations, justifies working with combinations of only two illuminators in the Deghosting stage.

3 Tracking Algorithm

In this section we derive the multi-stage tracking algorithm.

3.1 Primary Tracking of the Measured Data

To be able to distinguish between ghosts and targets we need a high probability of detection. But an increasing number of measurements will lead to increasing computational complexity. We use a primary tracking stage to select measurements of moving objects and to enhance the probability of detection. Tracking is done by Multihypothesis Tracking (MHT) [6] assuming a third order motion model. The state vector of the primary tracking stage is given by $\bar{\mathbf{z}} = (r, \dot{r}, \ddot{r})^T$, where r and $\dot{r}$ are measured and $\ddot{r}$ is initialized with zero mean. With this assumption we restrict the movements of potential tracks to reasonable behaviour of range and corresponding range-rate.

The primary tracking stage is not only important in terms of computational speed, but is also a prerequisite to decide on association possibilities considering several time stages, since measurements collected in one track belong to the same target and illuminator.

3.2 Deghosting in Cartesian Coordinates

During the course of the algorithm, we need to destine Cartesian target state estimates. Tracking will be done again by MHT starting from a probable target state estimate. Since the request for 3D Cartesian estimates would make association more difficult, we transform measurements of two different illuminators into 2D Cartesian estimates with a fixed height. At the moment we have no knowledge about association and need to consider all possibilities. Enumerating all these possibilities in future stages would lead into memory overload fast. We therefore want to decide soon if an estimate belongs to a true target and get rid of additional ballast. Likelihood Ratio (LR) testing supplies a quick appraisal to find the true association possibilities.

For a given region G in 2D-Cartesian coordinates of volume $|G|$ we model the background distribution according to a Poisson distribution. The probability to observe n false estimates in the region G is given by

$$p_F(n) = \frac{1}{n!}(|G|\rho_F)^n e^{-|G|\rho_F}, \tag{10.1}$$

with spatial false return density ρ_F. Certainly, this assumption does not hold for different time stages. Moreover, since false 2D Cartesian estimates are generated by false association systematically and not randomly, we will be able to calculate the spatial false estimate density from the knowledge of observed measurements and number of considered illuminators.

Finding probable target estimates

Every estimate $\hat{\mathbf{x}} = (\hat{\mathbf{p}}, \hat{\mathbf{v}})$ is currently given by a position and velocity vector and a corresponding covariance matrix $\hat{\mathbf{P}}$, i.e. $\mathbf{x} \sim \mathcal{N}(\mathbf{x}; \hat{\mathbf{x}}, \hat{\mathbf{P}})$. So, for example, the true target state is supposed to lie inside the 3σ gate given by the covariance matrix with probability 0.937 [8].

For every state estimate $\hat{\mathbf{x}}$ we will count for the number of estimates $\hat{\mathbf{x}}_i$ lying in its $k\sigma$ gate, i.e.

$$n = \#\{\hat{\mathbf{x}}_i | (\hat{\mathbf{x}} - \hat{\mathbf{x}}_i)^T \hat{\mathbf{P}}^{-1} (\hat{\mathbf{x}} - \hat{\mathbf{x}}_i) < k^2\}. \tag{10.2}$$

We calculate a Likelihood Ratio considering the hypotheses $\mathcal{H}_0$ the true target state estimates lie inside this region and $\mathcal{H}_1$ there are only false estimates. Since the setup parameters (probability of detection (P_D), false return density ρ_F, number of illuminators N) are given in terms of measurements and not in 2D-Cartesian, we need to reconstruct the number of associated measurements m from the number of observed estimates n using the relationship $n = \binom{m}{2}$. Solving for m yields a functional relationship dependent on n:

$$m_n = \begin{cases} 0 & \text{if } n = 0 \\ \frac{1}{2} + \sqrt{\frac{1}{4} + 2n} & \text{otherwise} \end{cases} \tag{10.3}$$

With this, the probability of finding n estimates, including available true target estimates, can be approximated by a binomial sum depending on the probability of detection and the number of illuminators,

$$p(n|\mathcal{H}_0) = \sum_{i=0}^{n} \binom{N}{m_i} P_d^{m_i} (1 - P_d)^{N-m_i} p_F(n - i). \tag{10.4}$$

Here P_D is the mean probability of detection of all illuminators involved, generally it is dependent on the geometry, so using different P_Ds for different illuminators should be more reasonable in a real scenario.

The LR will be calculated by dividing the probability, that no measurement belongs to a target using the background distribution with volume vol

$$L(\hat{\mathbf{x}}) = \frac{p(n|\mathcal{H}_0)}{p_F(n)}. \tag{10.5}$$

In the four dimensional (2D position and 2D velocity) case the volume of the $k\sigma$ area can be calculated by [8]

$$vol = \frac{k^4 \pi^2}{2}\sqrt{\det(\hat{\mathbf{P}})}. \tag{10.6}$$

In the following we call estimates probable, if $L(\hat{\mathbf{x}}) > 1$.

In some points this approach is heuristic, but has shown to work quite well, more details are provided in [7]. To do calculation more exactly we would need to replace (10.2) by,

$$n = \#\{\hat{\mathbf{x}}_i | (\hat{\mathbf{x}} - \hat{\mathbf{x}}_i)^T (\hat{\mathbf{P}} + \hat{\mathbf{P}}_i)^{-1} (\hat{\mathbf{x}} - \hat{\mathbf{x}}_i) < k^2\}. \tag{10.7}$$

However, computational complexity increases enourmously by inverting matrices in each single step.

An alternative approach is to look back at the measurements space. For each estimate and each possible illuminator $\mathbf{x}_{s,j}$ we need to destine an expectation $\hat{\mathbf{z}}^j$ and covariance $\hat{\mathbf{R}}^j$ according to the relationship given by the measurement equation h. As an advantage the measurement covariance matrix $\mathbf{R}$ is fixed, so (10.2) can be replaced by

$$n = \#\{\mathbf{z}_i | (\hat{\mathbf{z}}^j - \mathbf{z}_i)^T (\hat{\mathbf{R}}^j + \mathbf{R})^{-1} (\hat{\mathbf{z}}^j - \mathbf{z}_i) < k^2\}. \tag{10.8}$$

Both approaches ensure that we take care of the actual uncertainty for geometrical reasons given by the covariance matrix. Regarding to estimates with big uncertainties we will need to search in a bigger region for similar estimates, simultaneously the probability to find some estimates by chance increases. Therefore, it will be important to describe the error in the covariance matrix well. Since generally the height of the object is not known in advance, we pick up uncertainties, resulting from the unknown height, in the covariance matrix [7].

Evaluate association possibilities

The main task of this second tracking stage is to evaluate association possibilities. In the previous subsection we derived an approach to neglect measurement to illuminator combinations by LR testing. Probable estimates, describing a possible association between measurements and illuminators for one time stage, will be used as input data of a second

MHT to evaluate association. To do this, we use Likelihood Ratio testing according to the track extraction technique presented in [9].

Let $Z^T = (\mathbf{z}^T_{t=T_0^m})$ describe a primary track in measurements up to time T, where T_0^m is the time of track extraction in measurements and $\mathbf{z}_t$ holds all information of the track at time t. If a 2D track Y^T belonging to target i is extracted, we can pursue with LR testing. Considering

$\mathcal{H}_0$: Z^T belongs to target i and illuminator j and

$\mathcal{H}_1$: Z^t belongs either not to illuminator j or target i.

we iteratively calculate

$$p(Z^T|\mathbf{x}_{s,j},\mathcal{H}) = p(\mathbf{z}_T|Z^{T-1},\mathbf{x}_{s,j},\mathcal{H})p(Z^{T-1}|\mathbf{x}_{s,j},\mathcal{H}), \qquad (10.9)$$

where $p(\mathbf{z}_T|Z^{T-1},\mathbf{x}_{s,j},\mathcal{H}_0)$ will be calculated during the filtering update and $p(\mathbf{z}_T|Z^{T-1},\mathbf{x}_{s,j},\mathcal{H}_1) = |FoV|^{-1}$, i.e. false associated measurements are supposed to be uniformly distributed in the observation area FoV. A measurement track will be allocated to a given 2D track if the LR exceeds a given threshold or will it be neglected if it undergoes one.

3.3 3D Tracking

The final stage of the tracking algorithm yields a 3D Cartesian estimate by fusing all available information collected in the previous tracking stages. So, if information of more than two illuminators is available, it will deliver improved 2D estimates and additional information about the height of the target.

4 Numerical Analysis

In this section we discuss numerical results for a scenario with four illuminators, one receiver and one target flying in a circle, c.f. Fig. 10.2. Starting with a height of 4km the target climbs slightly to 7.6km. The constellation is based on true DAB sender localizations in Rheinland-Pfalz, Germany.

The probability of detection is chosen to be 0.9 for each illuminator-receiver pair. Measurements are gathered every 10sec. with Gaussian distributed measurement error of zero mean. The measurement covariance matrix of the bistatic range and range-rate is given by $\mathbf{R} = \mathrm{diag}\left(\sigma_r^2, \sigma_{\dot{r}}^2\right)$ with $\sigma_r = 65m$ and $\sigma_{\dot{r}} = 2m/s$. The false alarm rate is 20 false measurements per time stage and is uniformly distributed in the measurement space. To generate 2D Cartesian estimates we use the following modelling assumptions on the target height: $z \sim \mathcal{N}(5\text{km}, 2\text{km})$.

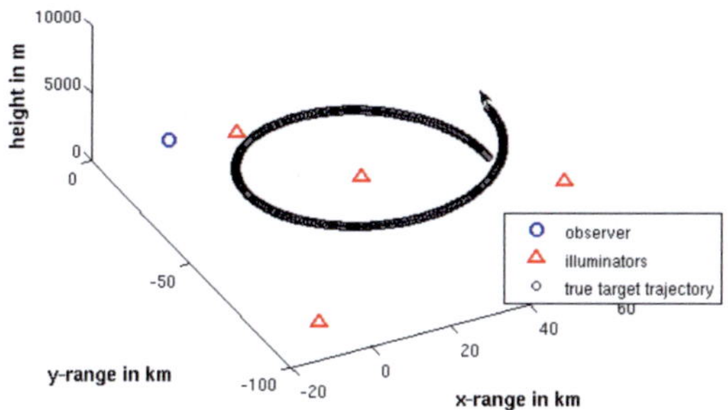

Abbildung 10.2: Simulated scenario: constellation of observer and illuminators is based on a real DAB network in Rheinland-Pfalz, Germany.

In Fig. 10.3(a) the results of the primary tracking stage are shown. Four measurement tracks are extracted, one track for each illuminator. We note that modelling movements in bistatic range and range-rate is difficult, since movements depend on the unknown target-illuminator-receiver geometry. For example the track coloured in magenta shows a hard turn, when the target crosses the associated illuminator.

For a statistical analysis we use 100 Monte Carlo Runs and compare the root-mean-squared error (RMSE) with the root-mean trace of the covariance (RMTC), i.e. for the estimates $\hat{\mathbf{x}}_i$, truth $\mathbf{x}$ and estimated covariance $\hat{\mathbf{P}}_i$

$$\text{RMSE}(\mathbf{x}) = \sqrt{\frac{1}{N}\sum_{i=1}^{N}|\hat{\mathbf{x}}_i - \mathbf{x}|^2}, \quad \text{RMTC}(\mathbf{x}) = \sqrt{\frac{1}{N}\sum_{i=1}^{N}\text{trace}(\hat{\mathbf{P}}_i)}.$$

$$(10.10)$$

In Fig. 10.3(b) the RMSEs of the strongest hypothesis are plotted for each illuminator-receiver pair in different colours; for comparison the RMTC is added in black. Due to manoeuvrings the results are not persistently consistent, during the critical phases the RMSE increases faster than the RMTC. Fig. 10.4(a) responds to the second tracking stage, the Deghosting in 2D Cartesian. We compare the RMSE of the x/y position estimate

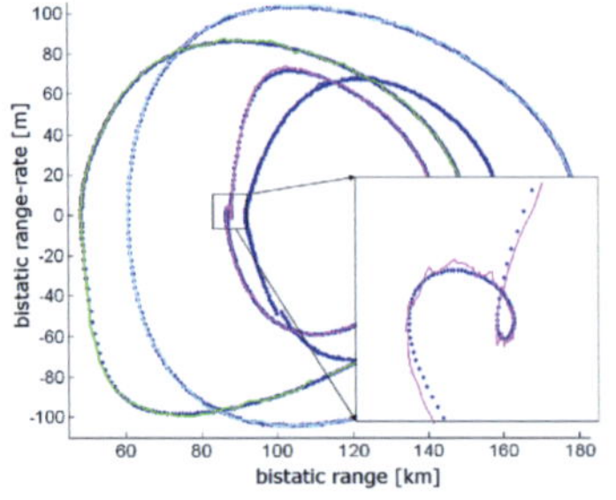

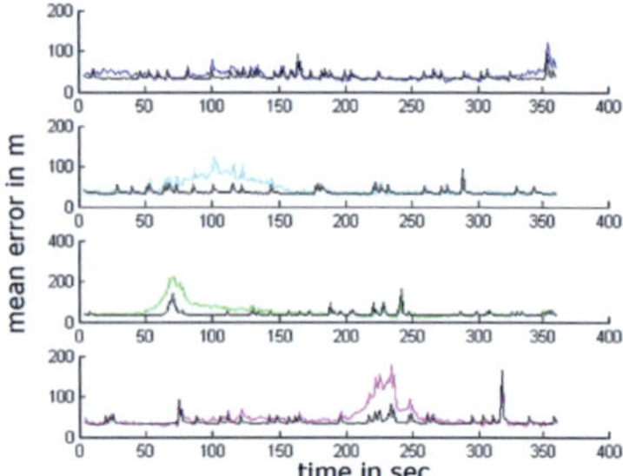

(a) Illustration of primary tracking results: true measurements (without error) are plotted by blue dots

(b) RMSE is shown by different colors, RMTC in black

Abbildung 10.3: Primary tracking results: results for different illuminator-receiver pairs are shown by different colours.

with the corresponding RMTC. The RMSE is slightly increasing whilst the RMTC has nearly the same level during the whole run. This could be explained by the target height. The RMSE increases the more the actual height of the target differs from the expected height (here: 5km). In contrast, the RMTC does not depend on the actual height but only on the modelling assumptions. So, if the target height exceeds a certain value, dependent on the assumed deviation (here: 2km), tracking fails.

The information accumulated in previous tracking stages will next be transformed into 3D Cartesian estimates. The 3D Tracking depends directly on the Deghosting stage and the primary tracking and can not be analyzed separately. In Fig. 10.4(b) the mean number of measurements, which could be allocated to the track, is plotted against time. The estimation performance in height, delivered by the 3D tracking, is directly correlated to the number of measurements used; the RMSE is shown in Fig. 10.4(c). Availability of four instead of only three measurements results in improved height estimation. Fig. (10.4(d)) shows numerical results for the 3D tracking performance in x/y. Again, the RMSE in x/y-position is compared to the RMTC. We observe a better estimation performance, compared with the 2D tracking stage, if measurements of three or four illuminators can be fused.

On the other hand the estimation performance is strongly influenced

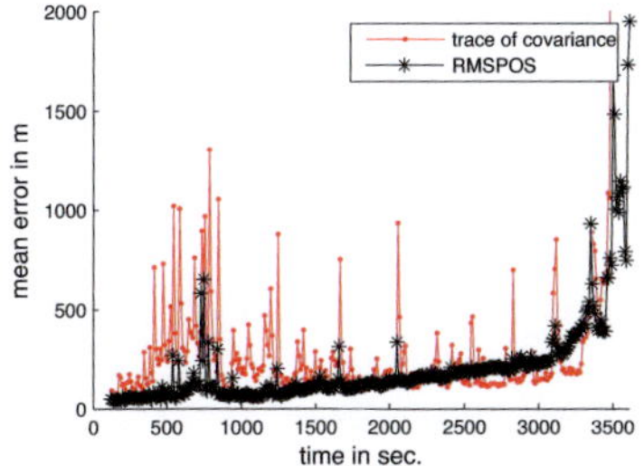

(a) 2D Cartesian Tracking: RMSE and RMTC in x/y

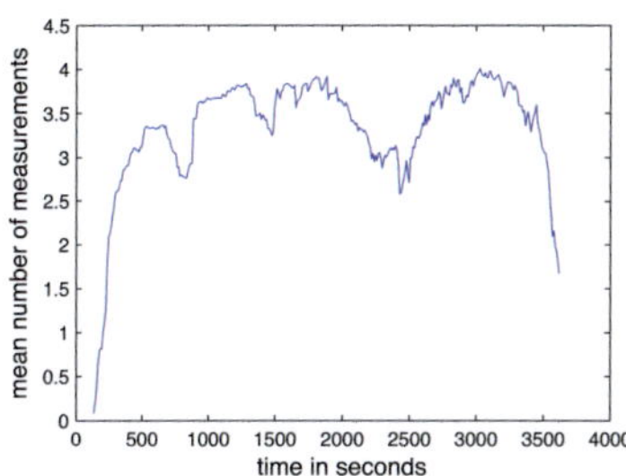

(b) Mean number of measurements that could be allocated to the 2D track for each scan.

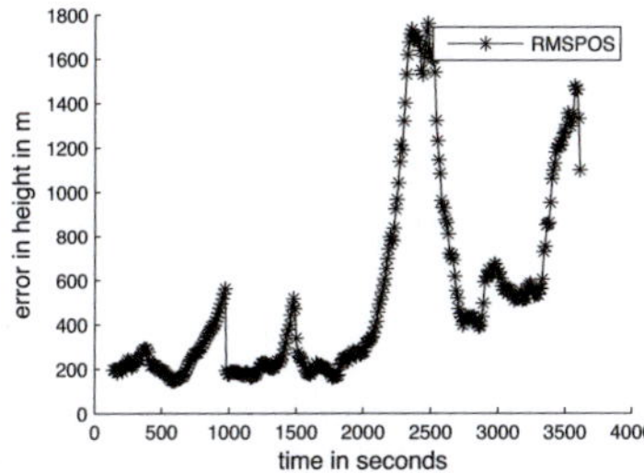

(c) RMSE of target height for 3D Cartesian Tracking

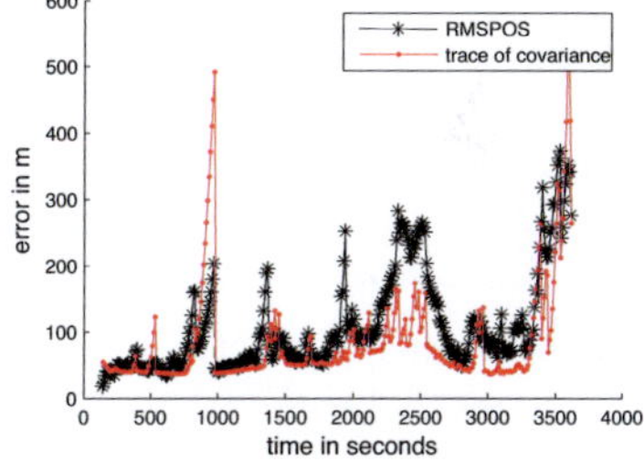

(d) 3D Tracking results: RMSE and RMTC in x/y

Abbildung 10.4: Cartesian Tracking results.

by the allocation of measurements that is done in the Deghosting stage and depends therefore on the geometry and on a good appraisal for the height of the object. At the end of the flight the target exceeds the height of 7km and association fails.

5 Conclusion

We provided a multi-stage MHT algorithm, adapted to the special request of using DAB or DVB-T. The key challenge on target tracking in these single frequency networks is, that the association between illuminator and measurements is unknown. We did illustrate this aspect by means of simulation and developed a strategy to evaluate association possibilities by using sequential LR testing.

We included numerical analysis using one hundred Monte Carlo runs for all three tracking stages. Especially, improvements in estimation performance by combining multiple measurement information have been pointed out.

The algorithm is still in development and its potential is not yet exploited. The strength of the algorithm lies in dividing the whole procedure in partial stages. Information transfer between these stages has to be handled carefully and needs to be optimized to make the algorithm to work as good as possible. For example an improved transfer from the 3D-Tracking to 2D-Tracking should make the algorithm more robust and precise.

Literatur

1. P. Howland, D. Maksimiuk und G. Reitsma, „FM radio based bistatic radar", *Radar, Sonar and Navigation, IEE Proceedings-*, Vol. 152, Nr. 3, S. 107–115, Jun. 2005.

2. M. Tobias und A. Lanterman, „Probability hypothesis density-based multi-target tracking with bistatic range and doppler observations", *Radar, Sonar and Navigation, IEE Proceedings-*, Vol. 152, Nr. 3, S. 195–205, Jun. 2005.

3. U. Reimers, *Digitale Fernsehtechnik.*   Springer, 1995.

4. H. Kuschel, J. Heckenbach, S. Mueller und R. Appel, „On the potentials of passive, multistatic, low frequency radars to counter stealth and detect low flying targets", in *in IEEE Radar Conf.*, may 2008, S. 1443–1448.

5. N. J. Willis, *Bistatic Radar.*   SciTech Publishing, 2007.

6. W. Koch, J. Koller und M. Ulmke, „Ground target tracking and road map extraction", *ISPRS Journal of Photogrammetry & Remote Sensing*, Vol. 61, S. 197–208, 2006.

7. M. Daun und C. R. Berger, „Track initiation in a multistatic DAB/DVB-T network", *submitted to FUSION Conference*, 2008.

8. D. J. Torrieri, „Statistical theory of passice location systems", *IEEE Transactions on Aerospace and Electronic Systems*, Vol. AES-20, Nr. 2, S. 183–198, Mar. 1984.

9. G. van Keuk, „Sequential track extraction", *IEEE Transactions on Aerospace and Electronic Systems*, Vol. 34, S. 1135–1148, 1998.

Maße für Wahrscheinlichkeitsdichten in der informationstheoretischen Sensoreinsatzplanung

Daniel Lyons, Achim Hekler, Benjamin Noack und Uwe D. Hanebeck

Lehrstuhl für Intelligente Sensor-Aktor-Systeme (ISAS),
Institut für Anthropomatik,
Karlsruher Institut für Technologie (KIT)
http://isas.uka.de

Zusammenfassung Bei der Beobachtung eines räumlich verteilten Phänomens mit einer Vielzahl von Sensoren ist die intelligente Auswahl von Messkonfigurationen aufgrund von beschränkten Rechen- und Kommunikationskapazitäten entscheidend für die Lebensdauer des Sensornetzes. Mit der Sensoreinsatzplanung kann die im nächsten Zeitschritt anzusteuernde Messkonfiguration dynamisch mittels einer stochastischen modell-prädiktiven Planung über einen endlichen Zeithorizont bestimmt werden. Dabei wird als Gütekriterium die Maximierung des zu erwartenden Informationsgewinns durch zukünftige Messungen unter sparsamer Verwendung der Energieressourcen gewählt. In diesem Artikel wird ein neues Maß für kontinuierliche Wahrscheinlichkeitsdichten vorgestellt, das sich kanonisch aus der Konstruktion eines Vektorraums für Wahrscheinlichkeitsdichten ergibt. Dieses Maß wird als Gütefunktion in der vorausschauenden Sensoreinsatzplanung zur Bewertung des informationstheoretischen Einfluß von Messungen auf die aktuelle Zustandsschätzung verwendet.

1 Einleitung

Mit einem Sensor-Netzwerk werden Daten über ein verteiltes Phänomen gewonnen und diese dann in einem oder mehreren lokalen Verarbeitungszentren geeignet miteinander fusioniert. Um eine hochqualitative Zustandsschätzung des Phänomens zu erhalten, wäre der Einsatz von möglichst vielen Sensoren wünschenswert. Dies ist aber in konkreten Anwendungen generell nicht realisierbar: einerseits kostet jede Messung eines Sensors Energie, andererseits entstehen durch die Übertragung des Messwerts über ein Kommunikationsnetzwerk hohe Energiekosten. Da in einem Sensor-Netzwerk die Energieressourcen der einzelnen Sensorknoten in der Regel beschränkt sind, ist es ratsam, dass nicht jeder Sensor zu jedem Zeitpunkt Messungen vornimmt, sondern nur diejenigen Sensoren für Messungen ausgewählt werden, deren Messungen auch einen hohen Informationsgehalt versprechen.

Diese Auswahl von Sensoren für zukünftige Messungen übernimmt ein sogenannter *Sensormanager*. Dieser muß hierbei auch berücksichtigen, dass die von dem Sensor erhaltene Information durch Messrauschen beeinflusst sein wird. Zunächst muss der Sensormanger dafür eine geeignete Gütefunktion wählen, die den zukünftigen Informationsgewinn bewertet, und dann vorausschauend eine optimale Sensorsequenz bestimmen, die den akkumulierten Informationsgewinn in Abhängigkeit vom aktuellen Zustand maximiert.

2 Problemformulierung

Das Ziel der Sensoreinsatzplanung ist es, den Zustand des beobachteten physikalischen Phänomens mit Hilfe eines Sensor-Netzwerks möglichst präzise unter Verwendung von möglichst wenigen Sensoren zu schätzen. Im Folgenden nehmen wir an, dass die räumliche und zeitliche Entwicklung des Phänomens durch eine zeitdiskrete und wertkontinuierliche Systemfunktion beschrieben wird, die den Zustand des Phänomens zum Zeitpunkt k auf den Zustand zum Zeitpunkt $k + 1$ abbildet.

2.1 Sensorauswahl

Bei einem naiven Vorgehen führt jeder Sensor zu jedem Zeitpunkt eine Messung durch, die dann geeignet miteinander funsioniert werden. Als Ergebnis erhält man zwar eine hochqualitative Zustandsschätzung, die Lebensdauer des Netzwerks würde aber aufgrund des dadurch entstehenden Energieverbrauchs durch Messungen und Kommunikation stark verkürzt werden. Daher ist es sinnvoll, ein Gleichgweicht zwischen einer guter Schätzqualität und einer Verlängerung der Lebensdauer des Netzwerks zu finden. Der oben erwähnte Sensormanager versucht den erwarteten Informationsgewinn $\mathrm{E}\{\mathrm{R}(\underline{\boldsymbol{x}}_k, \underline{\boldsymbol{s}}_k)\}$ über den Zustand $\underline{\boldsymbol{x}}_k$ des Systems zu maximieren, wobei die Funktion $R(\cdot)$ den zukünftigen Informationsgewinn bewertet und $\underline{\boldsymbol{s}}_k = [s_k^1, \ldots, s_k^M]$ eine Sequenz von Sensoren ist, die für Messungen ausgewählt wurde. Dieser erwartete zukünftige Informationsgewinn soll modell-prädiktiv, das heißt unter Berücksichtigung der zukünftigen Entwicklung des Phänomens, maximiert werden [1]. In Kapitel 5.1 wird der konkrete Formalismus unter Anwendung der dynamischen Programmierung erläutert [2]. Die Lösung dieses Optimierungsproblems ist eine Sequenz von Sensorkonfigurationen, deren zukünftige Messungen den erwarteten Informationsgewinn über einen bestimmten Zeithorizont maximieren. Die erste Sensorkonfiguration in dieser optimalen Sequenz wird an das Sensornetzwerk angelegt. Die dadurch erhaltenen Messungen werden, wie im nächsten Kapitel beschrieben, verarbeitet. Im nächsten Zeitschritt erfolgt dann eine erneute Planung durch den Sensormanager.

2.2 System- und Messmodelle

Wir gehen davon aus, dass die Entwicklung des Zustands des zu beobachtenden Phänomens durch folgende Modellgleichung gegeben ist

$$\underline{\boldsymbol{x}}_{k+1} = \underline{a}_k(\underline{\boldsymbol{x}}_k, \underline{\boldsymbol{w}}_k) \,, \tag{11.1}$$

wobei alle Größen skalar oder vektorwertig sein können. Die möglicherweise zeitvariante Systemfunktion $\underline{a}_k(\cdot)$ bildet den Zustand $\underline{\boldsymbol{x}}_k$ zum Zeitpunkt k auf den Zustand $\underline{\boldsymbol{x}}_{k+1}$ zum Zeitpunkt $k+1$ ab. Das Systemrauschen $\underline{\boldsymbol{w}}_k$ subsummiert dabei alle auftretenden Störungen, wie z.B. exogene Störeinflüsse oder Modellierungsfehler, und wird stochastisch modelliert. Im Folgenden repräsentieren alle fett geschriebenen Größen Zufallsvariablen. Ist $f_k(\underline{x}_k)$ die Wahrscheinlichkeitsdichte, die den aktuellen Zustand $\underline{\boldsymbol{x}}_k$ beschreibt, so kann mit Hilfe des Systemmodells (11.1) die Entwicklung des Systems mittels der unterlagernden Dichte prädiziert werden

$$f_{k+1}^{\mathrm{p}}(\underline{x}_{k+1}) = \int_\Omega f_k^{\mathrm{T}}(\underline{x}_{k+1}|\underline{x}_k) f_k(\underline{x}_k) \, d\underline{x}_k \,, \tag{11.2}$$

wobei f^{T} die Transitionsdichte ist und aus dem Modell (11.1) bestimmt werden kann.

Die prädizierte Zustandsdichte kann dann mit neu erhaltenen Messungen fusioniert werden. Dafür wird das Messmodell eines Sensors

$s_k \in \{1, \dots, L\}$ benötigt, das den Systemzustand mit dem Ausgang einer Messung in Zusammenhang setzt. Es wird durch eine nichtlineare Abbildung

$$\hat{\underline{z}}_{s_k} = \underline{h}_{s_k}(\underline{x}_k, \underline{v}_{s_k})$$

beschrieben, wobei $\hat{\underline{z}}_{s_k}$ der konkrete Ausgang der Messung und $\underline{v}_{s_k}$ das stochastische Messrauschen ist, das für jeden Sensor verschieden sein kann. Die prädizierte Dichte f_k^{P} wird mit der erhaltenen Meßinformation nach der Bayes Formel

$$f_{s_k}^{\mathrm{e}}(\underline{x}_k) = \frac{f_{s_k}^{\mathrm{L}}(\hat{\underline{z}}_{s_k}|\underline{x}_k) f_k^{\mathrm{P}}(\underline{x}_k)}{\int_\Omega f_{s_k}^{\mathrm{L}}(\hat{\underline{z}}_{s_k}|\underline{x}_k) f_k^{\mathrm{P}}(\underline{x}_k) d\underline{x}_k} \tag{11.3}$$

fusioniert, wobei $f_{s_k}^{\mathrm{L}}(\hat{\underline{z}}_{s_k}|\underline{x}_k)$ die sogenannte Likelihood darstellt.

3 Informationstheoretische Gütemaße

Um eine Bewertung des erwarteten Informationsgewinns vorzunehmen, muss eine Gütefunktion $R(\cdot)$ definiert werden. Dafür werden wir im Folgenden zwei informationstheoretische Gütefunktionen betrachten, die in der Sensoreinsatzplanung Verwendung finden und ihre jeweiligen Einschränkungen aufzeigen.

3.1 Entropie

Für diskrete Zufallsvariablen mit Bildbereich $\mathcal{H}$ ist die Shannon–Entropie [3, 4] definiert als

$$H(\underline{X}) := - \sum_{x \in \mathcal{H}} p(x) \log p(x) \ .$$

Für sie gilt unter anderem, dass ihr Wert nach oben durch die Entropie der Gleichverteilung auf $\mathcal{H}$ beschränkt ist. Es gilt also

$$H(\underline{X}) \leq \log |\mathcal{H}| \ ,$$

wobei $|\mathcal{H}|$ die Anzahl der Elemente in $\mathcal{H}$ ist. Die Gleichheit gilt hier genau dann, wenn $\underline{X}$ gleichverteilt auf $\mathcal{H}$ ist [4]. Eine weitere Eigenschaft der diskreten Entropie ist ihre Positivität, die direkt aus der Tatsache folgt, dass die Wahrscheinlichkeiten $p(x)$ immer in dem Interval $[0,1]$ liegen und deshalb $p(x)\log p(x) \leq 0$ ist.

Demgegenüber ist die Entropie einer kontinuierlichen Zufallsvariablen $\underline{X} \sim f$ mit kontinuierlicher Wahrscheinlichkeitsdichte f definiert als

$$H(\underline{X}) := E_{\underline{X}}\left\{-\log f(\underline{x})\right\} = -\int f(\underline{x})\log f(\underline{x})d\underline{x} \ .$$

Diese Erweiterung der Entropie auf kontinuierliche Wahrscheinlichkeitsdichten ist keine direkte Verallgemeinerung der Shannon-Entropie [4] und besitzt einige ihrer grundlegenden Eigenschaften nicht. So kann die kontinuierliche Entropie zum Beispiel negative Werte annehmen. Ist $\underline{X}$ gleichverteilt auf $[0,\frac{1}{n}]$, so erhält man für die kontinuierliche Entropie

$$H(\underline{X}) = -\int_0^{\frac{1}{n}} n \cdot \log n \ dx = -\log n \ ,$$

was für $n > 1$ negativ ist. Neben der Shannon-Entropie und der kontinuierlichen Entropie finden auch aus ihnen abgeleitete Größen, wie die Kullback-Leibler-Divergenz [4,5] oder die Transinformation [4], Anwendung in der Sensoreinsatzplanung [6–11]. Die Zielfunktion $R(\cdot)$ in der Sensoreinsatzplanung ist dann die erwartete Entropie der posterioren Dichte nach Messungen von Sensoren $\underline{s}_k$. Diese ist dann über die möglichen Messkonfigurationen zu optimieren.

3.2 Fisher-Information

Eine weitere informationstheoretische Gütefunktion, die zum Beispiel Anwendung in der schritthaltenden Lokalisierung findet [12,13], ist die Fisher-Information. Sie ist definiert auf Räumen von Wahrscheinlichkeitsdichten $f_{\underline{\xi}}$

$$\mathcal{B} = \left\{ f_{\underline{\xi}} = f(\underline{x},\underline{\xi}) | \underline{\xi} \in \Lambda \subset \mathbb{R}^n \right\}$$

mit endlicher Parametrisierung $\underline{\xi} \in \Lambda$. Dabei muß gefordert werden, dass die Abbildung

$$\underline{\xi} \to f_{\underline{\xi}}$$

injektiv ist und

$$\underline{\xi} \to f(\underline{x}, \underline{\xi})$$

für jedes $\underline{x}$ unendlich oft differenzierbar ist [14]. Ein Beispiel für eine Parametrisierung sind Gaußdichten, die über ihren Mittelwert und die Kovarianzmatrix charakterisiert werden. Für eine Dichte $f(\underline{x}, \underline{\xi}) \in \mathcal{B}$ ist dann ein Eintrag $g_{ij}(\underline{\xi})$ in der Fisher-Informationsmatrix definiert als

$$g_{ij}(\underline{\xi}) := \int \partial_{\xi_i} \log f(\underline{x}, \underline{\xi}) \cdot \partial_{\xi_j} \log f(\underline{x}, \underline{\xi}) \cdot f(\underline{x}, \underline{\xi}) d\underline{x} \ .$$

Die Fisher-Information ist ein Maß für die Information, die eine Zufallsvariable $\underline{X} \sim f(\underline{x}, \underline{\xi})$ über den Parameter $\underline{\xi}$ enthält. Der Nachteil bei ihrer Verwendung ist, dass eine endliche Parametrisierung der betrachteten Wahrscheinlichkeitsdichten vorliegen und dass diese Parametrisierung abgeschlossen unter den Operationen der Zustandsschätzung aus Kapitel 2.2 sein muß. Dies ist für nichtlineare Systeme nicht gegeben, da im nichtlinearen Fall nach der Prädiktion oder Filterung beispielsweise einer Gaußdichte nicht mehr gewährleistet ist, dass das Ergebnis wieder eine Gaußdichte darstellt.

4 Log-Ratio-Informationsmaß

In diesem Kapitel wird das Log-Ratio-Informationsmaß für kontinuierliche Wahrscheinlichkeitsdichten vorgestellt. Es hat den Vorteil, dass keine endliche Parametrisierung der unterlagerten Dichten erforderlich ist und es eine Norm auf einer bestimmten Klasse von Wahrscheinlichkeitsdichten darstellt. So sind Eigenschaften wie zum Beispiel Positivität intrinsisch.

4.1 Motivation

In diesem Ansatz werden Dichten als Elemente eines normierten Vektorraums $\mathcal{A}^2$ aufgefasst [15] und seine Norm als skalares Maß für den Informationsgehalt einer Dichte interpretiert.

In einem allgemeinen Vektorraum bestimmt die Norm die Länge eines Vektors, also wie weit dieser Vektor von dem eindeutig bestimmten Nullvektor des Raums entfernt ist. Der Nullvektor in $\mathcal{A}^2$ ist die Dichte der

Abbildung 11.1: Die Informationsfusion von zwei Sensoren (linke Seite) nach der Bayes Formel kann als Addition in einem Vektorraum aufgefasst werden (rechte Seite). Die Log-Ratio-Information der fusionierten Dichte $f \oplus g$ ist niemals größer als die Log-Ratio-Information der Teildichten f und g.

Gleichverteilung, die diejenige Verteilung ist, die am wenigsten Information über den Ausgang eines Zufallsexperiments bietet, da jeder Ausgang des Experiments gleich wahrscheinlich ist. Wenn wir also die Längen von Wahrscheinlichkeitsdichten in $\mathcal{A}^2$ messen, bestimmen wir, wie weit eine Wahrscheinlichkeitsdichte von der Dichte der Gleichverteilung entfernt ist.

Da das Log-Ratio-Informationsmaß eine Norm ist, wird außerdem gewährleistet, dass es für alle Dichten positive Werte annimmt. Zudem ist eine Form der Dreiecksungleichung unter der Bayesschen Datenfusion gegeben (s. Abb. 11.1). Diese Dreiecksungleichung ermöglicht es, obere Schranken für den Informationsgehalt einer fusionierten Dichte anzugeben.

4.2 Definition und Eigenschaften

In diesem Kapitel werden wir das Log-Ratio-Informationsmaß **N** definieren und seine wichtigsten Eigenschaften nennen.

Definition 1 Sei $f : \Omega \to \mathbb{R}$ eine nicht-negative Funktion und $\log f \in L^2(\Omega)$. Die Log-Ratio-Information von f ist durch

$$\mathbf{N}(f) := \sqrt{\int_\Omega \int_\Omega \left[\log \left(\frac{f(\underline{x})}{f(\underline{y})} \right) \right]^2 d\underline{x}\, d\underline{y}} \tag{11.4}$$

gegeben.

In der Definition wird gefordert, dass der Logarithmus der Dichte f quadratintegrierbar über Ω sein muß, um sicher zu gehen, dass alle Integrale existieren. Ein ähnliches Vorgehen wäre zu fordern, dass die Integrale in (11.4) wie in der Definition der kontinuierlichen Entropie existieren [4]. Die wesentlichen Eigenschaften des Log-Ratio-Informationsmaßes werden durch folgendes Theorem beschrieben.

Theorem 1 *Das Informationsmaß aus Definition 1 erfüllt die folgenden Eigenschaften für alle Dichten f und g wie in Definition 1*

- $N(f) \geq 0$,

- $N(f) = 0$ *genau dann, wenn f die Dichte der Gleichverteilung auf Ω ist und*

- $N(f \cdot g) \leq N(f) + N(g)$.

Der Beweis folgt aus der Konstruktion des Vektorraums und findet sich in [15].

Obwohl das Log-Ratio-Informationsmaß durch ein Doppelintegral über den Raum Ω definiert ist, gibt es eine Reformulierung mit einfachen Integralen, die die Berechenbarkeit vereinfacht.

Theorem 2 *Sei f eine Funktion gemäß Definition 1 und Ω beschränkt, dann gilt für $N(f)$*

$$N(f)^2 = 2\mu(\Omega) \int_\Omega \left[\log f(\underline{x})\right]^2 d\underline{x} - 2 \left[\int_\Omega \log f(\underline{x}) d\underline{x}\right]^2 ,$$

wobei μ das Maß auf Ω ist.

Wie sich das Log-Ratio-Informationsmaß verhält, zeigen folgende Beispielrechnungen:

1. Sei $X_1 \sim f(x)$ eine exponentiell verteilte Zufallsvariable mit Dichte

$$f(x) = \lambda e^{-\lambda x} ,$$

definiert auf der positiven reellen Halbachse $[0, \infty)$. Der Logarithmus von f ist offensichtlich in $L^2([0, a])$ für jedes $a < \infty$. Für ein festes a ist

$$N(f)^2 = \lambda^2 \int_0^a \int_0^a (y - x)^2 \, dx dy .$$

Eine Maximierung von $N(f)^2$ führt also zu einer Minimierung der Varianz $\frac{1}{\lambda^2}$.

2. Ist $\boldsymbol{X}_2 \sim G(x)$ eine Zufallsvariable mit Gaußdichte

$$G(x) = \frac{1}{\sqrt{2\pi}\sigma} \exp\left(-\frac{x^2}{\sigma^2}\right) \, ,$$

so gilt für jedes beschränkte $\Omega = [a, b] \subset \mathbb{R}$, dass der Logarithmus von G quadratintegrierbar ist,

$$\log G = -\frac{x^2}{\sigma^2} - \log\frac{1}{\sqrt{2\pi}\sigma}$$

ein Polynom zweiten Grades ist. Die Log-Ratio-Information von G ist

$$\mathbf{N}(G)^2 = \frac{1}{\sigma^2} \int_a^b \int_a^b (y^2 - x^2)dxdy \, ,$$

und für festes Intervall $[a, b]$ entspricht eine Maximierung von $\mathbf{N}(G)$ einer Minimierung der Standardabweichung $\frac{1}{\sigma}$.

5 Sensoreinsatzplanung

In diesem Kapitel werden wir das Log-Ratio-Informationsmaß auf die Sensoreinsatzplanung anwenden, indem wir es als eine informationstheoretische Gütefunktion auffassen. Aus Gründen der Übersichtlichkeit betrachten wir nur den Fall, dass zu jedem Zeitschritt k ein Sensor s_k für Messungen ausgewählt werden soll. Der Ansatz kann aber ohne Weiteres auf den Fall einer gesamten Sensorkonfiguration $\underline{s}_k = [s_{k1}, \ldots, s_{kn}]$ verallgemeinert werden.

5.1 Auswahl von Sensoren

Die Aufgabe des Sensormanagers ist es, Sensoren für Messungen auszuwählen, deren Messungen einen hohen Informationsgehalt über den Zustand des Systems haben. Wir bezeichnen mit f_k die Dichte, die die gegenwärtige Zustandsschätzung beschreibt, und mit f_k^{P} die Dichte, die wir erhalten, nachdem wir die gegenwärtige Schätzung mit dem Prädiktionsschritt (11.2) fortschreiben. Die Dichte $f_{s_k}^{\mathrm{e}}$ bezeichne die posteriore Dichte

$$f_{s_k}^{\mathrm{e}}(\underline{x}_k|\hat{\underline{z}}_{s_k}) := \frac{1}{c_k} f_k^{\mathrm{P}}(\underline{x}_k) \cdot f_{s_k}^{\mathrm{L}}(\hat{\underline{z}}_{s_k}|\underline{x}_k) \, ,$$

130   D. Lyons et al.

die erhalten wird, nachdem die priore Dichte f_k^{p} mit der Likelihood $f_{s_k}^{\mathrm{L}}$ des Sensors s_k gefiltert wurde.

Den erwarteten Informationsgewinn nach Filterung der aktuellen Zustandsschätzung mit Messungen $\underline{z}_{s_k}$ von Sensor s_k wird als

$$\mathrm{E}_{\underline{z}_{s_k}}\left\{\mathbf{N}(\mathrm{f}_{s_k}^{\mathrm{e}}(\;\cdot\;\mid\underline{z}_{s_k}))\right\} \tag{11.5}$$

definiert. Die Schreibweise $\mathbf{N}(f_{s_k}^{\mathrm{e}}(\;\cdot\;\mid\underline{z}_k))$ bedeutet, dass die Log-Ratio-Information in Abhängigkeit von $\underline{z}_k$ ausgewertet wird. Eine Maximierung von (11.5) führt zu einer Maximierung des erwarteten Informationsgewinnes im nächsten Zeitschritt. Bei einem modell-prädiktiven Ansatz zur Planung über einen gewissen Horizont wird diese Gütefunktion in die rekursive Gleichung zur Bestimmung einer optimalen Lösung eingefügt [2]. Die Lösung nach dem Bellmanschen Optimalitätsprinzip für den maximalen Informationsgewinn über N Zeitschritte berechnet sich rekursiv aus

$$V_k(f_k) := \max_{s_k}\left[\mathrm{E}_{\underline{z}_{s_k}}\left\{\mathbf{N}(\mathrm{f}_{s_k}^{\mathrm{e}}(\;\cdot\;\mid\underline{z}_{s_k})) + \mathrm{V}_{k+1}(\mathrm{f}_{s_k}^{\mathrm{e}}(\;\cdot\;\mid\underline{z}_{s_k}))\right\}\right] \tag{11.6}$$

mit terminalem Gewinn

$$V_N(f_k) := \max_{s_N}\left[\mathrm{E}_{\underline{z}_{s_N}}\left\{\mathbf{N}(\mathrm{f}_{s_N}^{\mathrm{e}}(\;\cdot\;\mid\underline{z}_{s_N}))\right\}\right] \tag{11.7}$$

im letzten Zeitschritt. Durch die vorausschauende Planung fließt das zukünftige Verhalten des Phänomens unter Berücksichtigung des Systemrauschens bereits bei der Auswahl der Sensoren ein. Das folgende Beispiel zeigt, dass durch diesen Ansatz eine hohe Schätzqualität unter Verwendung nur eines Sensors pro Zeitschritt erreicht werden kann, was zu einer erheblichen Erhöhung der Lebensdauer des Netzwerks führt.

5.2 Beispiel

Wir betrachten ein Beispiel bestehend aus einem Sensornetzwerk mit drei Winkelsensoren und zwei Abstandssensoren [11]. Die Aufgabe des Sensormanagers in diesem Beispiel ist es, in jedem Zeitschritt einen Sensor auszuwählen, um ein Fahrzeug über zehn Zeitschritte zu lokalisieren. Die quadratische Abweichung der geschätzten zu der wahren Position des Fahrzeugs wird in Abb. 11.2 als durchgezogene Linie dargestellt. Diese Abweichung wird verglichen mit der Qualität der Zustands-

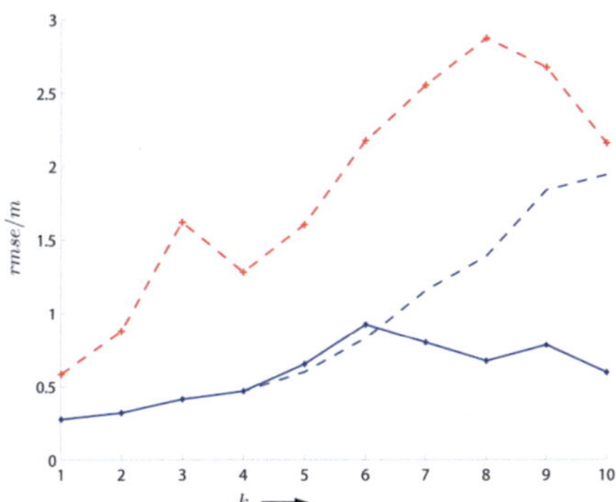

Abbildung 11.2: Die durchschnittliche quadratische Abweichung (rmse) der Zustandsschätzung über 20 Testläufe mit einem in jedem Zeitschritt zufällig ausgewählten Sensor (rote gestrichelte Linie mit Kreuzen), der Entropie (blaue gestrichelte Linie) und der Log-Ratio-Information als Gütefunktion (blaue durchgezogene Linie).

schätzung, die ein Manager erreicht, der zufällig einen Sensor zum Messen auswählt (gestrichelte Linie). Es ist dabei deutlich zu sehen, dass die Zustandsschätzung für die Log-Ratio-Information wesentlich genauer ist.

6 Ausblick

Das vorgestellte Log-Ratio-Informationmaß weist Eigenschaften wie Positivität und die Erfüllung der Dreiecksungleichung auf. Diese erlauben es, sowohl obere als auch untere Schranken für den optimalen Informationsgewinn anzugeben. Dadurch wird eine ganze Klasse von neuartigen Verfahren zur Bestimmung der optimalen Messkonfigurationssequenz erschlossen und eine Bewertung der so gefundenen Lösungen ermöglicht.

Literatur

1. D. P. Bertsekas, *Dynamic Programming and Optimal Control*.   Athena Scientific, 2007.

2. R. E. Bellman, „On the Theory of Dynamic Programming", *Proceedings of the National Academy of Sciences*, Vol. 38, S. 716–719, 1952.

132   D. Lyons et al.

3. C. E. Shannon, *The mathematical theory of communication.* Urbana: Univ. of Ill. Press, 1949.

4. T. M. Cover und J. A. Thomas, *Elements of Information Theory*, Ser. Wiley Series in Telecommunications and Signal Processing. Wiley-Interscience, 2006.

5. S. Kullback und R. A. Leibler, „On Information and Sufficiency", *Annals of Mathematical Statistics*, Vol. 22, Nr. 2, S. 79–86, 1951.

6. A. O. Hero, C. M. Kreucher und D. Blatt, *Foundations and Applications of Sensor Management*, Ser. Signals and Communication Technology. Springer, 2008, Kap. Information Theoretic Approaches to Sensor Management, S. 33–59.

7. E. Ertin, J. W. Fisher und L. C. Potter, „Maximum Mutual Information Principle for Dynamic Sensor Query Problems", in *Information Processing in Sensor Networks (IPSN)*, 2003, S. 405–416.

8. A. S. Chhetri, D. Morrell und A. Papandreou-Suppappola, „Nonmyopic Sensor Scheduling and its Efficient Implementation for Target Tracking Applications", *EURASIP Journal on Applied Signal Processing*, Vol. 2006, S. 1–18, 2006.

9. J. L. Williams, „Information Theoretic Sensor Management", Dissertation, Massachusetts Institute of Technology, Feb. 2007.

10. F. Zhao, J. Shin und J. Reich, „Information-driven Dynamic Sensor Collaboration for Tracking Applications", *IEEE Signal Processing Magazine*, Vol. 19, Nr. 2, S. 61–72, 2002.

11. M. F. Huber, „Probabilistic Framework for Sensor Management", Dissertation, Universität Karlsruhe(TH), 2009.

12. M. L. Hernandez, T. Kirubarajan und Y. Bar-Shalom, „Multisensor Resource Deployment Using Posterior Cramér-Rao Bounds", *IEEE Transactions on Aerospace and Electronic Systems*, Vol. 40, S. 399–416, 2004.

13. M. L. Hernandez, „Optimal Sensor Trajectories in Bearings-Only Tracking", in *Proceedings of the 7th International Conference on Information Fusion (Fusion 2004)*, 2004.

14. S. Amari und H. Nagaoka, *Methods of Information Geometry*, Ser. Translation of Mathematical Monographs. American Mathematical Society, 2000, Vol. 191.

15. J. J. Egozcue, J. L. Diaz-Barrero und V. Pawlosky-Glahn, „Hilbert Space of Probability Density Functions Based on Aitchison Geometry", *Acta Mathematica Sinica, English Series*, Vol. 22, Nr. 4, S. 1175–1182, July 2006.

Informationsfusion zur Umgebungsexploration

Michael Heizmann[1], Ioana Gheţa[2], Fernando Puente León[3]
und Jürgen Beyerer[1,2]

[1] Fraunhofer-Institut für Optronik, Systemtechnik und Bildauswertung
IOSB, Fraunhoferstr. 1, D-76131 Karlsruhe
[2] Karlsruher Institut für Technologie, Institut für Anthropomatik, Lehrstuhl
für Interaktive Echtzeitsysteme, Adenauerring 4, D-76131 Karlsruhe
[3] Karlsruher Institut für Technologie, Institut für Industrielle
Informationstechnik, Hertzstr. 16, D-76187 Karlsruhe

Zusammenfassung Die Wahrnehmung und aufgabengerechte
Interpretation einer dynamischen Umwelt stellen Schlüsselkomponenten künftiger intelligenter Systeme dar. Die Beherrschung
dieser Fähigkeiten erfordert Methoden, die in der Lage sind, aus
Messsignalen relevante Informationen zu extrahieren und diese
adäquat miteinander zu verknüpfen, um daraus ein semantisch
angereichertes Modell der interessierenden Szene zu konstruieren. Der Beitrag widmet sich zwei wichtigen Teilaspekten dieser
Aufgabenstellung. Einerseits wird eine Methodik vorgestellt, um
aus den verfügbaren Eingangsdaten eine optimale Auswahl zu
treffen. Andererseits wird ein objektorientiertes Umweltmodell
vorgeschlagen, welches eine laufende Fusion vorhandenen Wissens mit neuen Sensorinformationen gestattet und dies mit einem Gedächtnismodell verknüpft. Sämtliche Verfahren basieren
auf der Bayes'schen Statistik in einer objektiven *„Degree of Belief"*-Interpretation. Die Einsatzgebiete der Ansätze werden am
Beispiel humanoider Roboter und autonomer Fahrzeuge demonstriert.

1 Einleitung

Autonome technische Systeme haben in den letzten Jahren viele Domänen unseres Alltags erschlossen: Sie sind nicht mehr auf spezielle Umgebungen angewiesen, wie etwa bei Überwachungsaufgaben, in der Produktion oder in der Fernerkundung, sondern übernehmen zunehmend Aufgaben in den Bereichen der Personenassistenz und -pflege, der Reinigung, der Bau- und Landwirtschaft, des Transportes und Individualverkehrs, in Rettungs- und Katastrophenszenarien sowie in der Unterhaltung. Zahlreiche weitere Applikationen befinden sich in der Entwicklung.

Vielen Einsatzgebieten gemeinsam sind eine veränderliche und a priori nur unzureichend bekannte Umgebung sowie die Notwendigkeit, diese Umgebung zu erfassen und zu „verstehen", um mit ihr interagieren zu können oder um sich innerhalb der Szene sicher zu bewegen.

Man kann erahnen, dass die Umfeldwahrnehmung und -interpretation eine der größten Herausforderungen bei der Lösung derartiger Aufgabenstellungen darstellt. Um eine Inferenz über die dreidimensional ausgeprägte Umwelt zu gestatten, werden gewöhnlich mehrere heterogene Sensoren eingesetzt, die Informationen u. a. in Form von Bildern, akustischen Signalen oder geometrischen Messergebnissen liefern. Es sind daher Mechanismen erforderlich, um aus den Signalen relevante Merkmale zu extrahieren und diese zuverlässig zu klassifizieren. Darüber hinaus müssen Relationen zwischen den erkannten Objekten[4] erfasst werden und zu einem Lagebild verschmolzen werden. Im Allgemeinen ist die Umwelt dynamisch, weshalb erst die Schätzung der Zustände von Entitäten eine zuverlässige Prognose der Intention der beteiligten Akteure ermöglichen kann.

Der vorliegende Beitrag befasst sich mit Methoden zur multisensoriellen Wahrnehmung und Beschreibung einer dynamischen Umwelt für technische autonome Systeme. Dabei erfolgt eine Fokussierung auf zwei wichtige Komponenten der Informationsverarbeitungskette:

- Im folgenden Abschnitt wird davon ausgegangen, dass ein ausreichender Vorrat an Sensoren und Auswerteverfahren verfügbar ist, aus dem eine Selektion vorgenommen werden muss, um die Eingangsdaten bei den verfügbaren Ressourcen optimal auszuwählen.
- Abschnitt 3 präsentiert ein szenengerechtes objektorientiertes Umweltmodell. Dazu gehören nicht nur Methoden, um Entitäten in der Umwelt samt ihren Attributen und ihren gegenseitigen Relationen zu beschreiben, sondern ebenfalls Mechanismen, um die Qualität

---

[4] Um eine Unterscheidbarkeit von realen Objekten und Objekten einer objektorientierten Modellierung zu gewährleisten, werden reale Objekte im Folgenden als „Entitäten" bezeichnet.

dieser Beschreibung mit zunehmend verfügbaren Sensorinformationen graduell zu verfeinern, sowie ein einfaches Gedächtnismodell für das Lagebild.

Als gemeinsamer theoretischer Unterbau dieser beiden Komponenten fungiert die Bayes'sche Statistik, mit welcher der Wissensstand über die beteiligten Größen in einer objektiven *„Degree of Belief"*-Interpretation modelliert wird. In Abschnitt 4 werden exemplarisch zwei Anwendungsszenarien der vorgestellten Methodik diskutiert. Für andere Aspekte der technischen Kognition, die dieser Beitrag nicht abdecken kann, sei z. B. an die Forschungsaktivitäten im Rahmen der DFG-Exzellenzcluster „Cognition for Technical Systems" in München [1] sowie „Cognitive Interaction Technology" in Bielefeld [2] verwiesen.

2 Bayes'sche Auswahlmethodik für Sensorsysteme

Bei der Lösung einer Aufgabe der Informationsgewinnung steht man oft vor der Problematik, dass aus einer Menge von unterschiedlichen Sensorsystemen und Auswertestrategien (im Folgenden zusammengefasst als Informationskanäle bezeichnet) die am besten geeigneten gewählt werden müssen oder eine Kombination erzielt werden muss, um die Fähigkeiten der einzelnen Informationskanäle und verfügbare Ressourcen optimal auszuschöpfen. Um diese Aufgabenstellung zu lösen, wird im Folgenden eine Auswahlmethodik dargestellt, die ein Bayes'sches Kalkül in einer Degree-of-Belief-(DoB-)Interpretation verwendet.

Zunächst werden die für die Aufgabe relevanten Zielgrößen zu einem Zielgrößenvektor $\boldsymbol{z}$, $\dim(\boldsymbol{z}) := \mathcal{Z}$ zusammengefasst. Das aufgabenbezogene Wissen kann probabilistisch in Form von Wahrscheinlichkeitsverteilungen[5] $\boldsymbol{p}(\boldsymbol{z}) := (p(z_1), \ldots, p(z_{\mathcal{Z}}))^{\mathrm{T}}$ über den Zielgrößenräumen $\boldsymbol{Z}_i$, $i = 1, \ldots, \mathcal{Z}$, verkörpert werden.

Das aufgabenbezogene Interesse an den Zielgrößen $\boldsymbol{z}$ wird mit Hilfe eines Interessensvektors $\boldsymbol{w}$, $\dim(\boldsymbol{w}) = \dim(\boldsymbol{z})$, $w_i \in \{0, 1\}$ modelliert. Das Interesse an den Zielgrößen lässt sich nun mittels Verteilungen $\boldsymbol{p}(\boldsymbol{w}) := (p(w_1), \ldots, p(w_{\mathcal{Z}}))^{\mathrm{T}}$ verkörpern. Sie bilden den Wissensbedarf oder Aufklärungsbedarf für die Zielgrößen z_i ab. Der Wert

---

[5] Das im Folgenden verwendete Symbol $p(.)$ bezeichnet sowohl Wahrscheinlichkeitsdichtefunktionen für den Fall, dass das Argument kontinuierlich ist, als auch Wahrscheinlichkeitsfunktionen für den Fall, dass das Argument diskret ist.

$p(w_i = 1) = 1 - p(w_i = 0)$ repräsentiert dabei als DoB das Interesse an der entsprechenden Zielgröße z_i.

Als nächstes werden die Informationskanäle definiert und ihr Beitrag zur Bestimmung der Zielgrößen modelliert. Dazu dient der Vektor der Informationskanäle $\boldsymbol{m}$, $\dim(\boldsymbol{m}) := \mathcal{M}$. Diese Modellierung umfasst die Gewinnung der Sensordaten bis zur Auswertung, die eine oder mehrere Zielgrößen zum Ergebnis besitzt. Der Einsatz eines Informationskanals wird mittels der Verteilungen $\boldsymbol{p}(\boldsymbol{m}) := (p(m_1), \ldots, p(m_{\mathcal{M}}))^{\mathrm{T}}$, $m_i \in \{0, 1\}$, modelliert. Hierbei bezeichnet der Wert $p(m_i = 1) = 1 - p(m_i = 0)$ den Beitrag dieses Informationskanals zur Lösung der Aufgabe, wobei $\sum_{i=1}^{\mathcal{M}} p(m_i = 1) = 1$. Zuletzt werden nun die Sensordaten als $\boldsymbol{d}$, $\dim(\boldsymbol{d}) = \dim(\boldsymbol{m})$ definiert.

Auf der Grundlage dieser Modellierung lassen sich folgende Fragestellungen beantworten: (1) Welche optimale Kombination der Informationskanäle $\boldsymbol{p}_{\mathrm{opt}}(\boldsymbol{m})$ muss gewählt werden, um das bestehende Interesse $\boldsymbol{w}$ an den Zielgrößen $\boldsymbol{z}$ zu stillen? (2) Welche Schätzung der Zielgrößen liegt vor, wenn diese optimale oder eine daraus abgeleitete Kombination von Informationskanälen $\boldsymbol{p}_{\mathrm{beob}}(\boldsymbol{m})$ gewählt worden ist? (3) Wie lässt sich die Auswahlmethodik für den Fall, dass die Zielgrößen iterativ bestimmt werden müssen (z. B. bei geändertem Interesse oder bei zeitveränderlichen Zielgrößen), erweitern?

Auswahl optimaler Informationskanäle Gesucht wird die optimale Kombination der Informationskanäle $\boldsymbol{p}_{\mathrm{opt}}(\boldsymbol{m})$, wobei Vorwissen über die Zielgrößen in Gestalt von A-priori-Verteilungen $p(z_{i,0})$ genutzt werden soll und Wissensbedarf an den Zielgrößen $p(w_i)$ besteht. In einer Bayes'schen Formulierung lässt sich dieses Problem als Aufgabe der Bestimmung der A-posteriori-Verteilungen:

$$p(m_j | w_i, z_{i,0}) = \frac{p(w_i, z_{i,0} | m_j) \cdot p(m_j)}{p(w_i, z_{i,0})} = \frac{p(w_i | z_{i,0}, m_j) \cdot p(z_{i,0} | m_j) \cdot p(m_j)}{p(w_i, z_{i,0})}$$

$$(12.1)$$

mit $i = 1, \ldots, \mathcal{Z}$, $j = 1, \ldots, \mathcal{M}$ auffassen.

Dabei modelliert die Verteilung $p(w_i | z_{i,0}, m_j)$ die Aussage, welcher Wissensbedarf (w_i) besteht, wenn Vorwissen $(z_{i,0})$ vorhanden ist und die Informationskanäle (m_j) zum Einsatz kommen. Da der Wissensbedarf unabhängig von den genutzten Informationskanälen ist, kann diese

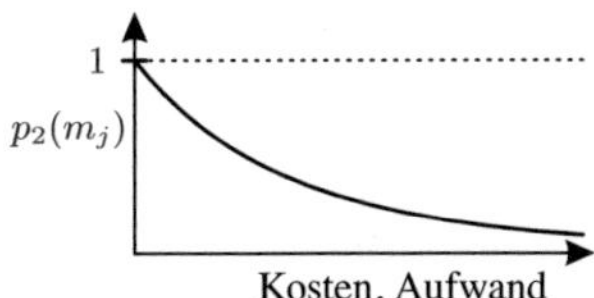
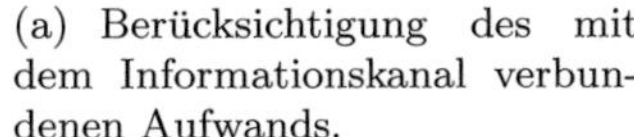

(a) Berücksichtigung des mit dem Informationskanal verbundenen Aufwands.

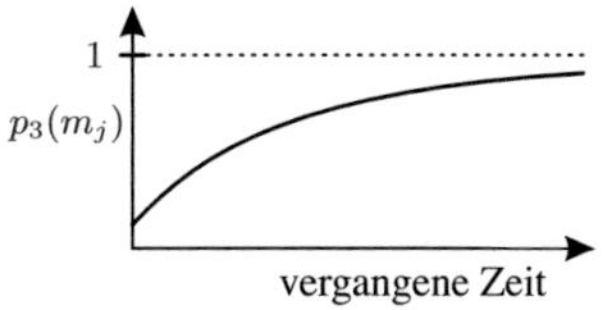

(b) Berücksichtigung der seit der letzten Nutzung des Informationskanals vergangenen Zeit.

Abbildung 12.1: Modellierung der Einsetzbarkeit eines Informationskanals.

Verteilung zu $p(w_i|z_{i,0}, m_j) = p(w_i|z_{i,0})$ vereinfacht werden. Der Wissensbedarf in Abhängigkeit vom vorhandenen Vorwissen kann nun beispielsweise festgelegt werden durch:

$$p(w_i|z_{i,0}) \propto H(z_{i,0}) \cdot p_1(w_i) , \qquad (12.2)$$

wobei $H(z_{i,0})$ die Entropie der Verteilung $p(z_{i,0})$ ist und somit die vorhandene Unwissenheit über z_i beschreibt und $p_1(w_i)$ zur Spezifikation des a priori vorhandenen Wissensbedarfs an z_i dient.

Die Verteilung $p(z_{i,0}|m_j)$ verkörpert die Information, was ein Informationskanal (m_j) über eine Zielgröße (z_i) aussagt. Da dies eine Eigenschaft des Informationskanals und nicht des a priori gegebenen Wissensstands ist, gilt:

$$p(z_{i,0}|m_j) = p(z_i|m_j) . \qquad (12.3)$$

In dieser Verteilung lässt sich modellieren, welche Qualität der Aussage ein Informationskanal über eine Zielgröße erzielen kann.

Die Verteilung $p(m_j)$ beschreibt Eigenschaften des Informationskanals m_j, die nicht mit der konkreten Aufgabe zusammenhängen, und kann im Bayes'schen Sinne als A-priori-Verteilung interpretiert werden. Hier lässt sich etwa modellieren, welche Kosten mit dem Einsatz eines Informationskanals verbunden sind. Eine Modellierung dieser Verteilung wird etwa durch:

$$p(m_j) \propto p_2(m_j) \cdot p_3(m_j) \qquad (12.4)$$

erzielt, wobei $p_2(m_j)$ den mit dem Informationskanal verbundenen Aufwand und $p_3(m_j)$ die seit dem letzten Einsatz des Kanals vergangene

Zeit bewertet. Eine mögliche Wahl beider Verteilungen ist in Abb. 12.1 dargestellt. Dabei verringert der abfallende Verlauf von $p_2(m_j)$ das Gewicht eines Informationskanals mit steigendem Aufwand für die Informationsgewinnung. Der auf niedrigem Wert beginnende und mit der Zeit anwachsende Verlauf von $p_3(m_j)$ stellt sicher, dass unterschiedliche Informationskanäle in zeitlicher Abfolge zum Zuge kommen.

Die Auswahl der optimalen Informationskanäle kann nun durch Summation über die Dimension der Zielgröße $\mathcal{Z}$ erfolgen:

$$\boldsymbol{p}_{\mathrm{opt}}(\boldsymbol{m}) = \left(p_{\mathrm{opt}}(m_1), \ldots, p_{\mathrm{opt}}(m_{\mathcal{M}})\right)^{\mathrm{T}} \quad \text{mit} \tag{12.5}$$

$$p_{\mathrm{opt}}(m_j) := \lambda \sum_{i=1}^{\mathcal{Z}} p(m_j \,|\, w_i, z_{i,0})\,, \tag{12.6}$$

wobei unter Vernachlässigung des Nenners von Gl. (12.1) die Wahl einer geeigneten Konstanten λ sicherstellt, dass die Normierungsbedingung $\sum_{j=1}^{\mathcal{M}} p_{\mathrm{opt}}(m_j = 1) = 1$ eingehalten wird.

Können z. B. aufgrund begrenzter Ressourcen oder Zeitbeschränkungen nicht alle möglichen Informationskanäle genutzt werden, lässt sich der Einsatz der Informationskanäle entsprechend ihrer DoB $p_{\mathrm{opt}}(m_j = 1)$ priorisieren. Auf diese Weise ist sichergestellt, dass die in Bezug auf die Aufgabe und das zur Verfügung stehende Vorwissen optimale Auswahl getroffen wird. Aus der nach abfallendem Wert für $p_{\mathrm{opt}}(m_{(k)} = 1)$ sortierten Liste können z. B. die ersten $N < \mathcal{M}$ Informationskanäle verwendet werden. Man erhält dann die Beiträge der zur Beobachtung genutzten Informationskanäle zu:

$$p_{\mathrm{beob}}(m_{(k)}) := \kappa \cdot p_{\mathrm{opt}}(m_{(k)})\,, \qquad k = 1, \ldots, N\,, \tag{12.7}$$

wobei die Konstante κ wiederum die Erfüllung der Normierungsbedingung $\sum_{k=1}^{N} p_{\mathrm{beob}}(m_{(k)} = 1) = 1$ gewährleistet.

Schätzung der Zielgrößen   Die interessierenden Zielgrößen lassen sich nach erfolgter Nutzung der Informationskanäle durch gewichtete Überlagerung der jeweiligen kanal- und zielgrößenspezifischen A-posteriori-Verteilungen $p(z_i \,|\, d_j)$ gewinnen:

$$p(z_i) := \sum_{k=1}^{N} p_{\mathrm{beob}}(m_{(k)} = 1) \cdot p(z_i \,|\, d_{(k)})\,. \tag{12.8}$$

Iterative Vorgehensweise Die dargestellte Methodik zur Auswahl von
Informationskanälen und zur Bestimmung der Zielgrößen lässt sich iterativ umsetzen. Dazu werden die beiden Schritte abwechselnd ausgeführt.
Im ersten Schritt wird die optimale Kombination von Informationskanälen nach Gl. (12.1) zu:

$$p(m_j^t|w_i^t, z_i^{t-1}) = \frac{p(w_i^t|z_i^{t-1}, m_j^t) \cdot p(z_i^{t-1}|m_j^t) \cdot p(m_j^t)}{p(w_i^t, z_i^{t-1})} \tag{12.9}$$

bestimmt, wobei der Index $t \in \mathbb{N}$ den Iterationsschritt angibt und z_i^{t-1}
das zum vorherigen Zeitschritt erzielte Wissen repräsentiert. Nach der
oben darstellten Vorgehensweise werden daraus die Beiträge der Informationskanäle mittels $p_{\text{beob}}(m_{(k)}^t)$ modelliert. Im zweiten Schritt lassen
sich nach Gl. (12.8) die gesuchten Zielgrößen bestimmen:

$$p(z_i^t) := \sum_{k=1}^{N} p_{\text{beob}}(m_{(k)}^t = 1) \cdot p(z_i^t|d_{(k)}^t) \,. \tag{12.10}$$

3 Umweltmodellierung

Viele Systeme, die zur Umweltinteraktion Information akquirieren, benötigen zusätzlich zu den eigentlichen Sensoren und Informationskanälen
auch einen Speicher, in dem die gewonnenen Informationen abgelegt und
bei Bedarf wieder abgerufen werden können. Bei solchen Systemen – wie
z. B. autonomen humanoiden Robotern zur Unterstützung des Menschen
(siehe Abschnitt 4.1) – stellt dieser Speicher ein Gedächtnis dar, in dem
ein zeitbezogenes Modell der Umgebung enthalten ist. Damit wird dem
autonomen System die Möglichkeit geboten, zu jeder Zeit einen aufga-
benbezogenen Überblick über das aktuelle Geschehen in seiner relevanten
Umgebung zu gewinnen.

Ein derartiger Speicher kann mittels einer dynamischen objektorientierten Umweltmodellierung erstellt werden. Der Speicher wird dann zu
einer Art *digitalem Sandkasten*, der virtuelle Stellvertreter realer Objekte
(„Entitäten") der Umwelt enthält. In dieser virtuellen Welt modellieren
Instanzen von Klassen die realen Entitäten, die bestimmten Objektarten
zugeordnet werden können, siehe Abb. 12.2.

Attribute und Relationen von Entitäten in der realen Welt werden mittels Sensoren erfasst. Die im Umweltmodell als Eigenschaften von Instan-

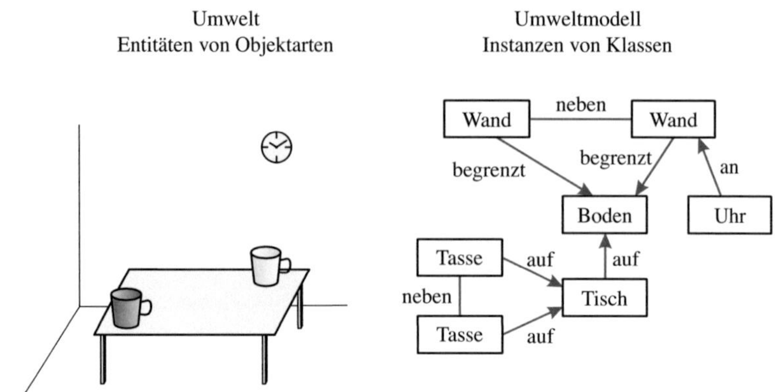

Abbildung 12.2: Zusammenhang zwischen realer Welt und Umweltmodell.

zen abgelegten Attribute und Relationen werden im Folgenden zur Vereinfachung Informationen genannt und entsprechen den in Abschnitt 2 eingeführten Zielgrößen.

Das in Abschnitt 3.1 dargestellte Umweltmodell ist der zentrale Kern der Umweltmodellierung. Zusätzlich werden Mechanismen auf Basis von Methoden der Bayes'schen Fusion eingeführt, welche die im Umweltmodell abgelegten Informationen auf der Grundlage sensorieller und anderer Information verändern, siehe Abschnitte 3.3 und 3.4.

3.1 Objektorientiertes Umweltmodell

Für die Umweltmodellierung wird ein objektorientierter Ansatz verfolgt, bei dem alle im Modell gespeicherten Informationen mit Unsicherheiten versehen sind. Die gespeicherten Informationen weisen einen Zeitbezug auf, so dass das Umweltmodell die Umgebung des Systems zu einem bestimmten Zeitpunkt repräsentiert.

Objekte besitzen klassenbezogene Eigenschaften, z. B. Position, Größe, Farbe oder andere relevante Größen. Klassen, die im Umweltmodell eingesetzt werden, sind kontextabhängig und können entsprechend der aktuellen Aufgabe definiert werden.

Als Basiselement für das Umweltmodell dient die schlank gehaltene Klasse der Blanko-Objekte, die zumindest das Attribut *Existenz* besitzen. Instanzen dieser Klasse dienen als Platzhalter für Informationen: Beispielsweise können räumliche Bereiche als belegt gekennzeichnet werden, um Kollisionen zu vermeiden. Dafür ist nur das Attribut *Position* zusätzlich zur *Existenz* notwendig. Instanzen von Blanko-Objekte können bei Bedarf durch Instanzen anderer Klassen ersetzt werden: Findet eine Klassifikation statt, wird zusätzlich das Attribut *Typ* spezifiziert und die Instanz der entsprechenden Klasse zugeordnet, was wiederum die Spezifizierung klassenspezifischer Attribute bewirkt. Zusätzlich können mittels Blanko-Objekten abstrakte Informationen modelliert werden, z. B. Geräusche, deren Quelle nicht identifiziert werden konnte.

Relationen zwischen Entitäten sind wie Attribute unsicherheitsbehaftet und werden im Umweltmodell in ähnlicher Weise behandelt.

3.2 Modellierung von Unsicherheiten

Jede Information wird im Umweltmodell zusammen mit einer Unsicherheit abgelegt, welche die Qualität der Information quantifiziert. Zwei Arten von Informationen fließen in das Umweltmodell ein: Sensorielle Information, die vom System dynamisch akquiriert wird (z. B. durch Exploration), und A-priori-Information, die dem System als Vorwissen zur Verfügung steht (z. B. als Plan der Umgebung). Sensorielle Information wird i. d. R. mittels einer Beobachtungsunsicherheit charakterisiert. A-priori-Information wird meist mittels externer Sensoren gewonnen oder kann als Zusatzwissen (z. B. Klassenwissen) eingespeist werden.

Unsicherheiten können auf unterschiedliche Arten angegeben werden:

- Zunächst kann die Information über eine einzige Größe (Attribut oder Relation) parametrisch als wahrscheinlichster Wert mit einem zugeordneten Streuparameter angegeben werden. Eine derartige Aussage ist etwa: „Die Entität A hat die wahrscheinlichste Höhe z_0 mit einer Varianz von σ_z^2." Der Vorteil einer derartigen Modellierung liegt in der Sparsamkeit der zu spezifizierenden Parameter.

- Soll die Unsicherheit einer einzigen Größe umfassend angegeben werden, kann dies durch Angabe einer Wahrscheinlichkeitsverteilung über den Bereich möglicher Werte der jeweiligen Größe erfolgen, z. B. für das Beispiel der Höhenangabe $p(z)$. Aus einer parametrischen Angabe von erwartetem Wert und Streuparameter lässt sich die zugehörige Wahrscheinlichkeitsverteilung mittels des Prinzips der maximalen Entropie eindeutig ermitteln [3, 4]. Im obigen Beispiel erhält man z. B. die Normalverteilung $\mathcal{N}(z_0; \sigma_z)$.

- Werden mehrere Größen (Attribute oder Relationen) gemeinsam betrachtet, kann die Spezifikation ihrer Unsicherheit zunächst unabhängig voneinander mittels parametrischer Modellierung (z. B. bei zwei Positionsattributen $\mathcal{N}((x_0, y_0), (\sigma_x, \sigma_y))$) oder zweier (unabhängig angenommener) Marginalverteilungen ($p(x, y) = p(x) \cdot p(y)$) erfolgen.

- Die Unsicherheit mehrerer Größen lässt sich umfassend mittels Verbundverteilungen (im Beispiel $p(x, y)$) angeben. Diese explizite Angabe hat den Nachteil, dass sie sehr aufwändig ist: Für alle Wertekombinationen der beteiligten Größen muss die Wahrscheinlichkeit ermittelt und gespeichert werden.

Die probabilistische Modellierung der Unsicherheit ermöglicht neben der frequentistischen Interpretation in der Statistik die Interpretation von Wahrscheinlichkeiten als Degree-of-Belief (DoB, Grad des Dafürhaltens) im Bayes'schen Sinne [5–7]. Der DoB-Formalismus besitzt folgende wesentliche Vorteile:

- Unsicherheiten lassen sich einheitlich beschreiben: Alle Möglichkeiten zum Ausdruck einer Unsicherheit können mittels des Prinzips der maximalen Entropie in eine entsprechende DoB-Repräsentation umgewandelt werden.

- Attribute und Relationen, die unterschiedlichen Skalen angehören, lassen sich gleichwertig behandeln: Über Attribute und Relationen aller möglichen Skalen – Nominal-, Ordinal-, Interval-, Verhältnis- und Absolutskala – können entsprechende Wahrscheinlichkeitsverteilungen modelliert werden [6].

- Sowohl objektive als auch subjektive Information lassen sich in gleicher Weise quantifizieren [8].

- Bewährte Bayes'sche Fusionsmechanismen können angewendet werden [7].

- Inkonsistenzen lassen sich innerhalb des Bayes'schen Formalismus behandeln. Sich widersprechende Informationen können durch Angabe von Unsicherheiten mittels DoB-Verteilungen im Gegensatz zu anderen strengen Formalismen fusioniert werden.

Als Beispiel dienen zwei Beobachtungen von zylindrischen Objekten, die sich in einem Abstand von 1 mm befinden und deren Durchmesser jeweils 10 cm beträgt. Ein strenger Formalismus ohne Berücksichtigung von Unsicherheiten müsste die Informationen als widersprüchlich einstufen, da sich zwei Objekte nicht durchdringen können. Beim Einsatz von DoBs könnte eine Beobachtungsunsicherheit beispielsweise mittels einer Varianz $(\sigma_x, \sigma_y) = (1\,\text{cm}, 1\,\text{cm})$ angegeben werden. Somit wird die Interpretation ermöglicht, dass beide Instanzen durch Beobachtungen derselben Entität entstanden sind.

3.3 Bayes'sche Propagation

Das Umweltmodell gibt die Umgebung des Systems zu einem bestimmten Zeitpunkt wieder. Für die Berücksichtigung von Änderungen der Umgebung und neu hinzugekommener Information wird das Umweltmodell über die Zeit entwickelt. Dafür werden Methoden der Bayes'schen Informationsfusion eingesetzt, welche die DoB-Verteilungen von einem Zeitpunkt t_{i-1} zum nächsten Zeitpunkt t_i propagieren. Zwei Einflussfaktoren können dazu das Umweltmodell ändern: Neue Information wird akquiriert und in das Modell eingebracht, und schon vorhandene Information altert. Zur Erläuterung werden diese Propagationsmechanismen im Weiteren am Beispiel des Attributs *Existenz* dargestellt. Die Vorgehensweise ist für andere Attribute und Relationen analog.

Instanziierung   Falls neue Information über Entitäten und deren Attribute und Relationen beobachtet wird, die keine Entsprechung im Umweltmodell besitzt (d. h. es existiert keine Instanz der beobachteten Entität), wird eine Instanz der entsprechenden Klasse in das Umweltmodell eingefügt. Die Entscheidung über die Instanziierung wird anhand einer A-posteriori-DoB für die jeweilige Information getroffen. Im Fall des Attributs *Existenz* wird eine Instanz erzeugt. Bei anderen Attributen und Relationen werden diese bereits bestehenden Instanzen zugeordnet.

Ausgehend von der Existenzwahrscheinlichkeit $p(O = o)$, dass eine Entität in der realen Welt existiert, und der Wahrscheinlichkeit $p(O = \bar{o}) = 1 - p(O = o)$, dass die Entität nicht existiert, können folgende bedingte DoBs definiert werden [9]:

- Die bedingte Wahrscheinlichkeit $p(D = o | O = o) = p_\mathrm{E}$ beschreibt die Wahrscheinlichkeit für einen *Treffer*, d. h. die Entität existiert und wird beobachtet.
- Die bedingte Wahrscheinlichkeit $p(D = \bar{o} | O = o) = 1 - p_\mathrm{E}$ beschreibt die Wahrscheinlichkeit für einen *Fehlschlag*, d. h. die Entität existiert, wird aber nicht beobachtet.
- Die bedingte Wahrscheinlichkeit $p(D = o | O = \bar{o}) = p_\mathrm{F}$ gibt die Wahrscheinlichkeit für einen *falschen Alarm* an, d. h. eine Entität existiert nicht, es findet aber eine Beobachtung statt.
- Die bedingte Wahrscheinlichkeit $p(D = \bar{o} | O = \bar{o}) = 1 - p_\mathrm{F}$ beschreibt die Wahrscheinlichkeit für eine *korrekte Rückweisung*, d. h. eine Entität existiert nicht und wird auch nicht beobachtet.

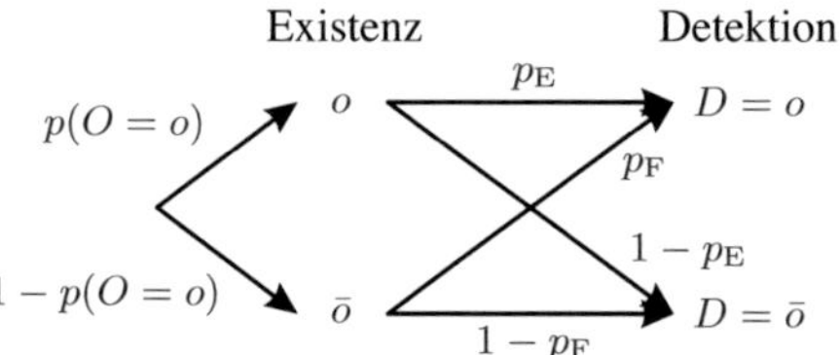

Abbildung 12.3: Schematischer Zusammenhang zwischen Existenz und Detektion von Entitäten.

Die Kombination aus den Wahrscheinlichkeiten der Existenz und der Beobachtung ergibt vier Möglichkeiten, siehe Abb. 12.3. Falls der A-posteriori-DoB der Existenz einer Entität einen festgelegten Schwellwert der Initialisierung γ_i überschreitet, wird eine Instanz bzw. ein Attribut oder eine Relation entsprechend der Beobachtung erzeugt:

$$p(O = o | D = o) = \frac{p(D = o | O = o) \cdot p(O = o)}{p(D = o)}$$

$$= \frac{1}{1 + \frac{1 - p(o)}{p(o)} \frac{p_\mathrm{F}}{p_\mathrm{E}}} > \gamma_\mathrm{i} \, . \tag{12.11}$$

Propagation durch Alterung   Beim Übergang von einem Zeitpunkt t_{i-1} zum nachfolgenden Zeitpunkt t_i (mit $t_i - t_{i-1} = \Delta t = \text{const.}$) wird die im Umweltmodell enthaltene Information einem Alterungsprozess unterzogen. Da durch die Alterung das Wissen über die Umwelt abnimmt und somit die vorhandene Unsicherheit erhöht wird, muss die Propagation so definiert werden, dass die Existenzwahrscheinlichkeit über die Zeit abnimmt und die Entropie der DoB-Verteilungen von Attributen und Relationen über die Zeit erhöht wird. Ein konkreter Alterungsmechanismus für die *Existenz* kann etwa mittels einer exponentiell abnehmenden Funktion dargestellt werden:

$$p_{t_i}^-(O = o) := \beta \cdot p_{t_{i-1}}(O = o)\,, \tag{12.12}$$

wobei $0 < \beta \leq 1$ eine klassenspezifische Konstante ist und $p_{t_i}^-(O = o)$ die Existenzwahrscheinlichkeit nach dem Alterungsschritt bezeichnet. Schnell veränderliche Information (z. B. die Existenz eines Apfels) wird durch einen kleinen Wert für β charakterisiert, so dass diese Information in kurzer Zeit unsicherer wird. Im Gegensatz dazu wird beständige Information (z. B. die Existenz eines Schranks) mit einem höheren Wert für β versehen, so dass deren Unsicherheit langsamer ansteigt.

Propagation bei neu akquirierter Information Falls mittels Sensoren neu akquirierte Information eine Entsprechung im Umweltmodell besitzt, wird die neue Information zur alten Information unter Berücksichtigung der jeweiligen Unsicherheiten fusioniert.

Grundlage ist die rekursive Bayes'sche Fusion, bei der eine auf Basis der $i-1$ vorhergehenden Beobachtungen $D_{i-1}, \ldots, D_0$ erzeugte A-priori-DoB-Verteilung $p(O|D_{i-1}, \ldots, D_0)$ mit neu hinzukommender Information in Form einer Likelihood-Funktion $p(D_i|O)$ aktualisiert wird [10, 11]:

$$\begin{aligned}
p(O|D_i, \ldots, D_0) &= \frac{p(D_i, \ldots, D_0|O) \cdot p(O)}{p(D_i, \ldots, D_0)} \\
&= \frac{p(D_i|O) \cdot p(O|D_{i-1}, \ldots, D_0)}{p(D_i|D_{i-1}, \ldots, D_0)}\,.
\end{aligned} \tag{12.13}$$

Dabei repräsentiert $p(O)$ das Vorwissen, bevor eine Beobachtung erfolgt ist. $p(D_i|D_{i-1}, \ldots, D_0)$ ist die Wahrscheinlichkeit, dass die i-te Beobachtung gemacht wird und hat die Rolle eines Normalisierungsfaktors.

Zur Propagation wird als A-priori-DoB-Verteilung das Ergebnis des Alterungsschritts verwendet. Die Beobachtungen $D_{i-1}, \ldots, D_0$ erhalten einen Zeitbezug zu den Zeitpunkten $t_{i-1}, \ldots, t_0$. Die Aktualisierung der DoB-Verteilung wird somit zu:

$$p_{t_i}(O) := p_{t_i}(O|D) = \frac{p(D_i|O) \cdot p_{t_i}^-(O)}{p(D_i|D_{i-1}, \ldots, D_0)} \,. \qquad (12.14)$$

Dabei ist $p_{t_i}(O)$ die gesuchte A-posteriori-DoB-Verteilung, $p(D_i|O)$ beschreibt die Beobachtung für den Zeitpunkt t_i und $p_{t_i}^-(O)$ ist das Ergebnis des Alterungsprozesses der DoB-Verteilung nach Gl. (12.12), das die Rolle einer A-priori-Verteilung bei der Bayes'schen Fusion einnimmt. Mit $D = \{D_0, \ldots, D_i\}$ werden die Beobachtungen bis zum Zeitpunkt t_i zusammengefasst.

Findet zum Zeitpunkt t_i keine neue Beobachtung statt, wird das Ergebnis des Alterungsschrittes unverändert übernommen:

$$p_{t_i}(O) := p_{t_i}^-(O) \,. \qquad (12.15)$$

Löschen von Informationen   Um das Umweltmodell schlank zu halten, ist es notwendig, veraltete oder zu unsichere Informationen zu löschen. Für die Entscheidung, ob die Löschung einer Instanz erfolgen soll, wird die DoB-Verteilung der *Existenz* herangezogen. Falls der DoB der *Existenz* kleiner ist als ein gegebener Schwellwert, wird die Instanz aus dem Umweltmodell gelöscht:

$$p_{t_i}(O) < \gamma_{\mathrm{e}} \,, \qquad (12.16)$$

wobei γ_{e} der Schwellwert für das Löschen ist und $\gamma_{\mathrm{e}} < \gamma_{\mathrm{i}}$. Der Wert des DoBs der *Existenz* kann unter den Schwellwert γ_{e} durch Alterung nach Gl. (12.12) oder durch Fusion mit neu akquirierter Information, welche die Existenz der zugehörigen Entität nicht bestätigt, nach Gl. (12.14) sinken.

Die Differenz zwischen γ_{i} und γ_{e} ist notwendig, um eine Hysterese sicherzustellen, siehe Abb. 12.4. Eine Instanz soll nicht umittelbar nach deren Erzeugung wieder gelöscht werden.

Ein weiterer Schwellwert γ_{r} mit $\gamma_{\mathrm{e}} < \gamma_{\mathrm{r}} < \gamma_{\mathrm{i}}$ kann als Auslöser für die Wiederbestätigung der Existenz einer Entität eingefügt werden. Wird eine Entität nicht zufällig erneut beobachtet, kann damit eine Wiederbestätigung seiner Existenz explizit ausgelöst werden. Die Differenz zwischen

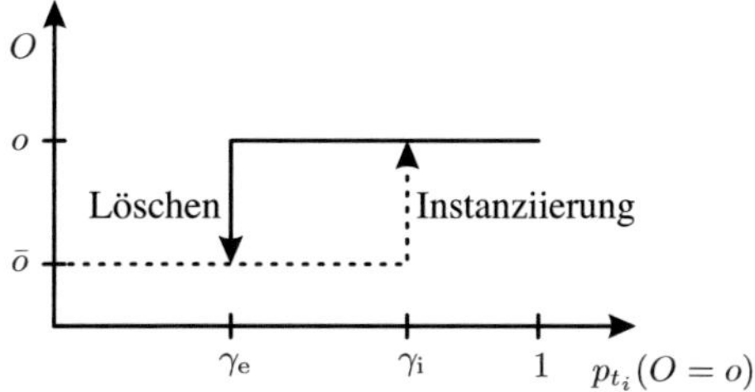

Abbildung 12.4: Hysterese für die Instanziierung und das Löschen von Instanzen.

γ_r und γ_i erzeugt einen Zeitpuffer, in dem eine Entität auch ohne erneute Beobachtung als existierend angenommen wird. Der Zeitpuffer ist vor allem bei schnell veränderlichen Informationen von Vorteil, um ständige Wiederbestätigungsanforderungen an die Sensorik zu vermeiden.

Abbildung 12.5 zeigt das Beispiel eines Lebenszyklus der Instanz einer schnell veränderlichen Entität anhand des DoBs seines Attributs *Existenz*. Die Strichlinie beschreibt die Propagation des DoBs mittels des Alterungsmechanismus nach Gl. (12.12), falls keine erneute Beobachtung erfolgt. Die durchgezogene Linie stellt den Verlauf des DoBs dar, falls zu den Zeitpunkten t_j und t_k die Existenz der Entität durch erneute Beobachtungen wiederbestätigt wird. Zuletzt findet keine Wiederbestätigung der Existenz statt, so dass der DoB zum Zeitpunkt t_l den Schwellwert γ_e für das Löschen erreicht. Die Instanz wird dann aus dem Umweltmodell entfernt.

3.4 Abstraktionsniveaus

Die im Umweltmodell enthaltenen Informationen werden unterschiedlichen Abstraktionsniveaus zugeordnet: Eine Instanz, die sehr detailliert durch ihre Klasse und die jeweiligen Attribute und Relationen beschrieben ist, befindet sich auf einem niedrigen Abstraktionsniveau. Im Gegensatz dazu befinden sich Instanzen, für die eine geringe Anzahl von Attributen und Relationen bekannt sind, auf höheren Abstraktionsniveaus. Die abstrakteste Information im Umweltmodell wird durch Blanko-Objekte dargestellt, die nur das Attribut *Existenz* besitzen.

Das Abstraktionsniveau einer Instanz kann sich mit zunehmender

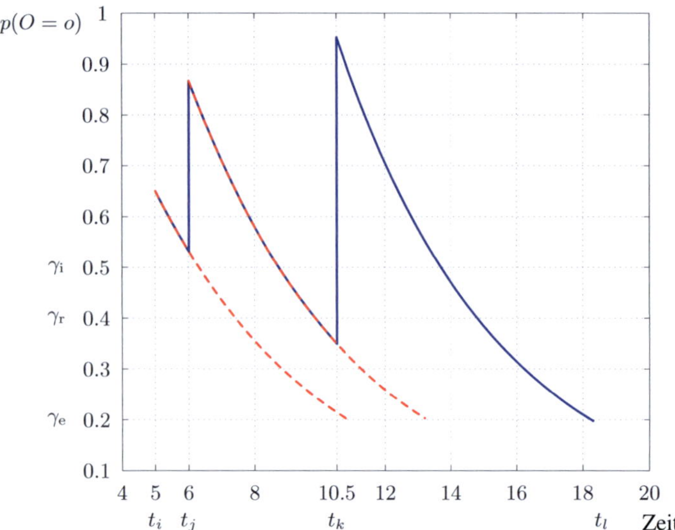

Abbildung 12.5: Beispielhafter Lebenszyklus der Instanz einer schnell veränderlichen Entität.

Information ändern: Je mehr Attribute und Relationen über eine Instanz bekannt sind, desto niedriger wird ihr Abstraktionsniveau. Abbildung 12.6 stellt die Abstraktionsniveaus als Pyramide dar. An der Spitze der Pyramide liegt mit den Blanko-Objekten die abstrakteste Information. Das unterste Niveau ist mit Instanzen unterschiedlicher Klassen belegt, deren Attribute und Relationen vollständig spezifiziert sind.

Abstraktionsniveaus erfüllen für die Anwendbarkeit des Umweltmodells eine wichtige Voraussetzung: Sie definieren einen Detailliertheitsgrad der Information, der je nach Aufgabe des Systems verwendet werden kann. Für die Bahnplanung ist beispielsweise nur Information bezüglich des freien Raums notwendig. Diese Information entspricht einem hohen Abstraktionsniveau, da für die Aufgabe nur die Attribute *Position* und *Ausdehnung* relevant sind. Im Gegensatz dazu sind für eine Greifaufgabe detaillierte Attribute (z. B. *3D-Gestalt* oder *Greifmöglichkeit*) und Relationen (z. B. *steht auf*) der entsprechenden Instanz erforderlich. Solche Informationen entsprechen einem niedrigeren Abstraktionsniveau.

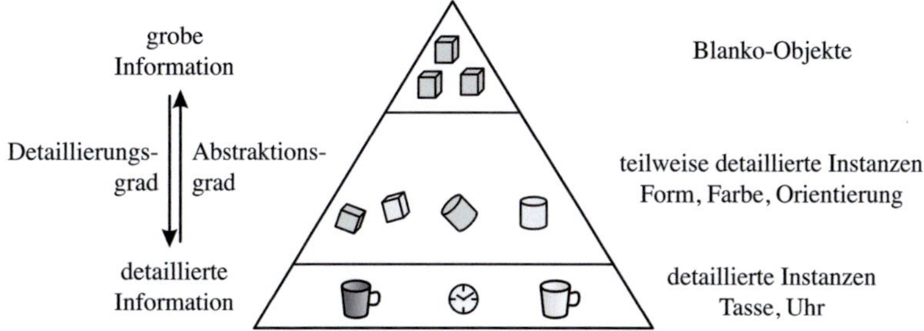

Abbildung 12.6: Abstraktionsniveaus im Umweltmodell.

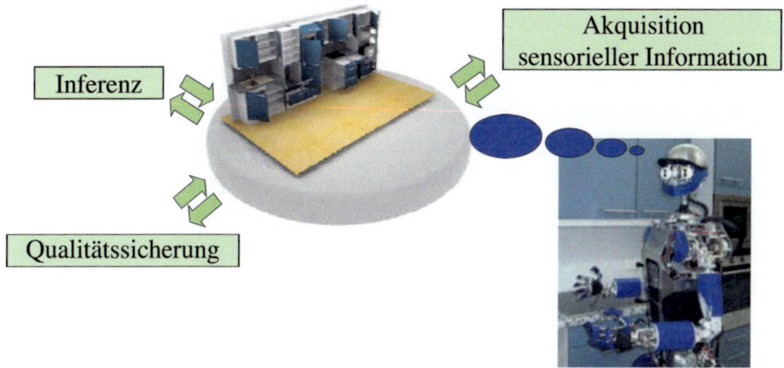

Abbildung 12.7: Anwendungsbeispiel des Umweltmodells im SFB 588.

4 Anwendungen

4.1 Humanoide Roboter

Ein Beispiel für Systeme, die eine ständige Informationsakquisition zur
Interaktion mit ihrer Umgebung benötigen, sind autonom agierende Roboter. Der SFB 588 „Humanoide Roboter – Lernende und kooperierende
multimodale Roboter" [12] hat sich als Ziel die Entwicklung eines humanoiden Roboters gesetzt, der dem Menschen z. B. im Haushalt zur Hilfe
kommen kann. Für die Erfüllung dieser Aufgabe benötigt der Roboter
einen umfassenden Überblick über das Geschehen in seiner Umgebung.
Um dies zu gewährleisten, wurden die Bayes'sche Auswahlmethodik für
Sensorsysteme aus Abschnitt 2 und das in Abschnitt 3 beschriebene Um-

weltmodell eingesetzt. Details bezüglich der Implementierung der Konzepte zur Umweltmodellierung im Kontext der humanoiden Roboter werden in [13] ausführlich erklärt.

Das entwickelte Umweltmodell mit seinen Eigenschaften bildet die zentrale kognitive Komponente des humanoiden Roboters. Es fungiert als Informationsdrehscheibe, in welche die von den Sensoren des Roboters akquirierten Informationen eingebracht, propagiert und gleichzeitig anderen kognitiven Prozessen zur Verfügung gestellt werden. Beispielsweise greifen Inferenzprozesse zur Bahnplanung für die Exploration oder zur Entscheidungsfindung auf diese Informationen zurück, siehe Abb. 12.7.

4.2 Autonome Fahrzeuge

Im Bereich der autonomen Fahrzeuge befasst sich mit dem SFB/Transregio 28 „Kognitive Automobile" [14] ein weiterer DFG-Sonderforschungsbereich mit Fragestellungen der Umfeldwahrnehmung und Situationsinterpretation. Ein wesentliches Ziel des interdisziplinär ausgelegten Vorhabens ist die Erforschung der maschinellen Kognition für mobile Systeme als Grundlage „intelligenten" Handelns. Abbildung 12.8 zeigt den dafür vom Institut für Mess- und Regelungstechnik des Karlsruher Instituts für Technologie entwickelten Versuchsträger „AnnieWAY" [15].

Als Informationsdrehscheibe fungiert in diesem Fall die echtzeitfähige Datenbank KogMo-RTDB [16]. Diese gewährleistet sämtlichen Softwareprozessen – Sensordatenerfassung, Signalverarbeitung und Umfeldwahrnehmung, Situationsbewertung sowie Verhaltensgenerierung – einen schnellen Zugriff auf die benötigten Eingangsdaten, die allesamt mit Zeitstempeln versehen sind, und nimmt anschließend die verarbeiteten Ergebnisobjekte entgegen. Aus Performancegründen ist die Datenbank rein hauptspeicherbasiert.

Zur Bahnplanung bedarf es einer Unterscheidung zwischen Straßen und unstrukturierten Bereichen. Zur kollisionsfreien Navigation ist darüber hinaus eine Kenntnis des freien befahrbaren Raums erforderlich, wofür die Dynamik potentieller Hindernisse zu berücksichtigen ist. Aus diesem Grund wird für die verkehrsrelevanten Entitäten das Attribut *Beweglichkeit* ergänzt, um statische und dynamische Entitäten zu unterscheiden. Eine höherer Detaillierungsgrad wird benötigt, um etwa im Falle einer unvermeidlichen Kollision eine Handlungsentscheidung im Sinne einer Risiko- oder Schadensminimierung treffen zu können.

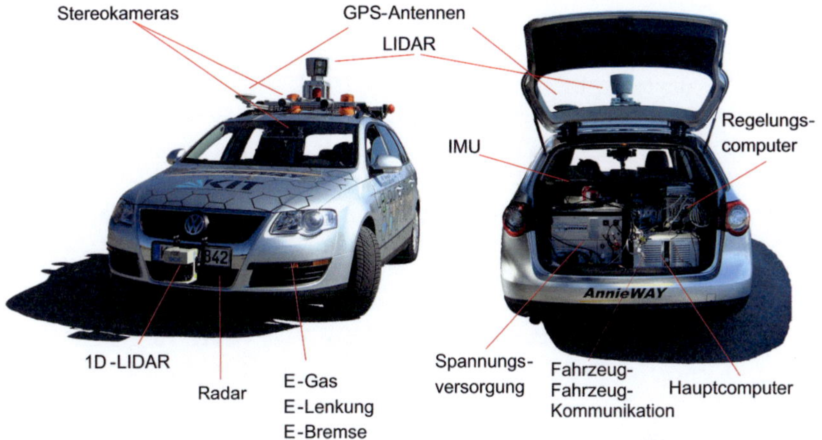

Abbildung 12.8: Versuchsträger AnnieWAY (Quelle: Team AnnieWay [15]).

5 Zusammenfassung

Im Beitrag wurden zwei wichtige Komponenten im Kontext der Wahrnehmung und aufgabengerechten Interpretation einer dynamischen Umwelt vorgestellt. Mittels eines Bayes'schen Ansatzes werden die für eine bestimmte Applikation am besten geeigneten Informationskanäle ausgewählt. Andererseits dient ein objektorientiertes Umweltmodell als Informationsdrehscheibe, mit deren Hilfe sämtliche informationsverarbeitenden Prozesse das Wissen bezüglich der aufgabenrelevanten Entitäten sowie ihrer Relationen adäquat repräsentieren, teilen und ergänzen können. Sämtliche Informationen werden in einer Interpretation als Grad des Dafürhaltens spezifiziert, was den Einsatz Bayes'scher Fusions- und Inferenzmethoden ermöglicht. Weitere Mechanismen der Datenkonsistenz und der Qualitätssicherung sorgen für die gute Eignung des Modells zur Wissensrepräsentation in intelligenten autonomen Systemen.

Literatur

1. „Cognition for Technical Systems", http://www.cotesys.org/, Verfügbar am 10.02.2010.

2. „Cognitive Interaction Technology", http://www.cit-ec.de/, Verfügbar am 10.02.2010.

3. E. T. Jaynes, „Prior probabilities", *IEEE Transactions on Systems, Science, and Cybernetics*, Vol. 4, Nr. 3, S. 227–241, 1968.

4. J. N. Kapur, *Maximum entropy models in science and engineering*, 1. Aufl. New York (NY): John Wiley & Sons, 1989.

5. F. Puente León und J. Beyerer, „Datenfusion zur Gewinnung hochwertiger Bilder in der automatischen Sichtprüfung", *Automatisierungstechnik*, Vol. 45, Nr. 10, S. 480–489, 1997.

6. J. Beyerer, *Verfahren zur quantitativen statistischen Bewertung von Zusatzwissen in der Meßtechnik.* Düsseldorf: VDI Verlag, 1999.

7. J. Beyerer, M. Heizmann, J. Sander und I. Gheţa, *Image Fusion – Algorithms and Applications.* Academic Press, 2008, Kap. Bayesian Methods for Image Fusion, S. 157–192.

8. J. Sander, M. Heizmann, I. Goussev und J. Beyerer, „A local approach for focussed Bayesian fusion", in *Multisensor, Multisource Information Fusion: Architectures, Algorithms, and Applications, Proceedings of SPIE Vol. 7345*, 2009.

9. R. O. Duda, P. E. Hart und D. G. Stork, *Pattern Classification*, 2. Aufl. New York: John Wiley & Sons Inc, 2001.

10. J. M. Bernardo, *Encyclopedia of Life Support Systems (EOLSS). Probability and Statistics.* Oxford: UNESCO, 2003, Kap. Bayesian Statistics.

11. J. Sander und J. Beyerer, „Fusion agents – realizing Bayesian fusion via a local approach", *2006 IEEE International Conference on Multisensor Fusion and Integration for Intelligent Systems*, S. 249–254, 2006.

12. „Humanoide Roboter", http://www.sfb588.uni-karlsruhe.de/, Verfügbar am 10.02.2010.

13. B. Kühn, A. Belkin, A. Swerdlow, T. Machmer, J. Beyerer und K. Kroschel, „Knowledge-driven opto-acoustic scene analysis based on an object-oriented world modelling approach for humanoid robots", in *Proceedings of the 41st International Symposium on Robotics and the 6th German Conference on Robotics.* VDE-Verlag, 2010.

14. „Kognitive Automobile", http://www.kognimobil.de/, Verfügbar am 10.02.2010.

15. „Team AnnieWay", http://annieway.mrt.uni-karlsruhe.de/, Verfügbar am 10.02.2010.

16. M. Goebl, „KogMo-RTDB – Real-time database for cognitive automobiles", http://www.kogmo-rtdb.de/, Verfügbar am 10.02.2010.

Sensorfusion zur Unterdrückung von Störsignalen mittels der Independent Component Analyse

Luis Nachtigall, Andreas Sandmair und Fernando Puente León

Karlsruher Institut für Technologie, Institut für Industrielle Informationstechnik, Hertzstr. 16, D-76187 Karlsruhe

Zusammenfassung Ein wichtiger Anwendungsbereich der Sensorfusion ist die Verbesserung störungsbehafteter Signale. Hierbei werden mehrere Sensorsignale verknüpft, um ihren Nutzanteil zu extrahieren. Im vorliegenden Beitrag wird ein rein statistischer Ansatz zur Störsignalunterdrückung vorgestellt. Dieser stützt sich auf die Gewinnung geeigneter Basissignale mittels der Independent Component Analyse, die eine Trennung von Stör- und Nutzanteilen der Signale ermöglicht. Auf Grund der Allgemeinheit der Methode ist die Anwendung des Ansatzes in verschiedenen Bereichen der Signalverarbeitung möglich. Erfolgreiche Ergebnisse werden am Bespiel der automatischen Sichtprüfung und der Sprachsignalverarbeitung gezeigt.

1 Einleitung

Die Independent Component Analyse (ICA) ist ein statistisches Verfahren zur Zerlegung einer Mischung statistisch unabhängiger Zufallsvariablen in unabhängige Komponenten. Für die Zerlegung müssen nur die Sensorsignale bekannt sein. Dieses Verfahren wird häufig zur Lösung des *„Blind Source Separation"*-Problems (BSS) bzw. des Problems der Blinden Quellentrennung verwendet. Unter Nutzung der statistischen Eigenschaften der Originalsignale können unter bestimmten Bedingungen die Signale mit Hilfe der ICA rekonstruiert werden. Das bekannteste Beispiel im Bereich der Quellentrennung ist das sogenannte „Cocktail-Party-Problem" [1].

Eine weitere Anwendung der ICA ist die Merkmalsextraktion aus Signalen, wie z. B. Bildern [2]. Ziel ist in diesem Fall, aus beobachteten

Daten Basisfunktionen zu gewinnen, mit denen sich beliebige Signale beschreiben lassen. Jede Basisfunktion oder Merkmal weist bestimmte Eigenschaften auf, die genutzt werden können, um z. B. ein Signal in Nutz- und Störanteile aufzutrennen. Mit diesem Verfahren werden u. a. Defekte in Textilien bei der automatischen Sichtprüfung [3] erkannt.

Im vorliegenden Beitrag wird eine Methode zur Unterdrückung des Hintergrundsignals dargestellt, die auf der Fusion mehrerer Sensorsignale mittels der ICA beruht. Im Folgenden werden als Erstes die ICA und notwendige Erweiterungen vorgestellt. Anschließend wird der Ansatz zur Störungsunterdrückung erläutert und dessen Anwendbarkeit exemplarisch an zwei verschiedenen Beispielen gezeigt: der Defekterkennung auf texturierten Oberflächen und der Störsignalunterdrückung bei Sprachsignalen.

2 Independent Component Analyse im Überblick

Im Allgemeinen kann die ICA als eine Methode zur Zerlegung eines oder mehrerer multivariater Signale in statistisch unabhängige Komponenten betrachtet werden. Als Basis dafür wird ein stochastisches, generatives Modell herangezogen.

2.1 ICA-Modell

Folgendes generative Modell sagt aus, dass m beobachtete Zufallsvariablen als eine Linearkombination von n statistisch unabhängigen stochastischen Komponenten ausgedrückt werden können:

$$\mathbf{x} = \mathbf{A} \cdot \mathbf{s} = \sum_{i=1}^{n} \mathbf{a}_i \cdot s_i \,, \tag{13.1}$$

wobei $\mathbf{x}$ den beobachteten Vektor $(m \times 1)$, $\mathbf{A}$ die Mischmatrix $(m \times n)$ und $\mathbf{s}$ den Vektor $(n \times 1)$ der unabhängigen Komponenten darstellt. Des Weiteren werden mit $\mathbf{a}_i$ die Basisvektoren $(m \times 1)$ und mit s_i die unabhängigen Komponenten $(s_i \in \mathbb{R})$ bezeichnet.

Die ICA wird verwendet, um die unabhängigen Komponenten s_i eines Vektors $\mathbf{x}$ zu finden:

$$\mathbf{s} = \mathbf{W} \cdot \mathbf{x} \,. \tag{13.2}$$

Für den Fall, dass $m = n$ ist, gilt $\mathbf{W} = \mathbf{A}^{-1}$. Hierzu ist es wichtig zu bemerken, dass die Mischmatrix $\mathbf{A}$ nicht a priori bekannt ist. So müssen sowohl $\mathbf{A}$ bzw. $\mathbf{W}$ als auch die unabhängigen Komponenten s_i allein aus einer Menge beobachteter Daten geschätzt werden.

Für die Trennung der Signale werden statistische Eigenschaften und die statistische Unabhängigkeit der Originalsignale verwendet. Mit Hilfe des zentralen Grenzwertsatzes (unter bestimmten Bedingungen konvergiert die Summe unabhängiger Zufallsvariablen gegen eine Gaußverteilung) kann somit ein Verfahren für die Bestimmung der unabhängigen Komponenten definiert werden. Unter der Annahme, dass keines der Originalsignale gaußverteilt ist, können die Komponenten rekonstruiert werden, indem durch die Rekonstruktion die Abweichung der einzelnen Wahrscheinlichkeitsverteilungen von der Normalverteilung maximiert wird [1].

Ein Maß für die Abweichung von einer Normalverteilung ist die Kurtosis:

$$\operatorname{kurt}(X) = \frac{\mu_4\{X\}}{\sigma^4\{X\}} , \tag{13.3}$$

wobei $\mu_4\{X\}$ das vierte zentrale Moment und $\sigma\{X\}$ die Standardabweichung bezeichnet. Durch Minimierung bzw. Maximierung der Kurtosis können die unabhängigen Komponenten gefunden werden.

2.2 Merkmalsextraktion

Die Berechnung einer unabhängigen Komponente s_i erfolgt als Innenprodukt zwischen einem Zeilenvektor $\mathbf{w}_i^{\mathrm{T}}$ der Matrix $\mathbf{W}$ und einem beobachteten Vektor $\mathbf{x}$:

$$s_i = \langle \mathbf{w}_i, \mathbf{x} \rangle = \sum_{k=1}^{m} w_i^{(k)} \cdot x^{(k)} , \tag{13.4}$$

wobei $w_i^{(k)}$ und $x^{(k)}$ die k-te Komponente der Vektoren $\mathbf{w}_i$ bzw. $\mathbf{x}$ ist.

Üblicherweise wird $\mathbf{w}_i$ als Merkmalsdetektor bezeichnet. In diesem Sinne kann s_i als ein Merkmal von $\mathbf{x}$ verstanden werden. Jedoch ist in der Literatur das Konzept der Merkmale nicht eindeutig definiert: $\mathbf{a}_i$ wird auch als Merkmal bezeichnet, während s_i als die Amplitude des Merkmals im Vektor $\mathbf{x}$ betrachtet wird. In diesem Beitrag wird das Konzept der Merkmale für s_i und $\mathbf{a}_i$ abwechselnd gebraucht.

3 ICA für Signale in Räumen höherer Dimension

Im vorher beschriebenen ICA-Modell sind die Komponenten $x^{(k)}$ des beobachteten Vektors $\mathbf{x}$ skalar (z. B. die Aufnahme eines Signales mit mehreren Sensoren zu einem Zeitpunkt). Das Modell kann erweitert werden, um Beobachtungen bzw. Signale in Räumen höherer Dimension $x(\mathbf{r})$, $\mathbf{r} \in \mathbb{R}^l$ mit $l \geq 1$, zu berücksichtigen:

$$\mathbf{x}(\mathbf{r}) = \begin{pmatrix} x^{(1)}(\mathbf{r}) \\ \vdots \\ x^{(B)}(\mathbf{r}) \end{pmatrix} = \sum_{i=1}^{n} \begin{pmatrix} a_i^{(1)}(\mathbf{r}) \\ \vdots \\ a_i^{(B)}(\mathbf{r}) \end{pmatrix} s_i = \sum_{i=1}^{n} \mathbf{a}_i(\mathbf{r}) \cdot s_i \,, \qquad (13.5)$$

wobei B die Anzahl der Signale, $x^{(1,\dots,B)}(\mathbf{r})$ die Komponenten des Signalvektors $\mathbf{x}(\mathbf{r})$ und $a_i^{(1,\dots,B)}(\mathbf{r})$ die Komponenten der Basissignale $\mathbf{a}_i(\mathbf{r})$ bezeichnen.

Als Beispiele für $x(\mathbf{r})$ können zeitliche Folgen akustischer Signale ($\mathbf{r} \in \mathbb{R}$) oder Bilder ($\mathbf{r} \in \mathbb{R}^2$) genannt werden. Die Menge der Basissignale $\mathbf{a}_i(\mathbf{r})$ mit $i = 1,\dots,n$ bildet eine Basis, mit der beliebige Signalvektoren $\mathbf{x}(\mathbf{r})$ generiert werden können.

3.1 Merkmalsextraktion

Die Erweiterung des in Gleichung (13.4) beschriebenen Innenproduktes zur Merkmalsextraktion aus einem Signalvektor $\mathbf{x}(\mathbf{r})$ ergibt:

$$s_i = \langle \mathbf{w}_i(\mathbf{r}), \mathbf{x}(\mathbf{r}) \rangle = \sum_{k=1}^{B} \int_{\mathbb{R}^l} w_i^{(k)}(\mathbf{r}) \cdot x^{(k)}(\mathbf{r}) \cdot \mathrm{d}\mathbf{r} \,, \qquad (13.6)$$

wobei $\mathbf{w}_i(\mathbf{r})$ die zugehörigen Merkmalsdetektoren der Basissignale $\mathbf{a}_i(\mathbf{r})$ sind.

3.2 Praktische Betrachtungen

Die Dimension der Eingangsvektoren bestimmt den Aufwand zur Berechnung der ICA. Für eine praktische Anwendung der ICA soll der Eingangsvektor nicht zu hochdimensional sein. In vielen Fällen wird die Länge des Vektors zu $n = 256$ gewählt. In der Bildverarbeitung ist n von der Wahl des Bildausschnittes abhängig, der für Bildserien (4 Bilder) häufig zu 8×8 Pixeln gewählt wird.

4 Ansatz zur Störsignalunterdrückung

Der Ansatz zur Unterdrückung von Störsignalen basiert auf der Tatsache, dass die Störung und das Nutzsignal unterschiedliche statistische Eigenschaften aufweisen. Im Folgenden werden die einzelnen Schritte zur Störsignalunterdrückung vorgestellt. In Abbildung 13.1 ist der Ansatz nochmals als Blockdiagramm dargestellt.

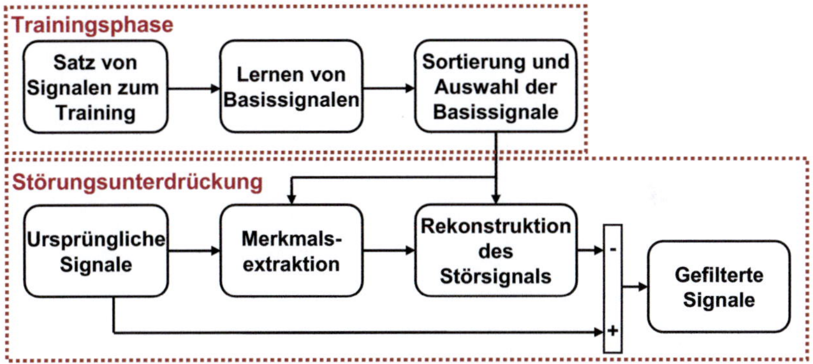

Abbildung 13.1: Konzept der vorgestellten Methode zur Unterdrückung von Störungen.

4.1 Lernen und Sortierung von Basissignalen

Zunächst müssen Basissignale aus beobachteten bzw. gemessenen Signalvektoren gelernt werden. Dafür verwendet man einen Satz aufgenommener Signalvektoren als Eingangsdaten des ICA-Algorithmus, welcher die gesuchten Basissignale $a_i(\mathbf{r})$ und Merkmalsdetektoren $w_i(\mathbf{r})$ schätzt.

Jedes gelernte Basissignal oder Merkmal stellt verschiedene Aspekte eines Signalvektors dar. Einige Merkmale enthalten z. B. deutlich mehr Informationen über die Störung als über das Nutzsignal. Eine Zuordnung der Basissignale zu Störung oder Nutzsignal ist somit ein erster Schritt innerhalb der Störsignalunterdrückung. Die Aufteilung der Signale erfolgt mit Hilfe der Kurtosis (siehe Gleichung (13.3)) der geschätzten unabhängigen Komponenten. Unter der Annahme, dass das Nutzsignal seltener auftritt als das Störsignal, haben die Komponenten, die das Nutzsignal beschreiben, tendenziell eine sehr schmale Verteilung. Die Verteilungen, die das Störsignal beschreiben, sind breiter. Sortiert man die Komponenten nach deren Kurtosis, die ein Maß für die Breite der Verteilung [2] ist, kann eine einfache Auswahl der Stör- und Nutzsignalkomponenten getroffen werden.

4.2 Rekonstruktion und Unterdrückung des Hintergrundsignals

Ein geschätztes Hintergrundsignal $\mathbf{x}_{\mathrm{back}}(\mathbf{r})$ wird aus einer Untermenge der sortierten Basissignale $\{\mathbf{a}_i(\mathbf{r})$ mit $i = 1, \ldots, k$ und $k < n\}$ rekonstruiert:

$$\mathbf{x}_{\mathrm{back}}(\mathbf{r}) = \begin{pmatrix} x_{\mathrm{back}}^{(1)}(\mathbf{r}) \\ \vdots \\ x_{\mathrm{back}}^{(B)}(\mathbf{r}) \end{pmatrix} = \sum_{i=1}^{k} \begin{pmatrix} a_i^{(1)}(\mathbf{r}) \\ \vdots \\ a_i^{(B)}(\mathbf{r}) \end{pmatrix} s_i = \sum_{i=1}^{k} \mathbf{a}_i(\mathbf{r}) \cdot s_i \, . \quad (13.7)$$

k wird empirisch bestimmt und liegt normalerweise im Bereich von $0{,}25\,n < k < 0{,}75\,n$. Da nur Merkmale mit einer breiteren Verteilung zur Generierung von $\mathbf{i}_{\mathrm{back}}(\mathbf{r})$ verwendet werden, wird das Hintergrundsignal durch $\mathbf{x}_{\mathrm{back}}(\mathbf{r})$ gut beschrieben.

Zur Erzeugung eines gefilterten Signals $\mathbf{x}_{\mathrm{filt}}(\mathbf{r})$ – gefiltert im Sinne einer Hintergrundsignalunterdrückung – wird einfach das rekonstruierte Signal $\mathbf{x}_{\mathrm{back}}(\mathbf{r})$ von dem ursprünglichen Signal $\mathbf{x}(\mathbf{r})$ subtrahiert:

$$\mathbf{x}_{\mathrm{filt}}(\mathbf{r}) = \mathbf{x}(\mathbf{r}) - \mathbf{x}_{\mathrm{back}}(\mathbf{r}) \, . \quad (13.8)$$

4.3 Anwendungen

Der vorgestellte Ansatz lässt sich bei verschiedenen Arten von Signalen einsetzen. In den nächsten Abschnitten werden zwei Anwendungen vorgestellt: die Defektdetektion auf lackierten texturierten Oberflächen und die Störsignalunterdrückung bei Sprachsignalen.

5 Defekterkennung auf lackierten Holzoberflächen

Bilder können als Grundlage zur automatischen Sichtprüfung technischer Oberflächen herangezogen werden, z. B. zur Erkennung von Defekten in

Textilien und lackierten Oberflächen [4]. Besonders schwierig zu inspizieren sind die sogenannten „nichtkooperativen Oberflächen", bei denen Defekte unter bestimmten Beobachtungs- und Beleuchtungsrichtungen unsichtbar werden können [5, 6]. Insbesondere sind Defekte auf Holzoberflächen, die mit durchsichtigen Lacken bearbeitet wurden, schwierig zu erkennen, da die Holztextur einen „störenden" Hintergrund darstellt.

5.1 Bildserienaufnahme

Um die beschriebenen Probleme zu bewältigen, ist der Einsatz von Bildserien mit variabler Beleuchtung hilfreich. In Abbildung 13.2 wird ein Aufbau zur Bildserienaufnahme schematisch dargestellt. In diesem Aufbau ist die Kamera in der oberen Position fixiert, während die Lichtquelle mit festem Elevationswinkel θ und variablem Azimut φ positioniert werden kann.

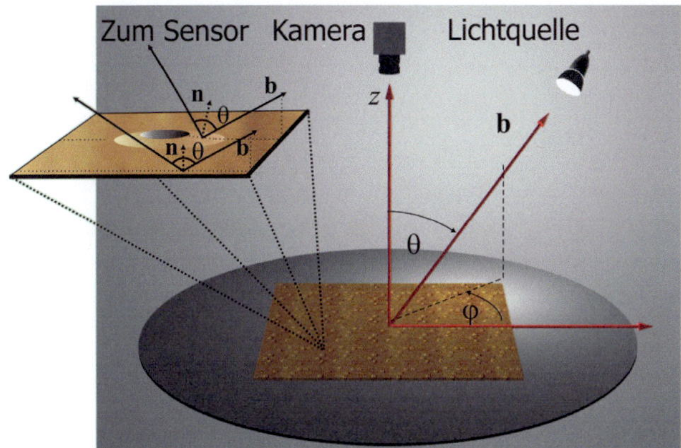

Abbildung 13.2: Schema des Aufbaus zur Aufnahme von Bildserien.

Mit der Betrachtung von Bildserien wird das Problem der automatischen Sichtprüfung komplexer, da jetzt nicht nur ein Einzelbild $i(\mathbf{r})$, sondern sämtliche Bilder aus der Bildserie – d. h. der Bildvektor $\mathbf{i}(\mathbf{r})$ –, welche komplementäre Information über die Szene enthalten, gleichzeitig verarbeitet werden müssen. Der Signalraum wird somit um eine dritte Dimension erweitert (siehe Abbildung 13.3). Der beschriebene ICA-basierte Ansatz wird zur Fusion der Bildserie herangezogen.

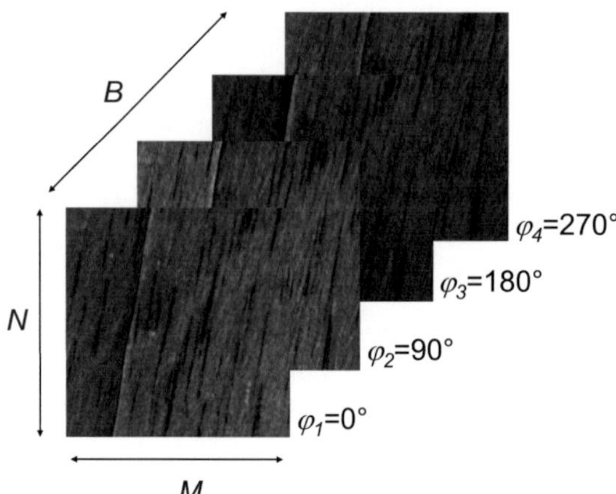

Abbildung 13.3: Grafische Darstellung einer Bildserie (M: Breite, N: Höhe, B: Anzahl der Bilder).

5.2 Defekterkennung

Defekte auf lackierten Oberflächen können anhand der Fusion der Bilder einer Beleuchtungsserie nach dem in Abbildung 13.4 beschriebenen Schema erkannt werden. Eine ausführliche Beschreibung der Methode wird in [7] dargestellt.

5.3 Ergebnisse

Der Bildvektor besteht aus $B = 4$ Einzelbildern mit unterschiedlichen Beleuchtungsrichtungen. Bildausschnitte der Größe 8×8 Pixel wurden als Komponenten $i^{(1,\dots,4)}(x,y)$ des Bildvektors $\mathbf{i}(x,y)$ betrachtet. In Abbildung 13.5 werden die ursprünglichen Bilder $i^{(1,\dots,4)}(x,y)$ (siehe Bilder 13.5(a)–(d)) und die geschätzten Textur- bzw. Hintergrundbilder $i_{\text{back}}^{(1,\dots,4)}(x,y)$ (siehe Bilder 13.5(e)–(h)) gezeigt. Als Eingangsdaten für die ICA-Trainingsphase wurden Bildausschnitte der ursprünglichen Bilder verwendet.

Die geprüfte Oberfläche enthält zwei Risse, die im oberen und im unteren Bereich der ursprünglichen Bilder zu sehen sind. Diese sind aber in den rekonstruierten Texturbildern beinahe nicht zu erkennen.

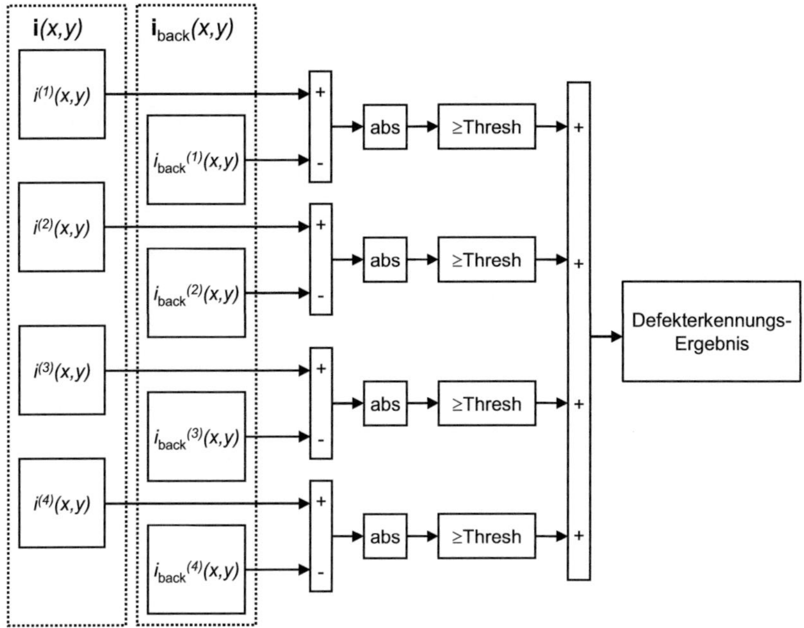

Abbildung 13.4: Schema des Segmentierungsverfahrens.

Nach Anwendung des Segmentierungsverfahrens erhält man das Ergebnis in Abbildung 13.6. Beide Risse wurden gut erkannt, wie es in Abbildung 13.6 zu beobachten ist. Zusätzlich erscheinen spärlich verteilt einige hellblaue Punkte. Diese ergeben sich aus kleineren lokalen Unregelmäßigkeiten der Oberfläche. Da sie nur spärlich auftreten, werden sie durch die Methode auch als Defekte erkannt.

6 Störsignalunterdrückung bei Sprachsignalen

Aufgrund der guten Ergebnisse bei der Schätzung des Hintergrundsignals im Bereich der zweidimensionalen Signalverarbeitung wird die Methode zur Unterdrückung von Störsignalen auch bei Sprachsignalen geprüft. In Bereich der Sprachsignalverarbeitung soll aus einer additiven Überlagerung von Nutzsignal $x(t)$ und Störsignal $r_D(t)$ der relevante Anteil

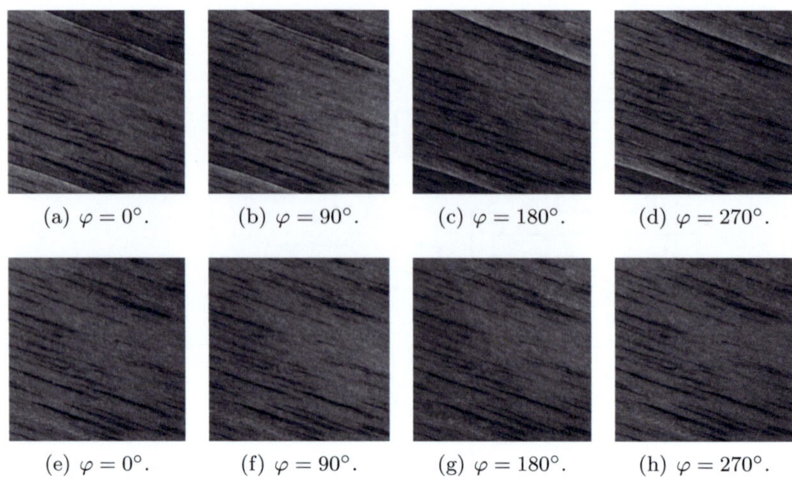

(a) $\varphi = 0°$.   (b) $\varphi = 90°$.   (c) $\varphi = 180°$.   (d) $\varphi = 270°$.

(e) $\varphi = 0°$.   (f) $\varphi = 90°$.   (g) $\varphi = 180°$.   (h) $\varphi = 270°$.

Abbildung 13.5: Bildserien einer geprüften Oberfläche. (a)–(d): Ursprüngliche Bilder. (e)–(h): Rekonstruierte Texturbilder.

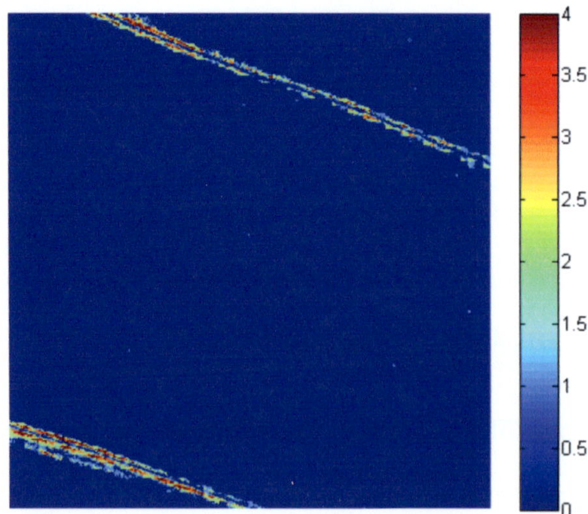

Abbildung 13.6: Prüfergebnis einer defektbehafteten Holzoberfläche. Die Farbskala deutet die Gewissheit der Defekte an (blau $\hat{=}$ kein Defekt; rot $\hat{=}$ Defekt).

herausgefiltert werden. Vor der Evaluation der Methode müssen jedoch die Bedingungen für die Simulation der Sensorsignale erläutert werden. Im Folgenden werden für die Ausbreitung der Schallsignale Freifeldbedingungen angenommen. Die einzelne Signale kommen verzögert am Sensor an. Für das i-te Sensorsignal $s_i(t)$ gilt somit

$$s_i(t) = x(t - \Delta_{x,i}) + r_D(t - \Delta_{r,i})\,. \tag{13.9}$$

Die räumliche Trennung der Quellen führt zu unterschiedlichen Verzögerungen Δ. Bei der Aufnahme der Signale mit mehreren, räumlich getrennten Sensoren ergeben sich definierte Laufzeitunterschiede für die einzelnen Quellen. Ein Verfahren, derartige Signale zu trennen, stellen beispielsweise Methoden zur Quellentrennung auf Basis der ICA dar [8]. Die Trennung der Signale ist für beliebige Signale möglich und erfolgt im Frequenzbereich. Im Gegensatz dazu wollen wir ein Verfahren zur reinen Störsignalunterdrückung im Zeitbereich präsentieren und die Ergebnisse gegenüberstellen.

Für die folgenden Betrachtungen werden zwei Sensoren verwendet. Der Störanteil ergibt sich zu $r_D(t) = n\,r(t)$, um ein beliebiges Verhältnis von Nutz- und Störsignal erzeugen zu können. Das ursprüngliche Störsignal $r(t)$ und das Nutzsignal $x(t)$ sind in Abbildung 13.7 dargestellt.

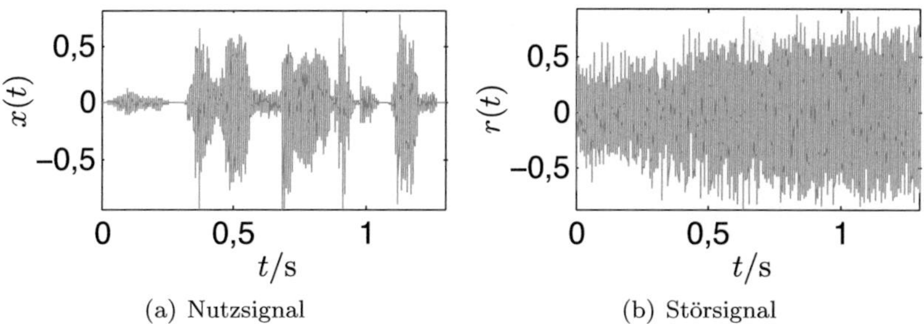

(a) Nutzsignal   (b) Störsignal

Abbildung 13.7: Das Nutzsignal $x(t)$ und das Störsignal $r(t)$ werden zur Erzeugung der Sensorsignale verwendet.

Analog zu den Bildsignalen ist die Störung über alle Zeiten sehr dominant. Aus diesem Grund können mit Hilfe unseres Verfahrens Basisfunktionen gelernt werden, die den Störanteil des Signals gut beschreiben.

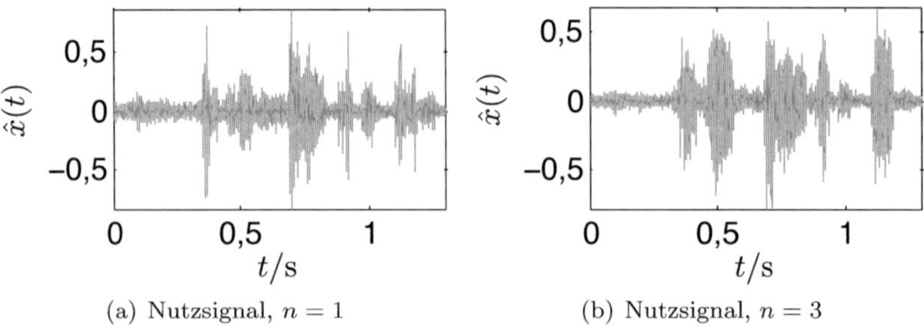

(a) Nutzsignal, $n = 1$ (b) Nutzsignal, $n = 3$

Abbildung 13.8: Ergebnisse der Unterdrückung des Störsignals für unterschiedliche Verstärkungen des Störsignals.

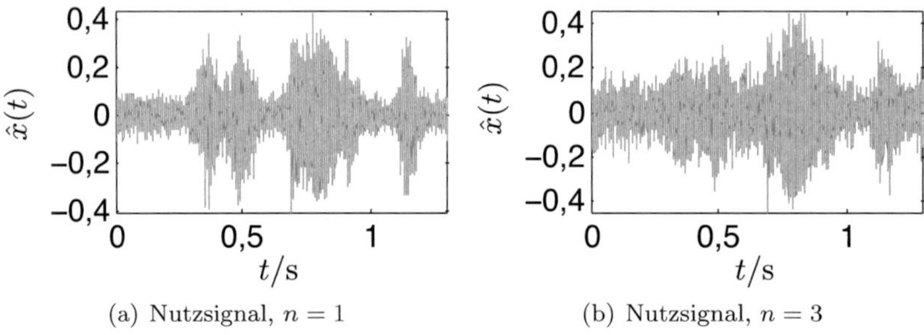

(a) Nutzsignal, $n = 1$ (b) Nutzsignal, $n = 3$

Abbildung 13.9: Ergebnisse der Unterdrückung des Störsignals für unterschiedliche Verstärkungen des Störsignals unter Verwendung eines Verfahrens zur Quellentrennung.

Die Trainingssignale für die Bestimmung der Basisfunktionen und die Signale, bei denen die Störung unterdrückt werden soll, sind identisch.

Nach Anwendung unseres Verfahrens auf zwei unterschiedliche Überlagerungen von Nutz- und Störsignal konnten die in Abbildung 13.8 dargestellten Signale rekonstruiert werden. Die Rekonstruktion liefert bessere Ergebnisse bei einem höheren Störanteil in den Mischsignalen. Die Begründung liegt in der Art der Störungsschätzung. Ist das Störsignal dominanter, werden hauptsächlich Basisvektoren berechnet, welche das Störsignal beschreiben. Bei der Rekonstruktion wird die Störung somit deutlich genauer geschätzt und das Rekonstruktionsergebnis ist besser.

Für einen Vergleich wurde zudem ein Verfahren zur Quellentrennung auf der Basis von [8] implementiert. Die Ergebnisse für die Rekonstruktion des Nutzsignals sind in Abbildung 13.9 dargestellt. Für $n = 1$ ist der übrige Störanteil höher als bei unserem Verfahren, die Einhüllende wird jedoch deutlich genauer geschätzt. Der Vorteil des vorgestellten Verfahrens zeigt sich vor allem bei höherem Störanteil. Aufgrund der dominierenden Störung kann keine effiziente Quellentrennung durchgeführt werden (Abbildung 13.9(b)). Durch die Schätzung des Störanteils erfolgt eine deutlich genauere Schätzung des Nutzsignals, wie in Abbildung 13.8(b) gezeigt wird.

7 Zusammenfassung

Eine Methode zur Unterdrückung von Hintergrundsignalen wurde vorgestellt. Diese basiert auf der Fusion von Sensorsignalen, die jeweils Überlagerungen von Nutzsignalen und Störungen beinhalten. Diese Störung kann entfernt werden. Mittels der ICA werden Basissignale erzeugt, anhand eines statistischen Kriteriums sortiert und anteilig zur Rekonstruktion verwendet. Wird die Untermenge zur Rekonstruktion der Signale geschickt gewählt, kann das Hintergrundsignal nahezu fehlerfrei rekonstruiert werden. Dieses synthetisierte Signal wird zur Unterdrückung der Störung verwendet. Exemplarisch wurde der Ansatz zur Defekterkennung auf lackierten Oberflächen und zur Unterdrückung stationärer Störungen bei Sprachsignalen angewendet. In beiden Fällen konnte die Störung deutlich unterdrückt werden.

Danksagung

Diese Arbeit wurde teilweise von der Spanischen Regierung im Rahmen des Projektes VAMAD finanziert.

Literatur

1. A. Hyvärinen und E. Oja, „Independent component analysis: algorithms and applications", *Neural Netw.*, Vol. 13, Nr. 4-5, S. 411–430, 2000.

2. A. Hyvärinen, J. Hurri und P. Hoyer, *Natural Image Statistics: A Probabilistic Approach to Early Computational Vision.* Springer, 2009.

3. O. Sezer, A. Ertuzun und A. Ercil, „Independent component analysis for texture defect detection", *Pattern Recognition Image Anal.*, Vol. 14, S. 303–307, 2004.

4. X. Xie, „A review of recent advances in surface defect detection using texture analysis techniques", *Electronic Letters on Computer Vision and Image Analysis*, Vol. 7, Nr. 3, S. 1–22, 2008.

5. A. Pérez Grassi und F. Puente León, „Invariant features from series of images to detect and classify varnish defects", in *Reports on Distributed Measurement Systems*, F. Puente León, Hrsg.   Aachen: Shaker Verlag, 2008, S. 53–67.

6. C. Lindner und F. Puente León, „Segmentierung strukturierter Oberflächen mittels variabler Beleuchtung", *Technisches Messen*, Vol. 73, Nr. 4, S. 200–207, 2006.

7. L. Nachtigall, A. Pérez Grassi und F. Puente León, „Independent component analysis of image series for defect detection in textured surfaces", in *Reports on Industrial Information Technology*, F. Puente León und K. Dostert, Hrsg.   Karlsruhe: KIT Scientific Publishing, 2010, S. 53–67.

8. P. Smaragdis *et al.*, „Blind separation of convolved mixtures in the frequency domain", *Neurocomputing*, Vol. 22, Nr. 1, S. 21–34, 1998.

Systematische Beschreibung von Unsicherheiten in der Informationsfusion mit Mengen von Wahrscheinlichkeitsdichten

Benjamin Noack, Vesa Klumpp, Daniel Lyons und Uwe D. Hanebeck

Lehrstuhl für Intelligente Sensor-Aktor-Systeme (ISAS),
Institut für Anthropomatik, Karlsruher Institut für Technologie (KIT),
http://isas.uka.de

Zusammenfassung Die systematische Behandlung von Unsicherheiten stellt eine wesentliche Herausforderung in der Informationsfusion dar. Einerseits müssen geeignete Darstellungsformen für die Unsicherheiten bestimmt werden und andererseits darauf aufbauend effiziente Schätzverfahren hergeleitet werden. Im Allgemeinen wird zwischen stochastischen und mengenbasierten Unsicherheitsbeschreibungen unterschieden. Dieser Beitrag stellt ein Verfahren zur Zustandsschätzung vor, welches simultan stochastische und mengenbasierte Fehlergrößen berücksichtigen kann, indem unsichere Größen nicht mehr durch eine einzelne Wahrscheinlichkeitsdichte, sondern durch eine Menge von Dichten repräsentiert werden. Besonderes Augenmerk liegt hier auf den Vorteilen und Anwendungsmöglichkeiten dieser Unsicherheitsbeschreibung.

1 Einleitung

Ein zentrales Einsatzgebiet verteilter Sensorsysteme ist die Überwachung und Vermessung weiträumiger Phänomene, z.B. zur Bestimmung von Schadstoffverteilungen im Grundwasser, zur Überwachung seismischer Aktivitäten oder zur Messung von Temperaturverteilungen. Aus einer Vielzahl von Messungen, welche im Allgemeinen fehlerbehaftet sind, soll sich schließlich ein Gesamtbild des Phänomens ergeben. Eine wesentliche Herausforderung dabei stellt die Entwicklung effizienter Methoden zur Informationsfusion unter Berücksichtigung auftretender Unsicherheiten dar. Die stochastische Modellierung unsicherer Größen ist eine weitverbreitete Herangehensweise. Hierfür kommen im Allgemeinen rekursive bayessche Schätzverfahren, wie das Kalman-Filter [1] oder Partikel-Filtermethoden [2], zum Einsatz. Allerdings stützen sich diese Verfahren auf die Voraussetzung, dass die Wahrscheinlichkeitsverteilungen der Fehlergrößen bekannt sind. Werden hier falsche Annahmen getroffen, sind inkonsistente Schätzergebnisse zu erwarten. Eine andere Art der Unsicherheitsbeschreibung ist die Verwendung von Mengen zur Fehlereingrenzung [3, 4]. Sie eignet sich für die Betrachtung amplitudenbegrenzter Fehler. Der Vorteil dieser Vorgehensweise besteht in der Bestimmung sicherer Fehlergrenzen. Die Behandlung von Ausreißern gestaltet sich dadurch jedoch als schwierig.

In dieser Arbeit wird zunächst ein Schätzverfahren zur simultanen Berücksichtigung stochastischer und mengenbasierter Unsicherheiten vorgestellt. Ein solches Verfahren ermöglicht eine differenzierte, systematische Modellierung von Fehlereinflüssen. Das wesentliche Ziel der Arbeit ist es, die Vorteile und Anwendungsmöglichkeiten, die durch den Einsatz solcher Verfahren entstehen, zu beschreiben. Es werden Fälle aufgezeigt, in denen Mengen von Wahrscheinlichkeitsdichten besondere Vorteile bieten, wie bei der Abschätzung von Linearisierungsfehlern oder der Verarbeitung komplizierter Wahrscheinlichkeitsdichten.

2 Schätzverfahren unter Berücksichtigung stochastischer und mengenbasierter Unsicherheiten

Methoden zur Überwachung und Vermessung räumlich verteilter, dynamischer Phänomene – wie sie z.B. in [5] vorgestellt werden – nutzen physikalisches Hintergrundwissen über die räumliche und zeitliche Entwicklung, um einerseits das Phänomen auch an Nichtmesspunkten zu charakterisieren sowie andererseits den aktuellen Zustand zum nächsten Messzeitpunkt zu prädizieren. Prädizierte Zustandsinformationen können dann mit Messungen fusioniert werden. Im Allgemeinen lässt sich die Zustandsentwicklung durch ein System partieller Differentialgleichungen beschreiben. Dieses kann dann durch eine Orts- und Zeitdiskretisierung in ein Systemmodell

$$\underline{x}_{k+1} = \underline{a}_k(\underline{x}_k, \hat{\underline{u}}_k, \underline{w}_k, \underline{d}_k) \tag{14.1}$$

überführt werden. Die Funktion $\underline{a}_k$ bildet den Zustand $\underline{\boldsymbol{x}}_k$ zum Zeitpunkt k auf den Folgezustand $\underline{\boldsymbol{x}}_{k+1}$ ab. Stochastische Unsicherheiten werden hierbei in der Zufallsgröße $\underline{\boldsymbol{w}}_k$ zusammengefasst, welche durch die Wahrscheinlichkeitsdichte f_k^w charakterisiert ist. Systematische Unsicherheiten werden durch den unbekannten, aber begrenzten Fehlerterm $\underline{d}_k \in \mathcal{D}_k \subset \mathbb{R}^n$ in die Abbildung einbezogen. Der Vektor $\hat{\underline{u}}_k$ bezeichnet die konkrete Eingangs- bzw. Stellgröße. Entsprechend werden in dem Messmodell

$$\hat{\underline{y}}_k = \underline{h}_k(\underline{\boldsymbol{x}}_k, \underline{\boldsymbol{v}}_k, \underline{e}_k) \tag{14.2}$$

jedes einzelnen Sensors stochastische Störeinflüsse durch $\underline{\boldsymbol{v}}_k$ und unbekannte, aber begrenzte Fehlergrößen durch $\underline{e}_k \in \mathcal{E}_k \subset \mathbb{R}^n$ notiert. $\hat{\underline{y}}_k$ ist dann die konkrete Messgröße.

Stochastische und mengenbasierte Fehlerbeschreibungen sollen simultan in einem Verfahren zur Schätzung des Systemzustands $\underline{\boldsymbol{x}}_k$ berücksichtigt werden. Ein Verfahren, das die kombinierte Behandlung beider Fehlerarten erlaubt, ist das SSI-Filter (*Statistical and Set-theoretic Information Filter* [6]). Dieses Filter wurde speziell dazu entwickelt, um bei der Informationsfusion Abhängigkeitstrukturen zwischen den mengenbasierten Unsicherheiten auszunutzen. Da in dieser Arbeit die Größen $\underline{d}_k \in \mathcal{D}_k$ und $\underline{e}_k \in \mathcal{E}_k$ Unwissen über Fehlereinflüsse darstellen, ist das Ausnutzen von Abhängigkeiten, da unbekannt, hier nicht möglich. Für diese Situation lässt sich mit Hilfe einer Verallgemeinerung klassischer Wahrscheinlichkeitstheorie das im folgenden Abschnitt beschriebene Verfahren entwickeln.

2.1 Zustandsschätzung mit Mengen von Wahrscheinlichkeitsdichten

Die Beziehung des aktuellen Zustands zum Folgezustand, gegeben durch das Systemmodell (14.1), lässt sich auch durch die Transitionsdichte

$$f_k^{\mathrm{T}}(\underline{x}_{k+1}|\underline{x}_k, \hat{\underline{u}}_k, \underline{d}_k) = \int_{\mathbb{R}^n} \delta\big(\underline{x}_{k+1} - \underline{a}_k(\underline{x}_k, \hat{\underline{u}}_k, \underline{w}_k, \underline{d}_k)\big) f_k^w(\underline{w}_k) d\underline{w}_k$$

beschreiben, wobei δ die n-dimensionale Dirac-Delta-Distribution bezeichnet. Aufgrund des unbekannten, aber begrenzten Parameters $\underline{d}_k \in \mathcal{D}_k$ kann der Zustandsübergang nicht durch eine eindeutige Transitionsdichte charakterisiert werden. Vielmehr parametrisiert $\underline{d}_k$ eine Menge

$$\boldsymbol{\mathcal{F}}_k^{\mathrm{T}} = \big\{ f_k^{\mathrm{T}}(\underline{x}_{k+1}|\underline{x}_k, \hat{\underline{u}}_k, \underline{d}_k) \;\big|\; \underline{d}_k \in \mathcal{D}_k \big\}$$

möglicher Transitionsdichten. Jedes Element dieser Menge kann offensichtlich die „richtige" Transitionsdichte darstellen. Folglich wird das Chapman-Kolmogorow-Integral

$$f^{\mathrm{p}}_{k+1}(\underline{x}_{k+1}) = \int_{\mathbb{R}^n} f^{\mathrm{T}}_k(\underline{x}_{k+1}|\underline{x}_k, \hat{\underline{u}}_k, \underline{d}_k) f^{\mathrm{e}}_k(\underline{x}_k)\, d\underline{x}_k$$

zur Berechnung der prädizierten Wahrscheinlichkeitsdichte von $\underline{x}_{k+1}$ für jedes Element in $\mathcal{F}^{\mathrm{T}}_k$ ausgewertet. Dadurch ergibt sich eine Menge prädizierter Dichten $\mathcal{F}^{\mathrm{p}}_{k+1}$ für den Zustand $\underline{x}_{k+1}$.

Entsprechend führt die Likelihood

$$f(\hat{\underline{y}}_k|\,\underline{x}_k, \underline{e}_k) = \int_{\mathbb{R}^n} \delta\big(\hat{\underline{y}}_k - \underline{h}_k(\underline{x}_k, \underline{v}_k, \underline{e}_k)\big) f^v_k(\underline{v}_k)\, d\underline{v}_k \ ,$$

die sich aus der Messgleichung (14.2) ergibt, aufgrund des unbekannten, begrenzten Fehlers $\underline{e}_k$ zu einer Menge

$$\mathcal{F}^{\mathrm{L}}_k = \Big\{ f(\hat{\underline{y}}_k|\,\cdot\,,\underline{e}_k) \ \big| \ \underline{e}_k \in \mathcal{E}_k \Big\}$$

möglicher Likelihoods. Der bayessche Filterschritt wird dann elementweise für die Menge $\mathcal{F}^{\mathrm{p}}_k$ prädizierter bzw. priorer Dichten und die Menge $\mathcal{F}^{\mathrm{L}}_k$ der Likelihoods durchgeführt und ergibt die Menge

$$\mathcal{F}^{\mathrm{e}}_k = \Bigg\{ f^{\mathrm{e}}_k \ \Bigg| \ f^{\mathrm{e}}_k(\underline{x}_k) = \frac{f^{\mathrm{p}}_k(\underline{x}_k) \cdot f^{\mathrm{L}}_k(\underline{x}_k)}{\int_\Omega f^{\mathrm{p}}_k(\underline{x}) \cdot f^{\mathrm{L}}_k(\underline{x})\, d\underline{x}}$$

$$\text{für alle } \underline{x}_k \in \Omega, \ f^{\mathrm{L}}_k \in \mathcal{F}^{\mathrm{L}}_k, \ f^{\mathrm{p}}_k \in \mathcal{F}^{\mathrm{p}}_k \Bigg\}$$

geschätzter Wahrscheinlichkeitsdichten für den Zustand $\underline{x}_k$, wie in Abb. 14.1 veranschaulicht.

Insgesamt beruht dieses Verfahren auf einem allgemeineren Verständnis des Wahrscheinlichkeitsbegriffs. Die Charakterisierung der stochastischen Größe $\underline{x}_k$ wird nicht mehr als eindeutig angenommen, sondern durch eine Menge von Wahrscheinlichkeitsdichten beschrieben.

2.2 Konvexität und Intervallwahrscheinlichkeit

Eine konvexe, abgeschlossene Menge von Wahrscheinlichkeitsverteilungen bzw. -dichten, welche eine Zufallsgröße charakterisiert, heißt *Credal*

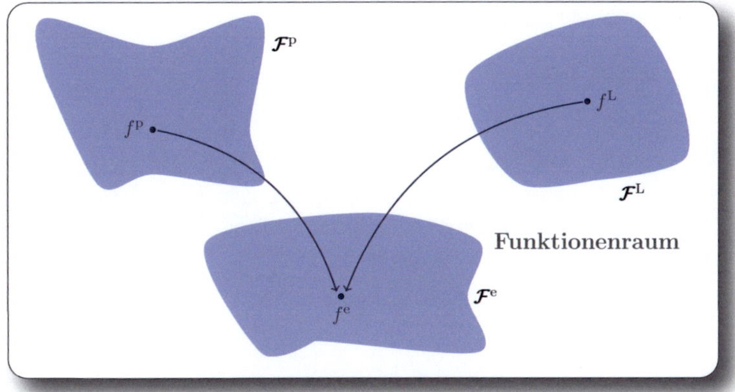

Abbildung 14.1: Elementweise Verarbeitung der Dichten.

State [7,8]. In der Theorie der Intervallwahrscheinlichkeit [9,10] werden diese Mengen auch *Struktur* genannt. Die Funktionenmengen im vorigen Abschnitt sind zwar im Allgemeinen nicht konvex, sie beschreiben jedoch die gleichen Intervalle von Wahrscheinlichkeiten für jedes Ereignis wie ihr konvexer Abschluss. D.h., eine derartige Menge $\mathcal{F}$, auch *Vorstruktur* oder *erzeugende Menge* genannt, und ihr konvexer Abschluss $\mathrm{clos}\{\mathrm{conv}\{\mathcal{F}\}\}$ ergeben die gleiche Wahrscheinlichkeitsbewertung. Genauere Untersuchungen zu Schätzverfahren mit Mengen von Wahrscheinlichkeitsdichten und zur Konvexität sind in [11] dargelegt.

3 Kalman-Filter für ellipsoidale Mengen

Ein weitbekanntes bayessches Schätzverfahren ist das Kalman-Filter [1], welches lineare System- und Messmodelle betrachtet. Zudem werden die Rauschgrößen $\underline{w}_k$ und $\underline{v}_k$ als unabhängig voneinander angenommen. Im Falle von Normalverteilungen kann die Zustandsschätzung dann eindeutig durch Erwartungswert $\hat{\underline{x}} \in \mathbb{R}^n$ und Kovarianzmatrix $\mathbf{C} \in \mathbb{R}^{n \times n}$ beschrieben werden. Um unbekannte, aber begrenzte Unsicherheiten einzubeziehen, wird das lineare Systemmodell

$$\underline{x}_{k+1} = \mathbf{A}_k\,\underline{x}_k + \mathbf{B}_k\,(\hat{\underline{u}}_k + \underline{w}_k + \underline{d}_k)$$

um die Fehlergröße $\underline{d}_k$ und das Messmodell

$$\hat{\underline{y}}_k = \mathbf{H}_k\,\underline{x}_k + \underline{v}_k + \underline{e}_k$$

um $\underline{e}_k$ erweitert, welche sowohl voneinander als auch von $\underline{w}_k$ und $\underline{v}_k$ unabhängig sind. Folglich beeinflussen die mengenbasierten Fehler nur den Schätzwert, nicht aber die Berechnung der Kovarianzmatrix. Als eine besonders geeignete Darstellungsform dieser Fehlergrößen erweisen sich ellipsoidale Mengen. Jede Größe kann dann durch eine Menge

$$\mathcal{E}(\hat{\underline{c}}, \mathbf{X}) := \left\{ \underline{x} \in \mathbb{R}^n \mid (\underline{x} - \hat{\underline{c}})^{\mathrm{T}} \mathbf{X}^{-1} (\underline{x} - \hat{\underline{c}}) \le 1 \right\}$$

mit Mittelpunkt $\hat{\underline{c}}$ und nichtnegativ definiter Matrix $\mathbf{X}$ repräsentiert werden, d.h. $\underline{d}_k \in \mathcal{E}(\underline{0}, \mathbf{U}_k)$ und $\underline{e}_k \in \mathcal{E}(\underline{0}, \mathbf{Y}_k)$. Ebenso wird der Zustand durch ein Ellipsoid $\mathcal{E}(\hat{\underline{c}}_k, \mathbf{X}_k)$ beschrieben. Durch diese Mengendarstellung gestaltet es sich einfach, affine Transformationen

$$\mathbf{A}\mathcal{E}(\hat{\underline{c}}, \mathbf{X}) + \underline{b} = \mathcal{E}(\mathbf{A}\,\hat{\underline{c}} + \underline{b}, \mathbf{A}\mathbf{X}\mathbf{A}^{\mathrm{T}}) \tag{14.3}$$

zu berechnen. Die Berechnung einer Minkowski-Summe, der elementweisen Addition zweier Ellipsoide, ergibt im Allgemeinen kein Ellipsoid mehr, allerdings lässt sich durch

$$\mathcal{E}(\hat{\underline{c}}_1, \mathbf{X}_1) \oplus \mathcal{E}(\hat{\underline{c}}_2, \mathbf{X}_2) \subseteq \mathcal{E}(\hat{\underline{c}}_1 + \hat{\underline{c}}_2, \mathbf{X}(p))$$

mit

$$\mathbf{X}(p) = (1 + p^{-1})\mathbf{X}_1 + (1 + p)\mathbf{X}_2, \quad p > 0 \tag{14.4}$$

leicht eine äußere Approximation in Form eines Ellipsoids berechnen. Der Parameter p kann so bestimmt werden, dass das Volumen oder die Länge der Halbachsen der äußeren Approximation minimal ist [4]. Mittels der Gleichungen (14.3) und (14.4) lässt sich nun ein verallgemeinertes Kalman-Filter für ellipsoidale Mengen herleiten. Die resultierenden Berechnungsschritte sind in Abb. 14.2 zusammengefasst. Die genaue Herleitung des Verfahrens wird in [12] beschrieben. Offensichtlich lassen sich die Mittelpunkte $\hat{\underline{c}}_k^{\mathrm{p}}$ und $\hat{\underline{c}}_k^{\mathrm{e}}$ im Prädiktions- bzw. Filterschritt durch die bekannten Berechnungsvorschriften bestimmen. Der Unterschied dieses neuen Verfahrens zum Standard-Kalman-Filter besteht in der zusätzlichen Berechnung der Matrizen $\mathbf{X}_k^{\mathrm{p}}$ bzw. $\mathbf{X}_k^{\mathrm{e}}$. Schließlich wird der unbekannte, aber amplitudenbegrenzte Fehlereinfluss also durch $\mathbf{X}_k^{\mathrm{p}}$ bzw. $\mathbf{X}_k^{\mathrm{e}}$ und die stochastische Unsicherheit durch $\mathbf{C}_k^{\mathrm{p}}$ bzw. $\mathbf{C}_k^{\mathrm{e}}$ charakterisiert.

Die Menge von Erwartungswerten $\mathcal{E}(\hat{\underline{c}}_k^{\mathrm{p}}, \mathbf{X}_k^{\mathrm{p}})$ bzw. $\mathcal{E}(\hat{\underline{c}}_k^{\mathrm{e}}, \mathbf{X}_k^{\mathrm{e}})$ mit der Kovarianzmatrix $\mathbf{C}_k^{\mathrm{p}}$ bzw. $\mathbf{C}_k^{\mathrm{e}}$ beschreibt eine Menge von verschobenen Gaußdichten. Es handelt sich also um ein Schätzverfahren mit Mengen von Dichten, wie in Abschnitt 2 dargelegt.

4 Systematische Beschreibung von Unsicherheiten durch Mengen von Wahrscheinlichkeitsdichten

Mit Hilfe der vorgestellten Verallgemeinerung rein stochastischer Schätzverfahren ist es möglich, Störeinflüsse bei der Systemmodellierung differenzierter zu betrachten. Unsicherheiten, deren Statistik unbekannt ist oder die sich gar nicht stochastisch charakterisieren lassen, können nun systematisch berücksichtigt werden. In diesem Abschnitt sei ein Überblick über Situationen gegeben, in denen sich eine Unterscheidung zwischen stochastischen und mengenbasierten Fehlern als sinnvoll erweist.

4.1 Berücksichtigung von systematischen Fehlern

Systematische Fehler beschreiben Störungen und Unsicherheiten, die nicht durch wiederholte Beobachtung im Mittel verschwinden. Beispiele für solche Fehler sind Fehler im Sensor, wie fehlerhafte Kalibrierung, Defekte, Fehler des Agenten, wie falsches Ablesen der Messinstrumente, Fehlinterpretation der Ergebnisse, unbekannte Störungen oder unvollständiges a-priori-Wissen. Diese Fehlereinflüsse lassen sich nicht durch mehrmaliges Messen eliminieren und bleiben somit als Abweichung im Schätzergebnis bestehen. Es handelt sich also um unbekannte, aber im Allgemeinen begrenzte Störeinflüsse, daher bieten sich Mengen zur Beschreibung dieser Fehler an.

Bei Verwendung rein stochastischer Modelle wird jedoch häufig versucht, einen solchen Fehler mitzuschätzen. Zum einen bedeutet dies, dass eine Wahrscheinlichkeitsverteilung für den systematischen Fehler angenommen werden muss, und zum anderen führt dies oft zu einem erheblich höheren Rechenaufwand, da z.B. lineare Modelle nichtlinear werden

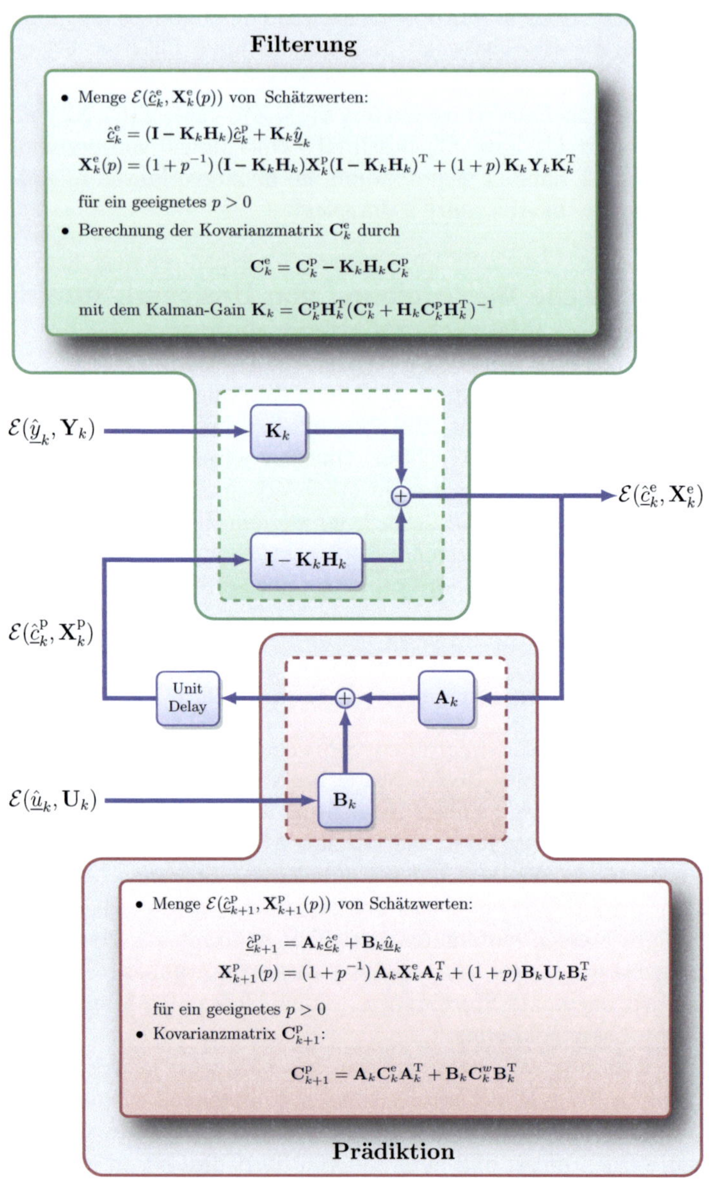

Abbildung 14.2: Schema des Kalman-Filters für ellipsoidale Mengen von Erwartungswerten.

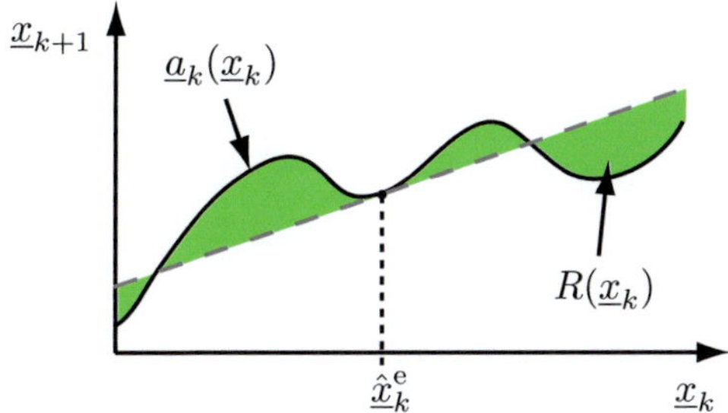

Abbildung 14.3: Approximation durch Taylorreihen-Approximation erster Ordnung am Schätzwert $\hat{\underline{x}}_k^{\mathrm{e}}$.

können. Naheliegend ist es daher, im System- und Messmodell zwischen stochastischen und systematischen Fehlertermen zu unterscheiden. Mit den in den vorigen Abschnitten beschriebenen Schätzverfahren können beide Fehlerarten nun simultan behandelt werden.

4.2 Abschätzung von Linearisierungsfehlern

Bei nichtlinearen System- und Messabbildungen wird häufig das Erweiterte Kalman-Filter (EKF) eingesetzt. Hierbei werden das System- und Messmodell um den prädizierten bzw. geschätzten Zustand linearisiert. Das EKF verwendet eine Taylorreihen-Entwicklung

$$\underline{x}_{k+1} = \underline{a}_k(\underline{x}_k) + \underline{w}_k = \underline{a}_k(\hat{\underline{x}}_k^{\mathrm{e}}) + \left.\frac{\partial \underline{a}_k}{\partial \underline{x}_k}\right|_{\underline{x}_k = \hat{\underline{x}}_k^{\mathrm{e}}} (\underline{x}_k - \hat{\underline{x}}_k^{\mathrm{e}}) + R(\underline{x}_k) + \underline{w}_k$$

der Abbildungen, wobei das Restglied $R(\underline{x}_k)$, der grün markierte Bereich in Abb. 14.3, vernachlässigt wird. Deshalb kann das EKF bei starken Nichtlinearitäten schlechte bzw. inkonsistente Ergebnisse liefern [13]. In der Regel führt dies zu einem Bias der Schätzungen, d.h. zu einem systematischen Fehler.

Um diesen Linearisierungsfehler zu berücksichtigen, kann eine systematische Abschätzung des Restgliedterms vorgenommen werden. Betrachtet man einen Konfidenzbereich der Schätzung, z.B. die 3σ-Grenze, so lässt sich das Restglied über dieser Menge abschätzen. Dadurch lässt sich der Term $R(\underline{x}_k)$ als amplitudenbegrenzter Fehler auffassen und kann durch

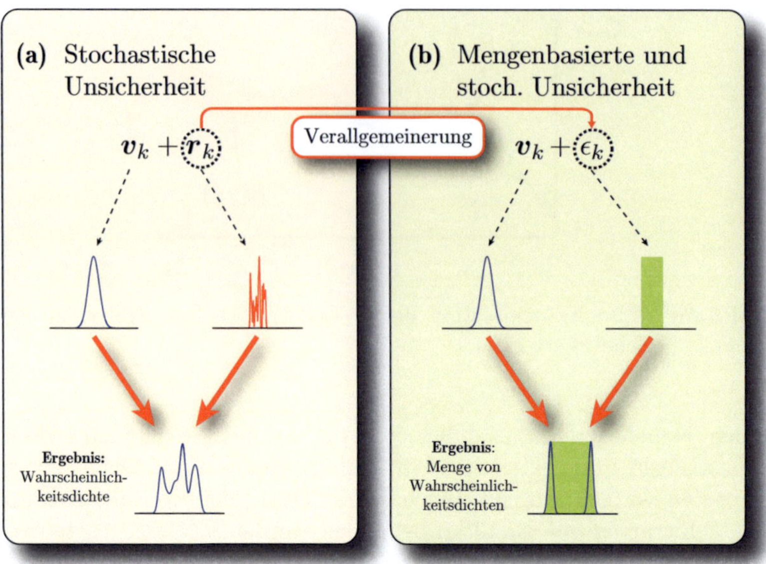

Abbildung 14.4: Darstellung von Unsicherheiten: **(a)** Störung ist als Addition zweier Zufallsvariablen gegeben. **(b)** Störung ist durch eine Kombination einer Zufallsvariable und einer Menge gegeben.

eine Menge beschrieben werden. Zur Zustandsschätzung kann nun das Kalman-Filter für Ellipsoide aus Abschnitt 3 verwendet werden.

4.3 Approximation komplizierter Wahrscheinlichkeitsdichten

Ein häufiges Problem beim Einsatz eines allgemeinen bayesschen Schätzers besteht in dem steigenden Aufwand für die Darstellung und Berechnung der Dichten. Dieser Aufwand kann durch verschiedene Approximationen, wie z.B. Linearisierung oder eine Reduktion der Anzahl der Komponenten von Gaußmischdichten, begrenzt werden.

Anstatt durch eine Approximation Fehler einzuführen, erlaubt die Verwendung von Mengen von Wahrscheinlichkeitsdichten eine konservative Abschätzung komplizierter Dichten. Unter der Annahme, dass sich die stochastische Unsicherheit additiv z.B. in einen normalverteilten Term $\underline{v}_k$ und einen beliebig verteilten, aber amplitudenbegrenzten Störterm $\underline{r}_k$

aufteilen lässt, kann $\underline{r}_k$ durch eine mengenbasierte Unsicherheit $\epsilon_k \in \mathcal{E}$ verallgemeinert werden. Abbildung 14.4 verdeutlicht diese Vereinfachung. Die komplizierte Wahrscheinlichkeitsdichte in Teilabbildung (a) setzt sich aus einer normalverteilten und einer amplitudenbegrenzten Zufallsvariablen zusammmen. In Teilabbildung (b) wird der amplitudenbegrenzte Anteil durch eine Menge verallgemeinert, so dass sich schließlich eine Menge von verschobenen einfachen Gaußdichten ergibt. Durch diese Vorgehensweise werden Approximationsfehler vermieden. Der einzige Informationsverlust besteht in der Verteilung des Fehlers $\underline{r}_k$ innerhalb der Amplitudengrenzen.

5 Schlussfolgerung

In dieser Arbeit wurde ein Schätzer für Mengen von Wahrscheinlichkeitsdichten vorgestellt. Neben der allgemeinen Verarbeitung von Mengen von Dichten wurde ein Filter beschrieben, welches effizient ellipsoidale Mengen von Schätzwerten verarbeitet. Da die Formeln hierfür sehr einfach sind, ist die Verwendung dieses Schätzers direkt möglich.

Die Verarbeitung von Mengen von Wahrscheinlichkeitsdichten ermöglicht nun verschiedene Ansätze, die mit rein stochastischen Schätzern nur mit großem Aufwand möglich sind. Mengen von Dichten erlauben die Beschreibung sowie die Unterscheidung von systematischer und stochastischer Unsicherheit durch die Kombination von Wahrscheinlichkeitsdichten und Mengen zu Mengen von Dichten. Komplizierte Dichten lassen sich mit dem vorgestellten Ansatz durch Mengen „einfacher" Dichten darstellen und verarbeiten. Der Verarbeitungsaufwand kann hierbei durch entsprechende Abschätzungen des systematischen Fehlers wesentlich geringer sein. Weiterhin ermöglichen Mengen von Dichten eine einfache Berücksichtigung von Linearisierungsfehlern, wie sie in manchen stochastischen Schätzern, wie dem EKF, auftreten. Dadurch lässt sich die entstandene Modellabweichung durch eine Menge abschätzen und man erhält eine Menge von Normalverteilungen, welche den Linearisierungsfehler berücksichtigt und die exakte Schätzung beinhaltet. Insgesamt erlaubt dieses Verfahren eine systematische Behandlung stochastischer und mengenbasierter Unsicherheit, kann so den stochastischen Teil der Zustandsschätzung wesentlich vereinfachen und die Robustheit des Schätzers erhöhen.

Literatur

1. R. E. Kalman, „A New Approach to Linear Filtering and Prediction Problems", *Transactions of the ASME – Journal of Basic Engineering*, S. 35–45, 1960.

2. A. Doucet, Hrsg., *Sequential Monte Carlo methods in practice*, Ser. Statistics for engineering and information science. New York: Springer, 2001.

3. F. C. Schweppe, *Uncertain Dynamic Systems*. Prentice-Hall, 1973.

4. A. Kurzhanski und I. Vályi, *Ellipsoidal Calculus for Estimation and Control*. Birkhäuser, 1997.

5. D. Brunn, F. Sawo und U. D. Hanebeck, „Modellbasierte Vermessung verteilter Phänomene und Generierung optimaler Messsequenzen", *tm - Technisches Messen, Oldenbourg Verlag*, Vol. 3, S. 75–90, Mar. 2007.

6. U. D. Hanebeck, J. Horn und G. Schmidt, „On combining statistical and set theoretic estimation", *Automatica*, Vol. 35, Nr. 6, S. 1101–1109, Jun. 1999.

7. I. Levi, *The Enterprise of Knowledge*. MIT Press, 1983.

8. D. R. Morrell und W. C. Stirling, „Set-valued filtering and smoothing", *IEEE Transactions on Systems, Man and Cybernetics*, Vol. 21, Nr. 1, S. 184–193, Jan. 1991.

9. K. Weichselberger, „The theory of interval-probability as a unifying concept for uncertainty", *International Journal of Approximate Reasoning*, Vol. 24, S. 149–170(22), May 2000.

10. ——, *Elementare Grundbegriffe einer allgemeineren Wahrscheinlichkeitsrechnung I*. Heidelberg: Physica-Verlag, 2001.

11. B. Noack, V. Klumpp, D. Brunn und U. D. Hanebeck, „Nonlinear Bayesian estimation with convex sets of probability densities", in *Proceedings of the 11th International Conference on Information Fusion (Fusion 2008)*, Cologne, Germany, Jul. 2008, S. 1–8.

12. B. Noack, V. Klumpp und U. D. Hanebeck, „State estimation with sets of densities considering stochastic and systematic errors", in *Proceedings of the 12th International Conference on Information Fusion (Fusion 2009)*, Seattle, Washington, July 2009.

13. D. F. Bizup und D. E. Brown, „The Over-Extended Kalman Filter – don't use it!" in *Proceedings of the Sixth International Conference of Information Fusion*, Vol. 1, 2003, S. 40–46.

Sensoreinsatzplanung zur Verfolgung von Quellen räumlich ausgedehnter Phänomene

Achim Kuwertz[1], Marco F. Huber[2],
Felix Sawo[2] und Uwe D. Hanebeck[1]

[1] Institut für Anthropomatik, Karlsruher Institut für Technologie (KIT),
E-Mail: `kuwertz@ira.uka.de`, `uwe.hanebeck@ieee.org`
[2] Fraunhofer-Institut für Optronik, Systemtechnik und Bildauswertung (IOSB),
E-Mail: `marco.huber@ieee.org`, `felix.sawo@iosb.fraunhofer.de`

Zusammenfassung Räumlich ausgedehnte Phänomene wie Schadstoffverteilungen in Gewässern oder Temperaturverteilungen in Räumen werden vielfach durch unbekannte, gegebenenfalls sich bewegende Quellen erzeugt. Allerdings stehen in vielen praktisch relevanten Aufgabenstellungen Informationen zur Lokalisierung einer derartigen Quelle nur indirekt durch eine Vermessung des induzierten Phänomens zur Verfügung, welche den Einsatz eines verteilten Messsystems erfordert. Die Messungen können dabei beispielsweise von einem stationären Sensornetz oder von mobilen Sensoren stammen. In diesem Beitrag werden modellbasierte Verfahren zur echtzeitfähigen Lokalisierung und schritthaltenden Verfolgung von Quellen vorgestellt, welche gezielt räumlich und zeitlich verteilte Messungen einsetzen. Um den Informationsgewinn und somit den Nutzen verteilter Messungen zu maximieren, spielt bei diesen Verfahren neben einer mathematischen Modellierung auch eine vorausschauende Sensoreinsatzplanung eine zentrale Rolle. Das in diesem Beitrag vorgeschlagene Planungsverfahren ermöglicht dabei die effiziente und ressourcenschonende Verfolgung beweglicher Quellen bei gleichzeitig hoher Lokalisierungsgenauigkeit.

1 Einleitung

In der Natur und in der vom Menschen geschaffenen Umgebung treten häufig *räumlich ausgedehnte Phänomene* auf. Beispiele solcher Phänomene sind Verteilungen von Schadstoffen in Luft oder Wasser, wie etwa aus

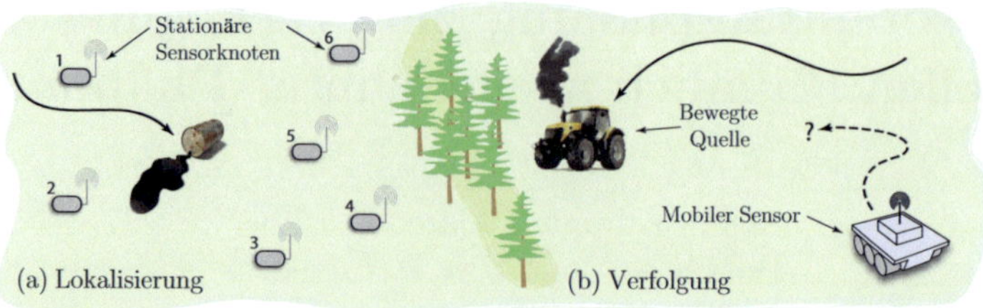

Abbildung 15.1: Lokalisierung und Verfolgung von Quellen räumlich ausgedehnter Phänomene durch stationäre und mobile Sensoren.

Lecks austretende Gase oder Ölteppiche in Meeren sowie Temperaturverteilungen über räumlich ausgedehnten Gebieten oder in geschlossenen Räumen. Diese Verteilungen von physikalischen Quantitäten sind dabei alle durch einen kontinuierlichen räumlichen Verlauf über ihrem Ausbreitungsgebiet sowie durch eine kontinuierliche zeitliche Veränderung dieses Verlaufs charakterisiert.

Die *technische Erfassung und Vermessung* von räumlich ausgedehnten Phänomenen ist eine sinnvolle und gewinnbringende Aufgabe, da sie es beispielsweise ermöglicht, das Vorhandensein und die Ausbreitung von Schadstoffen zu detektieren und zu überwachen. Somit können Belastungen für Mensch und Umwelt durch derartige Gefahrenstoffe erkannt und abgewendet werden. Als zusätzlicher Nutzen dieser Erfassung können weiterhin die Erkenntnisse über räumlich ausgedehnte Phänomene vergrößert werden, z. B. in Form von verbesserten Ausbreitungsmodellen.

Um ein räumlich ausgedehntes Phänomen durch eine Vermessung ausreichend erfassen zu können, sind Messungen an verschiedenen Raumpositionen und zu verschiedenen Zeitpunkten notwendig. Ein *verteiltes Messsystem* wie beispielsweise ein stationäres Sensornetz [1] oder eine Gruppe von mobilen Robotern ist daher ideal für die Erfassung derartiger Phänomene geeignet. Allerdings liefern diese Messsysteme nur punktuelle Messungen. Zur Darstellung eines kontinuierlichen Phänomens ist daher eine Rekonstruktion erforderlich. Abschnitt 2 stellt zu dieser Problematik die *modellbasierte Rekonstruktion* vor.

Quellenlokalisierung   Ein besonders interessantes und zugleich herausforderndes Gebiet der Erfassung von physikalischen Verteilungen ist die *Lokalisierung der Quelle* [2] einer räumlich ausgedehnten Verunreinigung. Die besondere Schwierigkeit dieser Aufgabe liegt dabei in der Tatsache, dass zur Lokalisierung einer Quelle keine *direkten* Messverfahren wie Abstands- oder Winkelmessungen zur Verfügung stehen. Informationen über die Quelle können nur *indirekt* durch eine Erfassung des von ihr induzierten räumlich ausgedehnten Phänomens gewonnen werden. Für bewegte Quellen muss eine Lokalisierung weiterhin schritthaltend, d. h. mit fortlaufender Erfassung des Phänomens erfolgen. Die modellbasierte Lokalisierung einer bewegten Quelle durch ein stationäres Sensornetz, wie in Abb. 15.1(a) illustriert, wird in Abschnitt 3 vorgestellt. Ähnliche Aufgabenstellungen werden beispielsweise in [3, 4] behandelt.

Verfolgung   Eine Erweiterung der Lokalisierung durch ein stationäres Sensornetz stellt die *Verfolgung einer Quelle* durch mobile Sensoren dar, in welcher die Sensoren schritthaltend an möglichst optimalen Messpositionen platziert werden. Dabei ist ein *Szenario* wie in Abb. 15.1(b) vorstellbar: Auf einem begrenzten Gebiet, beispielsweise in einer Lagerstätte für Chemikalien, wurde das Austreten von flüchtigen Gefahrenstoffen bemerkt. Um eine Gefährdung der menschlichen Gesundheit zu vermeiden, werden autonome mobile Roboter eingesetzt. Ein Roboter verfügt dabei über Sensoren, mit welchen die Konzentration der Gefahrenstoffe jeweils an der aktuellen Roboterposition gemessen werden kann. Die Aufgabe der Roboter ist es nun, durch Messungen an verschiedenen Raumpositionen die Quelle der Kontamination in möglichst kurzer Zeit zu identifizieren, zu lokalisieren und zu verfolgen.

Um eine derartige Aufgabe erfolgreich lösen zu können, müssen die Roboter mit Verfahren zur Pfadplanung ausgestattet sein [5, 6]. Ein modellbasiertes Planungsverfahren zur Quellenverfolgung wird daher in Abschnitt 4 vorgestellt. Abschnitt 5 fasst abschließend die Vorteile dieses Planungsverfahrens gegenüber anderen Ansätzen zusammen.

2 Modellbasierte Rekonstruktion

Räumlich ausgedehnte Phänomene stellen eine kontinuierliche Verteilung von physikalischen Größen im Raum dar, welche sich kontinuierlich mit der Zeit ändern. Genauer gesagt lassen sich diese Phänomene mathematisch als eine Funktion $p(\underline{z}, t)$ beschreiben, wobei $\underline{z} \in \mathbb{R}^3$ oder $\underline{z} \in \mathbb{R}^2$ eine Raumkoordinate und $t \in \mathbb{R}^+$ einen Zeitpunkt bezeichnet.

Als Voraussetzung für eine erfolgreiche Quellenlokalisierung ist eine ausreichende Erfassung der induzierten Verteilung notwendig. Ein verteiltes Messsystem liefert dabei punktuelle Messungen wie beispielsweise Konzentrationswerte und erreicht daher nur eine *diskrete Abtastung* eines kontinuierlichen Phänomens in einzelnen Raumpunkten und zu verschiedenen Zeitpunkten. Über Werte an Punkten in Raum und Zeit, für welche keine Messungen vorliegen, lassen sich zunächst keine Aussagen treffen.

Um hohe räumliche und zeitliche Abtastraten zu vermeiden, können Interpolationstechniken zur Gewinnung von Phänomenwerten für Nicht-Messpunkte angewendet werden. In diesem Beitrag wird dazu die Methode der *modellbasierten Rekonstruktion* [7, 8] genutzt, welche neben einer Interpolation auch die Synchronisation von zu verschiedenen Zeitpunkten erfassten Messwerten erlaubt. Als Grundlage dieser Berechnungen dient dabei ein mathematisches Modell des zu erfassenden Phänomens.

Viele räumlich ausgedehnte Phänomene lassen sich mathematisch durch partielle Differentialgleichungen *(PDE)* charakterisieren. Dieser Beitrag konzentriert sich auf die Erfassung von linearen Phänomenen in der Ebene, wie beispielsweise *Diffusions-Advektions-* oder *Wärmeleitungsphänomenen*, welche durch eine lineare PDE der Form

$$\mathbb{L}\left(p(\underline{z},t), \frac{\partial p}{\partial t}, \cdots, \frac{\partial^i p}{\partial t^i}, \frac{\partial p}{\partial z_x}, \cdots, \frac{\partial^j p}{\partial z_x^j}, \frac{\partial p}{\partial z_y}, \cdots, \frac{\partial^k p}{\partial z_y^k} \right) = s(\underline{z},t)$$

beschrieben werden. Der Term $s(\underline{z},t)$ bezeichnet dabei die von der Phänomenquelle pro Zeit- und Raumpunkt eingebrachte Anregung.

Zur Lösung von linearen PDEs werden in der modellbasierten Rekonstruktion Diskretisierungsverfahren genutzt. In diesem Beitrag wird die Raumdiskretisierung durch die *Finite Elemente Methode* [9] und die Zeitdiskretisierung durch das Crank-Nicolson-Verfahren erreicht [10].

In der Finite Elemente Methode wird die verteilt-parametrische Beschreibung eines Phänomens in Form einer PDE durch Diskretisierung des Raums in ein konzentriert-parametrisches System in Zustandsraumform überführt. Dazu wird die das Phänomen beschreibende Lösungsfunktion $p(\underline{z},t)$ als Reihe entwickelt und über die Summe

$$p(\underline{z},t) \quad \approx \quad \sum_{i=0}^{N} \Phi_i(\underline{z}) \cdot x_i(t) \tag{15.1}$$

approximiert. In dieser Summe werden die Orts- und Zeitabhängigkeit getrennt durch die ortsabhängigen Basisfunktionen $\Phi_i(\underline{z})$ und die zeitabhängigen Skalierungsfaktoren $x_i(t)$ dargestellt.

Als Ergebnis dieser Darstellung lässt sich die raumdiskretisierte Lösungsfunktion zu jedem Zeitpunkt t durch den Vektor der Skalierungsfaktoren $\underline{x}(t) := [x_0(t), x_1(t), \cdots, x_N(t)]^{\mathrm{T}}$ beschreiben. Durch Anwendung der Zeitdiskretisierung kann die PDE dann in ein zeitdiskretes System aus gewöhnlichen Differentialgleichungen in der Zustandsraumform

$$\underline{x}_k = \mathbf{A} \cdot \underline{x}_k + \mathbf{B} \cdot \underline{s}_k \tag{15.2}$$

überführt werden. Die Systemmatrix $\mathbf{A}$ charakterisiert dabei das System, die Eingangsmatrix $\mathbf{B}$ dient der Einbringung der diskretisierten Anregung $\underline{s}_k$. Insgesamt lassen sich mit Hilfe dieser mathematischen Modellierung die Werte des Phänomens an einem beliebigen Raumpunkt $\underline{z}_n$ zum Zeitpunkt t_k aus dem Zustandsvektor $\underline{x}_k$ nach Gleichung (15.1) gemäß $p(\underline{z}_n, t_k) = \underline{\Phi}(\underline{z}_n) \cdot \underline{x}_k$ interpolieren, wobei $\underline{\Phi} := [\Phi_0, \Phi_1, \ldots, \Phi_N]$.

Für die *Rekonstruktion* eines räumlich ausgedehnten Phänomens muss somit insgesamt nur sein Zustandsvektor $\underline{x}_k$ aus den erfassten Messwerten bestimmt werden. In der modellbasierten Rekonstruktion wird dieses Problem durch *stochastische Schätzverfahren* wie das bekannte Kalman-Filter gelöst. Dazu werden die Gleichungen (15.1) und (15.2) durch Interpretation des Zustandsvektors als Zufallsvektor in eine stochastische Form überführt und als *Mess-* und *Systemmodell* genutzt.

Abbildung 15.2 zeigt beispielhaft die Ergebnisse der modellbasierten Rekonstruktion eines eindimensionalen Temperaturverlaufs zu verschiedenen Zeitpunkten t_k. Dabei wird sowohl die Annäherung des rekonstruierten Verlaufs (*grün*) an die vorgegebene Temperatur (*blau*) als auch die Reduktion der Schätzunsicherheit (3σ-Grenze, *schwarz*) deutlich.

3 Lokalisierung als Schätzproblem

Im Bisherigen wurde eine Phänomenrekonstruktion auf Basis eines linearen Systemmodells und einer bekannten Anregungsfunktion durchgeführt. Um nun eine *Lokalisierung von Phänomenquellen* zu ermöglichen, muss das Systemmodell auf unbekannte Anregungsfunktionen erweitert werden. Dazu können parametrische Anregungsfunktionen definiert werden, welche die von einer Quelle erzeugte Anregung in Abhängigkeit der Quellenposition $\underline{z}_k^{\mathrm{Q}}$ darstellen.

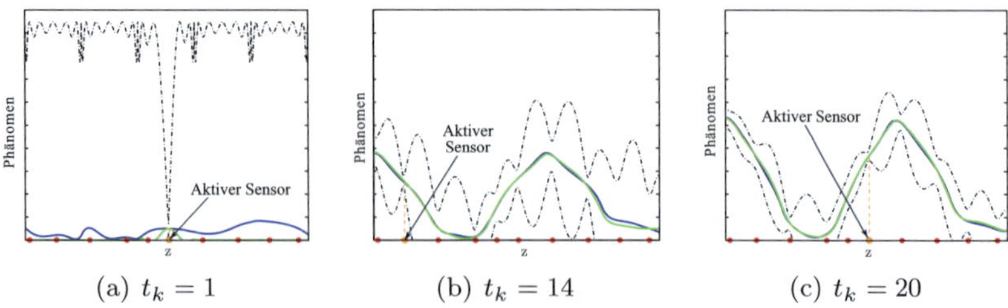

(a) $t_k = 1$ (b) $t_k = 14$ (c) $t_k = 20$

Abbildung 15.2: Rekonstruktion (*grün*) eines 1D-Temperaturverlaufs (*blau*) aus Messungen (*orange*) von Sensoren (*rot*).

Zur Modellierung von lokalen Quellen mit räumlich begrenzter Anregung werden in diesem Beitrag zwei verschiedene Funktionen genutzt. Punktförmige Quellen werden dabei als Dirac-Delta-Impuls dargestellt. Lokal ausgedehnte Quellen werden dagegen als Gaußfunktionen modelliert. Die Diskretisierung dieser lokalen parametrischen Anregungsfunktionen in Raum und Zeit liefert dann den Anregungsvektor $\underline{s}_k(\underline{z}_k^{\mathrm{Q}})$, welcher sich als eine *nichtlineare Funktion* der Quellenposition ergibt.

In der Quellenlokalisierung ist die Position einer Quelle zunächst unbekannt. Für die Zustandsschätzung in der modellbasierten Rekonstruktion bedeutet dies, dass nun ein unbekannter Parameter im Systemmodell auftritt, wodurch die Rekonstruktion zugleich zum *Parameterschätzproblem* wird. Dabei muss simultan zur Rekonstruktion der Phänomenverteilung die Position der Quelle geschätzt werden, und zwar wie bisher ausschließlich auf Grundlage der gemessenen Phänomenwerte.

Zustandserweiterung   Das Parameterschätzproblem wird in diesem Beitrag durch eine Zustandserweiterung gelöst, welche die Quellenposition als unbekannte Variable in den erweiterten Systemzustand $\underline{\tilde{x}}_k := [\underline{x}_k, \underline{z}_k^{\mathrm{Q}}]^{\mathrm{T}}$ integriert. Diese Anpassung erfolgt analog auch für das Systemmodell. Aufgrund der nichtlinearen Abhängigkeit der Anregungsfunktion vom erweiterten Systemzustand ergibt sich dabei ein *nichtlineares Systemmodell*. Dies erschwert die Zustandsschätzung, da in stochastischen Schätzverfahren der Systemzustand $\underline{\tilde{x}}_k$ als Zufallsvektor durch eine Dichtefunktion dargestellt wird, welche in jedem Verarbeitungsschritt durch Prädiktion zeitlich mit anfallenden Messwerten synchronisiert werden muss. Für nichtlineare Systemmodelle kann dabei die aus

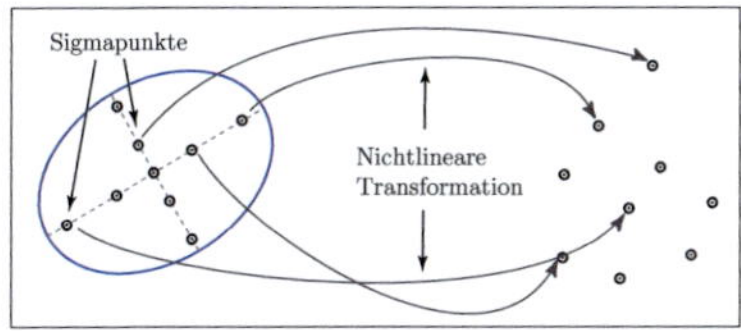

Abbildung 15.3: Prinzip der Dichteapproximation im Gaußfilter.

einer Prädiktion resultierende Zustandsdichte im Allgemeinen nicht geschlossen berechnet werden.

Gaußfilter Eine mögliche Lösung dieser Problematik besteht in der approximativen Berechnung der prädizierten Zustandsdichte. In diesem Beitrag wird dazu das *Gaußfilter* [11, 12] als eine Erweiterung des Kalman-Filters genutzt. Das prinzipielle Vorgehen dieses Filters ist in Abb. 15.3 illustriert. Im Gaußfilter wird eine gegebene Zustandsdichte nicht direkt verarbeitet, sondern zunächst durch sogenannte Sigmapunkte repräsentiert. Diese Sigmapunkte werden anschließend anstelle der eigentlichen Dichte durch das nichtlineare Systemmodell transformiert. Als Ergebnis kann dann die prädizierte Zustandsdichte approximativ aus den transformierten Sigmapunkten berechnet werden. Die Vorteile des Gaußfilters liegen dabei in einer effizienten Berechnung der Sigmapunkte und der Möglichkeit, die nichtlinear zu verarbeitenden Zustandsdimensionen durch Dekomposition reduzieren zu können. Um beliebige Dichtefunktionen darstellen zu können, kann das Gaußfilter weiterhin ohne großen Aufwand auf ein Gaußmischdichte-Filter erweitert werden.

Zur Demonstration der entwickelten Verfahren wurde eine simulierte Quellenverfolgung durchgeführt. Wie in Abb. 15.4(a) gezeigt, bewegt sich hierbei eine Quelle auf einem begrenzten Gebiet, welches von zwei stationären Sensornetzen mit jeweils 9 bzw. 25 gleichzeitig aktiven Sensorknoten überwacht wird. Die in Abb. 15.4(b) dargestellten Ergebnisse der Quellenlokalisierung über 100 Zeitschritte zeigen, dass eine höhere Anzahl an Sensoren zwar zu einer schnelleren Konvergenz führt, langfristig aber beide Sensornetze eine ähnliche Lokalisierungsgüte erreichen.

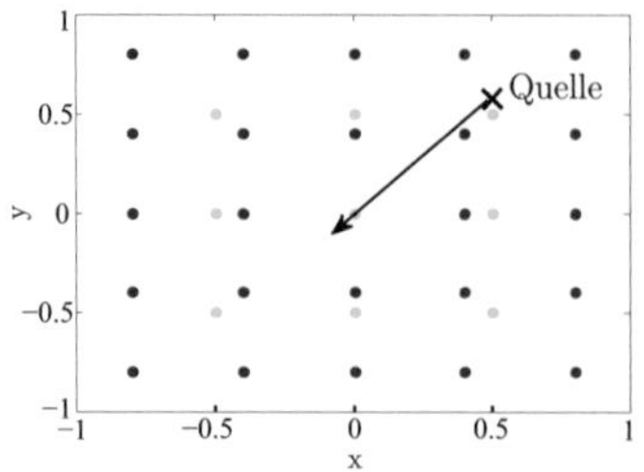
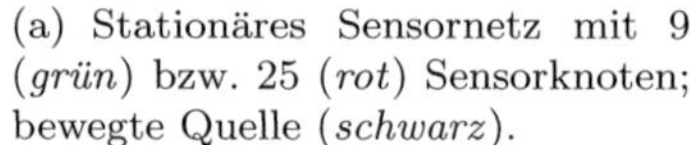

(a) Stationäres Sensornetz mit 9 (*grün*) bzw. 25 (*rot*) Sensorknoten; bewegte Quelle (*schwarz*).

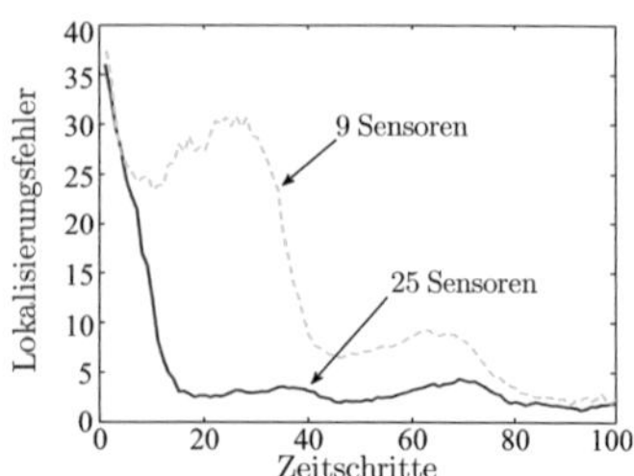

(b) Prozentualer Lokalisierungsfehler für Messungen mit 9 (*grün*) bzw. 25 (*rot*) Sensorknoten.

Abbildung 15.4: Modellbasierte schritthaltende Quellenlokalisierung.

4 Verfolgung als Planungsproblem

Nachdem vorausgehend die schritthaltende Lokalisierung von Quellen vorgestellt wurde, lässt sich nun das eingangs beschriebene Szenario der *Verfolgung* einer bewegten Quelle durch mobile Sensoren realisieren.

Mobile Sensoren bieten gegenüber einem stationären Sensornetz den Vorteil, Messungen an verschiedenen, zur Laufzeit auswählbaren Raumpositionen durchführen zu können. Aufgrund dieser Mobilität lässt sich die Anzahl der zur Messung genutzten Sensoren reduzieren. Eine unüberlegte Reduktion führt dabei allerdings zu einem Abfall der Lokalisierungsgenauigkeit, wie bereits an den Ergebnissen in Abbildung 15.4(b) erkennbar. Um trotz einer reduzierten Sensoranzahl eine hohe Lokalisierungsgenauigkeit zu erreichen, ist daher eine sorgfältige Auswahl der Messpositionen notwendig. Dieser Tatsache trägt der vorliegende Beitrag durch die Nutzung von Verfahren zur *Sensoreinsatzplanung* Rechnung.

Eine *Sensoreinsatzplanung* hat dabei die Maximierung der aus Messungen über ein gegebenes System gewonnenen Information unter Beachtung von existierenden Nebenbedingungen zum Ziel. Im Falle einer Quellenverfolgung bedeutet dies, die Genauigkeit der Quellenlokalisierung unter Nutzung einer vorgegebenen Anzahl mobiler Sensoren zu maximieren. Prinzipiell muss dazu für einen Sensor in jedem Zeitschritt aus einer (endlichen) Menge der möglichen Messpositionen diejenige Position $\underline{u}_k^{\mathrm{S}}$ ausgewählt werden, welche zur höchsten Lokalisierungsgenauigkeit führt. Wird eine Quellenverfolgung über einen längeren Zeitraum durchgeführt, so muss die Einsatzplanung pro Sensor eine ganze Sequenz von optimalen Messpositionen bestimmen. Um dabei verschiedene Messpositionen quantitativ bezüglich ihres Nutzens vergleichen zu können, ist die Definition eines Gütemaßes erforderlich, welches die resultierende Lokalisierungsgenauigkeit möglichst gut vorhersagt. In diesem Beitrag wird dazu ein kovarianzbasiertes Gütemaß genutzt, welches zur Vorhersage der Lokalisierungsgenauigkeit die Schätzunsicherheit der Quellenposition $\underline{z}_k^{\mathrm{Q}}$ in Form der entsprechenden Kovarianzen nutzt, z. B. als die Summe

$$\mathrm{G}(\underline{u}_k^{\mathrm{S}}) \; := \; \mathrm{Cov}(\underline{z}_{x,k}^{\mathrm{Q}}) \; + \; \mathrm{Cov}(\underline{z}_{y,k}^{\mathrm{Q}}) \;.$$

Nachfolgend wird die Einsatzplanung in der Quellenverfolgung durch einen mobilen Sensor vorgestellt. Zur Planung über einen Beobachtungszeitraum von L Zeitschritten wird dabei die *quasi-lineare Einsatzplanung* [11] genutzt. Dieses Verfahren stellt eine Erweiterung der linearen Einsatzplanung dar, welche sich im Fall von Systemen mit linearen System- und Messmodellen und gaußverteilten Unsicherheiten anwenden lässt.

Die *lineare Einsatzplanung* zeichnet sich dabei durch den Vorteil aus, dass sich für kovarianzbasierte Gütemaße die Entwicklung der Güte über den Beobachtungszeitraum unabhängig von den tatsächlichen Messwerten und somit bereits im Voraus berechnen lässt [13]. Zur Bestimmung einer optimalen Sequenz von Messpositionen muss daher nur die Güte aller Messsequenzen der Länge L miteinander verglichen werden. Dieser Vergleich kann dabei als eine *Suche im Baum* aller möglichen Messsequenzen realisiert werden, wie beispielhaft in Abb. 15.5(a) für zwei mögliche Messpositionen $\underline{u}_k^{\mathrm{S},1}$, $\underline{u}_k^{\mathrm{S},2}$ pro Zeitschritt und für $L = 2$ dargestellt.

Um diese Suche möglichst effizient zu gestalten, lassen sich Pruning-Techniken nutzen [14]. Weiterhin werden in diesem Beitrag Techniken der *modell-prädiktiven Regelung* [15] genutzt, welche eine optimale Messsequenz nicht für den gesamten Beobachtungszeitraum, sondern nur über einen verkürzten Planungshorizont $P < L$ berechnen. Dieses Vorgehen stellt dabei einen sinnvollen Kompromiss aus Suchaufwand und Planungsgüte dar und ermöglicht eine Planung in Echtzeit.

Für *nichtlineare Systeme* gestaltet sich eine Sensoreinsatzplanung jedoch deutlich komplexer. Dabei lässt sich für derartige Systeme vor allem die Entwicklung der Güte nicht mehr unabhängig von den tatsächlichen Messwerten berechnen. Eine Möglichkeit, auch für nichtlineare Systeme die Vorteile einer linearen Einsatzplanung nutzen zu können, besteht in

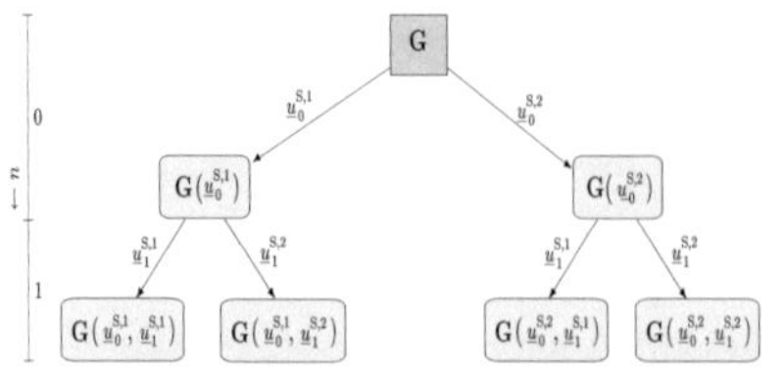

(a) Suchbaum der linearen Einsatzplanung für je zwei Messpositionen $\underline{u}_k^{S,1}, \underline{u}_k^{S,2}$ und zwei Zeitschritte, aus [11].

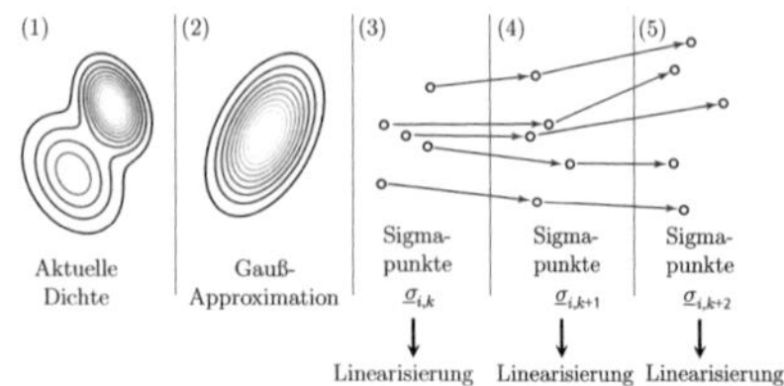

(b) Berechnung einer Linearisierungstrajektorie in der quasi-linearen Einsatzplanung, aus [11].

Abbildung 15.5: Lineare und nichtlineare Einsatzplanung.

der Approximation des Systems durch lineare Modelle. Dieser Ansatz wird in der *quasi-linearen Sensoreinsatzplanung* verfolgt. Als Grundidee wird dabei die als statistische Linearisierung bekannte Approximationstechnik des Gaußfilters für eine prädiktive Einsatzplanung genutzt, welche nur auf den bereits erfassten (tatsächlichen) Messwerten basiert. Dies liefert eine effiziente Approximation des nichtlinearen Planungsproblems, welche dann durch lineare Verfahren behandelt werden kann. Die Zustandsschätzung erfolgt jedoch weiterhin auf nichtlineare Weise.

Das prinzipielle Vorgehen der *prädiktiven statistischen Linearisierung* ist in Abb. 15.5(b) illustriert. Der prädizierte Systemzustand $\tilde{\underline{x}}_{k+j}$ wird dabei für alle j im Planungshorizont $\{1, 2, \ldots, P\}$ über eine sogenannte Linearisierungstrajektorie von Sigmapunkten berechnet. Ausgehend vom aktuellen Systemzustand $\tilde{\underline{x}}_k$ wird dessen Dichte (1) durch eine Gaußdichte approximiert (2) und anschließend durch eine Menge von Sigmapunkten $\underline{\sigma}_{i,k}$ dargestellt (3). Die gewünschte Linearisierungstrajektorie ergibt sich dann, indem für alle j die berechneten Sigmapunkte rekursiv durch das nichtlineare Systemmodell propagiert werden (4-5). Basierend auf der Zustandstrajektorie kann anschließend das nichtlineare System- und Messmodell durch *statistische lineare Regression* für jeden Planungszeitschritt einzeln linearisiert werden. Das lineare Systemmodell im Zeitschritt t_{k+j} wird dabei beispielsweise durch Bestimmung einer linearen Abbildung zwischen den beiden durch die Sigmapunktmengen $\{\underline{\sigma}_{i,k+j-1}\}$ und $\{\underline{\sigma}_{i,k+j}\}$ repräsentierten Zufallsvektoren approximiert.

Zum Abschluss dieses Abschnitts werden die *Ergebnisse einer simulierten Quellenverfolgung* mit einem einzelnen mobilen Sensor präsentiert.

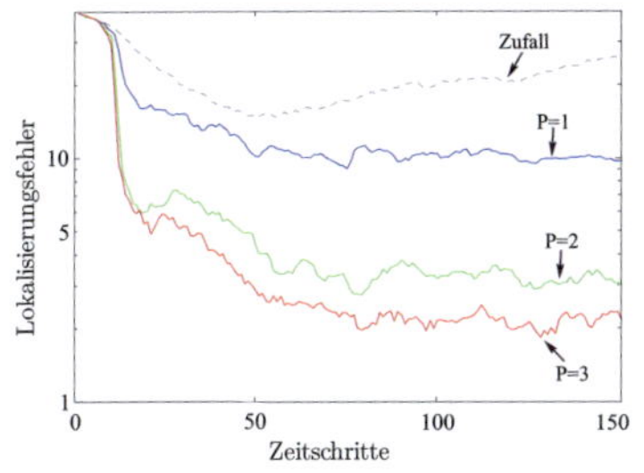
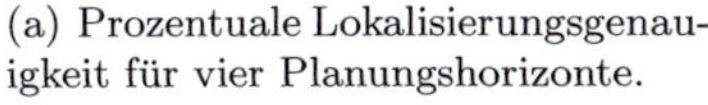

(a) Prozentuale Lokalisierungsgenauigkeit für vier Planungshorizonte.

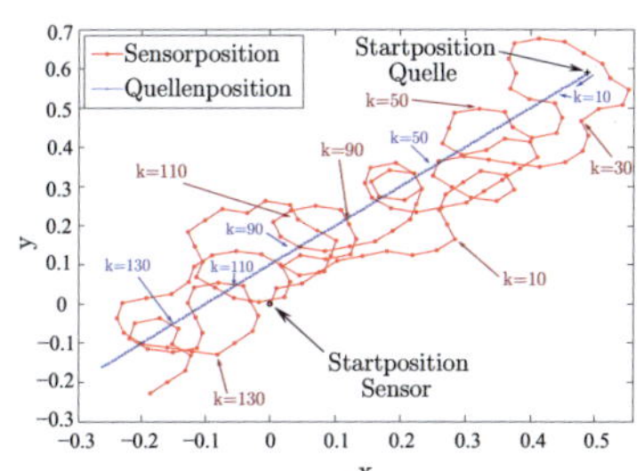

(b) Bewegungstrajektorie der Quelle (blau) und des mobilen Sensors (rot).

Abbildung 15.6: Modellbasierte Quellenverfolgung mit einem mobilen Sensor.

Dazu wird das bereits in Abschnitt 3 beschriebene Setup wiederverwendet, hier über 150 Zeitschritte. In Abb. 15.6(a) ist die prozentuale Lokalisierungsgenauigkeit, bezogen auf die Größe des überwachten Gebiets, für unterschiedliche Planungshorizonte der Länge 1 bis 3 und eine zufällige Sensorauswahl dargestellt. Längere Horizonte führen hierbei zu einer höheren Genauigkeit. Insgesamt erreicht ein einzelner mobiler Sensor in diesem Szenario ähnlich gute Ergebnisse wie ein stationäres Sensornetz mit 25 Knoten. In Abb. 15.6(b) sind weiterhin die Bewegungstrajektorien des mobilen Sensors und der Quelle abgebildet. Dabei ist zu erkennen, wie der Sensor das zu überwachende Gebiet anfänglich großräumig abfährt, um dann mit ansteigender Lokalisierungsgüte die Quelle in engen Kreisen zu verfolgen, bedingt durch die größere Sensorgeschwindigkeit.

5 Zusammenfassung

Die in diesem Beitrag vorgestellten Verfahren zur Quellenlokalisierung und -verfolgung zeichnen sich durch folgende Besonderheiten aus:

- Der *modellbasierte Ansatz* mit *numerischer* Lösung ermöglicht ein rekursives Verarbeitungsschema und geringe Messraten.
- *Stochastische Filterverfahren* erlauben die fortlaufende *Quantifizierung der Lokalisierungsgenauigkeit* in Form der Schätzunsicherheit.

- Das Gaußmischfilter ermöglicht die effiziente rekursive *Lokalisierung bewegter Quellen unter Echtzeitbedingungen.*

- Effiziente *Einsatzplanungsverfahren* erlauben die schritthaltende *Quellenverfolgung* durch *mobile Sensoren* sowie die genaue und *ressourcenschonende Lokalisierung* durch wenige (aktive) Sensoren.

Literatur

1. I. F. Akyildiz, S. Weilian, Y. Sankarasubramaniam und E. Cayirci, „A survey on sensor networks", *IEEE Communications Magazine*, Vol. 40, S. 102–114, Aug. 2002.

2. M. E. Alpay und M. H. Shor, „Model-based solution techniques for the source localization problem", *IEEE Transactions on Control Systems Technology*, Vol. 8, S. 895–904, 2000.

3. J. Matthes, *Eine neue Methode zur Quellenlokalisierung auf der Basis räumlich verteilter, punktweiser Konzentrationsmessungen.* Dissertation, Universität Karlsruhe (TH), 2004.

4. M. A. Demetriou, „Power management of sensor networks for detection of a moving source in 2-D spatial domains", in *Proceedings of the 2006 American Control Conference*, Minneapolis, Minnesota, USA, Jun. 2006, S. 1144–1149.

5. M. Patan und D. Uciński, „Optimal scheduling of mobile sensor networks for detection and localization of stationary contamination sources", in *Proceedings of the 11th International Conference on Information Fusion (Fusion 2008)*, Köln, Deutschland, Jul. 2008, S. 366–372.

6. B. Porat und A. Nehorai, „Localizing vapor-emitting sources by moving sensors", in *Conference Record of the Twenty-Eighth Asilomar Conference on Signals, Systems and Computers*, Vol. 2, Oct. 1994, S. 765–769.

7. F. Sawo, *Nonlinear State and Parameter Estimation of Spatially Distributed Systems.* Dissertation, Universität Karlsruhe (TH), 2009.

8. D. Brunn, F. Sawo und U. D. Hanebeck, „Informationsfusion für verteilte Systeme", in *Informationsfusion in der Mess- und Sensortechnik.* Universitätsverlag Karlsruhe, Sep. 2006, S. 75–90.

9. A. J. Baker, *Finite Element Computational Fluid Mechanics.* Taylor and Francis, 1983.

10. J. Crank und P. Nicolson, „A practical method for numerical evaluation of solutions of partial differential equations of the heat-conduction type", *Advances in Computational Mathematics*, Vol. 6, Nr. 1, S. 207–226, 1996.

11. M. Huber, *Probabilistic Framework for Sensor Management.* Dissertation, Universität Karlsruhe (TH), 2009.

12. M. F. Huber und U. D. Hanebeck, „Gaussian filter based on deterministic sampling for high quality nonlinear estimation", in *Proceedings of the 17th IFAC World Congress*, Vol. 17, Seoul, Südkorea, Jul. 2008.

13. L. Meier, J. Peschon und R. M. Dressler, „Optimal control of measurement subsystems", *IEEE Transactions on Automatic Control*, Vol. 12, Nr. 5, S. 528–536, Oct. 1967.

14. M. F. Huber und U. D. Hanebeck, „Priority list sensor scheduling using optimal pruning", in *Proceedings of the 11th International Conference on Information Fusion (Fusion 2008)*, Köln, Deutschland, Jul. 2008.

15. M. Morari und J. H. Lee, „Model Predictive Control: Past, Present and Future", *Computers and Chemical Engineering*, 1997.

Sicherung von Messdaten in verteilten Messsystemen

Jörg Wolff, René Bösel, Norbert Zisky und Dieter Richter

Physikalisch-Technische Bundesanstalt (PTB),
Abbestraße 2-12, D-10587 Berlin

Zusammenfassung Für die Kommunikation in verteilten Messsystemen werden in zunehmendem Maße offene Netze und drahtlose Technologien genutzt. Beide Entwicklungen werfen unmittelbar Fragen der Informationssicherheit auf, die sich mit kryptografischen Verfahren lösen lassen. In der Praxis finden sich verschiedene Lösungsansätze zur Sicherung von Messdaten. Dieser Beitrag wird eine Ende-zu-Ende Sicherung vorstellen und dabei die Verwendung elektronischer Signaturen erläutern. Abschließend wird auf Möglichkeiten eingegangen, wie sich kryptografische Sicherheit in Messgeräte implementieren lässt.

1 Einleitung

Durch die räumliche Verteilung von Messstellen, Zusatzeinrichtungen und Auswertesystemen liegt die Besonderheit verteilter Messsysteme im Wesentlichen in der Einbeziehung des Kommunikationsnetzes in das System. Trotz der sehr unterschiedlichen Ausprägungen, wie z.B. Energiemesssysteme, Umweltmesseinrichtungen oder drahtlose Sensornetzwerke, ist das Kommunikationsnetz immer Teil eines solchen Systems. Seit vielen Jahren ist dabei die Nutzung offener Netze und drahtloser Technologien unübersehbar, wobei unmittelbar Fragen der Informationssicherheit in den Fokus rücken. Im Mittelpunkt dieses Beitrags steht die Sicherung von Messdaten. Für die Sicherung von Steuerungsdaten lassen sich viele Aussagen – in umgekehrter Informationsrichtung – übernehmen.

Zur Vereinfachung werden hier verteilte Messsysteme in die Komponenten Messgerät, Kommunikationsnetzwerk und Datenerfassungssystem unterteilt.

2 Schutzziele für Messdaten

Im Umfeld verteilter Messsysteme können eine Vielzahl von Akteuren mit sehr unterschiedlichen Interessen eingebunden sein. Als Beispiel seien hier Messsysteme zur Messung und Abrechnung im liberalisierten Energiemarkt genannt. Hier sind oft komplexe Systeme über Unternehmensgrenzen hinaus, räumlich verteilt und teilweise nicht zugänglich, vorzufinden. Die Messdaten werden dabei durch den metrologischen Block mit den Messwerten, Parametern (wie Energieart, Tarif, Zähleridentifikation, usw.) und Zeitstempel repräsentiert.

Für den Schutz von Messdaten in verteilten Messsystemen lassen sich die folgenden Schutzziele definieren:

Integrität bezeichnet den Schutz der Daten vor Modifikation.

Authentizität weist die Urheberschaft nach.

Nicht-Bestreitbarkeit beweist die Urheberschaft gegenüber Dritten.

Vertraulichkeit bietet Schutz vor unbefugtem Abhören.

Für Messdaten sind die Schutzziele Integrität und Authentizität dabei primär. Für viele Messsysteme, auch im gesetzlichen Messwesen, ist Nicht-Bestreitbarkeit ebenfalls ein primäres Schutzziel. Da Vertraulichkeit vorrangig das Kommunikationsnetz betrifft, wird diese hier als sekundär eingestuft.

Über den Schutz von Messdaten hinaus können für verteilte Messsysteme weitere Schutzziele definiert werden. So stellen beispielsweise Verfügbarkeit oder Zugriff auf das Netzwerk wichtige Schutzziele dar, die allerdings das Kommunikationsnetz betreffen [1].

In abgeschlossenen, einfachen Systemen sind zur Erreichung der o.g. Schutzziele auch Verhaltensregeln, Richtlinien o.ä. denkbar. In komplexen, offenen Systemen mit vielen Akteuren sind technische Lösungen aber unverzichtbar.

Neben den genannten Schutzzielen sind auch andere Randbedingungen nicht zu vernachlässigen. Verteilte Messsysteme sind meist für einen langfristigen, reibungslosen Betrieb ausgelegt. Die Messgeräte sind oft nicht oder nur mit hohem Aufwand erreichbar. Zusätzlich können die Messgeräte der Eichpflicht unterliegen. Ein Schutz von Messdaten muss daher langfristig sicher und anwendbar sein. Auch erlangt der Aspekt

Datenschutz zunehmend Bedeutung, besonders im Hinblick auf die Kundenakzeptanz.

3 Kryptografie zur Erreichung der Schutzziele

Durch die Nutzung von Kryptografie können alle vier genannten Schutzziele erreicht werden. Um eine hohe Lebensdauer und langfristige Sicherheit zu erhalten, sind bewährte, öffentlich bekannte Algorithmen eine gute Wahl. Dem Kerckhoffs'schen Prinzip folgend basiert hier die Sicherheit eines Kryptosystems ausschließlich auf der Geheimhaltung der Schlüssel und nicht auf der Geheimhaltung des Algorithmus. Nachfolgend werden Verfahren der symmetrischen und asymmetrischen Kryptografie und von Hashfunktionen vorgestellt.

3.1 Symmetrische Kryptografie

Bei symmetrischer Kryptografie wird für die Ver- und Entschlüsselung der gleiche Schlüssel verwendet. Der Schlüssel muss von beiden Kommunikationspartnern geheim gehalten werden. Bekannte und häufig verwendete Verfahren zum Schutz von Vertraulichkeit sind der *Data Encryption Standard* (DES bzw. 3DES) und der *Advanced Encryption Standard* (AES).

In *Message Authentication Codes* (MAC) können symmetrische Verfahren auch zur Sicherstellung von Authentizität genutzt werden. Dazu kann beispielsweise auf beiden Seiten aus einer Nachricht mit einem gemeinsamen geheimen Schlüssel ein Ergebnis berechnet werden. Anschließend werden die Ergebnisse verglichen und bei Übereinstimmung besitzen beide den gleichen geheimen Schlüssel und haben sich damit identifiziert. Voraussetzung hierbei ist, dass der gemeinsame geheime Schlüssel zuvor auf jeden Kommunikationspartner verteilt wurde.

Symmetrische Kryptografie ist typischerweise leicht zu implementieren und kann auch unter starken Ressourcenbegrenzungen gute Performanz bieten. Mit symmetrischen Kryptografie lassen sich die Schutzziele Vertraulichkeit und Authentizität realisieren.

3.2 Asymmetrische Kryptografie

Bei asymmetrischen Verfahren besitzt jeder Teilnehmer jeweils einen öffentlichen und einen privaten Schlüssel. Der Sender verschlüsselt Daten mit Hilfe des öffentlichen Schlüssels des Empfängers. Nur der Empfänger kann mit seinem privaten Schlüssel die Nachricht entschlüsseln.

Bekannte und häufig verwendete Verfahren der asymmetrischen Kryptografie sind das *Rivest-Shamir-Adleman* (RSA) Verfahren und die *Elliptic Curve Cryptography* (ECC). Mit diesen asymmetrischen Verfahren lassen sich die Schutzziele Authentizität und Vertraulichkeit realisieren.

Digitale Signaturen

Digitale Signaturen nutzen asymmetrische Kryptografie und Hashfunktionen, die nachfolgend kurz beschrieben werden. Um Messdaten zu signieren, wird zunächst über diese Daten mit einer Hashfunktion ein eindeutiger Hashwert berechnet. Aus diesem Hashwert und dem privaten Schlüssel berechnet der Sender anschließend eine Signatur. Zusätzlich zu den Messdaten wird diese Signatur dann übertragen. Da es sich nicht um ein Verschlüsselungsverfahren handelt, liegen die Messdaten hier im Klartext vor. Der Empfänger kann nun wiederum über die Messdaten den Hashwert berechnen und zusammen mit dem öffentlichen Schlüssel des Absenders die Gültigkeit der Signatur verifizieren.

Gegenüber MAC's bieten digitale Signaturen den Vorteil, dass die Authentizität auch gegenüber mehreren Empfängern ohne vorheriges Verteilen gemeinsamer geheimer Schlüssel bestätigt werden kann [2].

Mit digitalen Signaturen lassen sich die Schutzziele Integrität und Authentizität sicherstellen. Sofern der private Schlüssel auch für den Inhaber nicht lesbar ist, lässt sich zusätzlich die Nicht-Bestreitbarkeit realisieren [3].

3.3 Hashfunktionen

Hashfunktionen sind Einwegfunktionen, die einen eindeutigen "kryptografischen Fingerabdruck" über eine Datenmenge berechnen. Aus dem errechneten Hashwert lassen sich die ursprünglichen Daten nicht rekonstruieren. Beispiele hierfür sind *Secure Hash Standard* SHA-1, SHA-2 oder RIPEMD-160. Mit Hashfunktionen lässt sich das Schutzziel Integrität sicherstellen.

4 Sicherung des Übertragungskanals vs. Ende-zu-Ende Sicherung

4.1 Sicherung des Übertragungskanals

Bei der Sicherung eines Übertragungskanals wird üblicherweise krypto-grafische Sicherheit auf den unteren Kommunikationsschichten wie Data-Link-, Network- oder Transport-Schicht implementiert. Meist bietet das verwendete Kommunikationsprotokoll bereits Möglichkeiten, bestimmte Algorithmen zu nutzen oder ist für deren Implementierung vorbereitet.

Bei der Kommunikation über inhomogene Netze kann ein Tunneln oder ein Umsetzen der Protokolle vorgenommen werden. Beim Tunneln wird das ursprüngliche Protokoll über ein anderes geleitet und dann wieder in die ursprüngliche Form zurück gewandelt. Beim Umsetzen von Protokollen wird im Allgemeinen in einem Gateway die Sicherung aufgebrochen und für den nächsten Übertragungskanal neu eingerichtet. Damit liegen die Daten ungeschützt vor und auch die Schlüssel für die zusammenlaufenden Kanäle müssen im Gateway gehalten werden. Somit bildet das Gateway einen unmittelbaren Angriffspunkt des Systems.

Ein entscheidender Nachteil der Sicherung des Übertragungskanals ist das Schlüsselmanagement. Für den Schlüsselaustausch wird bei symmetrischen Verfahren üblicherweise ein sicherer Kanal genutzt. Sofern asymmetrische Verfahren verfügbar sind, lässt sich dazu auch ein Diffie-Hellmann-Schlüsselaustausch nutzen. Bei heterogenen Netzwerkstrukturen müssen alle Protokolle Sicherungsverfahren unterstützen. Sofern hier unterschiedliche Verfahren genutzt werden, erschwert dies das Schlüsselhandling zusätzlich.

4.2 Ende-zu-Ende Sicherung

Eine Ende-zu-Ende Sicherung wird grundsätzlich unabhängig vom verwendeten Kommunikationsnetz durchgeführt. Um mögliche Angriffsziele zu verringern, sind die Verfahren zum Erreichen der primären Schutzziele so weit wie möglich an der Informationsquelle anzuwenden, also im Messgerät bzw. Sensorknoten. Die so geschützten Messdaten können über offene Netze übertragen werden. Da die Sicherung auf Applikationsebene direkt von der Informationsquelle zur -senke erfolgt, ist das System weitgehend unabhängig vom darunterliegenden Kommunikationsnetz.

Eine Ende-zu-Ende Sicherung von Messdaten kann mit symmetrischen oder asymmetrischen Verfahren durchgeführt werden. Speziell digitale Signaturen sind besonders geeignet, die Schutzziele Integrität, Authentizität und Nicht-Bestreitbarkeit zu erreichen. Die Vertraulichkeit kann zusätzlich durch ein asymmetrisches oder symmetrisches Verfahren sichergestellt werden.

Eine Ende-zu-Ende Sicherung bietet den Vorteil, dass sie unabhängig vom Kommunikationsnetz genutzt werden kann. Die gesicherten Daten sind eindeutig auf den Ursprung zurückführbar. Das Schlüsselmanagement wird oft als nachteilig betrachtet, je nach Schutzziel und Verfahren ist eine *Public-Key Infrastructure* (PKI) mit Zertifikaten einsetzbar.

5 Entwurf einer kryptografischen Sicherung von Messdaten

In diesem Kapitel soll beispielhaft eine Sicherung von Messdaten vorgestellt und auf Realisierungsmöglichkeiten hin untersucht werden. Die grundlegenden Aussagen sind dabei aus dem Projekt *Sicherer Elektronischer Messdatenaustausch* (SELMA[1]) abgeleitet [4]. Um die im Abschnitt 2 definierten primären Schutzziele Integrität, Authentizität und Nicht-Bestreitbarkeit sicherzustellen, können digitale Signaturen genutzt werden. Dabei soll eine Ende-zu-Ende Sicherung erfolgen. Die Messdaten sollen so weit wie möglich an der Informationsquelle gesichert werden. Im OSI-Refenzmodell für Kommunikationssysteme bedeutet das, dass die primären Schutzziele in der Applikationsschicht erreicht werden sollen.

Das in diesem Beitrag als sekundär eingestufte Schutzziel Vertraulichkeit kann damit auch in den darunter liegenden Schichten des Kommunikationsnetzwerks gesichert werden. Dafür wird hier eine symmetrische Verschlüsselung vorgeschlagen.

Die vorgeschlagene Sicherung von Messdaten besteht aus folgenden Komponenten, die nachfolgend näher erläutert werden:

Digitale Signaturen auf Basis elliptischer Kurven zur Sicherstellung von Integrität, Authentizität und Nicht-Bestreitbarkeit der Messdaten,

---

[1] http://www.selma.eu/

Public-Key Infrastructure zur Sicherstellung der Authentizität der öffentlichen Schlüssel,

Symmetrische Verschlüsselung zur Sicherstellung von Vertraulichkeit der Messdaten im Kommunikationsnetz,

Diffie-Hellmann Schlüsselaustausch auf Basis elliptischer Kurven zur Einrichtung der symmetrischen Verschlüsselung.

5.1 Digitale Signaturen mit ECC

Signaturen können mit asymmetrischen Verfahren erstellt werden, bei denen jedes Messgerät ein Schlüsselpaar aus privatem und öffentlichen Schlüssel besitzt. Mit dem privaten Schlüssel werden die Daten signiert und mit dem öffentlichen Schlüssel können die Signaturen verifiziert werden. Bekannte asymmetrische Verfahren sind RSA und ECC, die auch für digitale Signaturen genutzt werden.

Das Sicherheitsniveau von ECC mit 180 bit Schlüssellänge wird von der Bundesnetzagentur in etwa dem Niveau von RSA mit 1536 bit Schlüssellänge gleichgestellt [5]. Dabei bietet ECC nicht nur den Vorteil der kurzen Schlüssellänge, langfristig ist auch der Anstieg der Schlüssellänge bei ECC geringer als bei RSA.

Elliptic Curve Digital Signature Algorithm (ECDSA) ist ein Signaturverfahren mit Nutzung von ECC. Das ECDSA-Verfahren lässt sich mit verschiedenen Kurvenparametern nutzen. Durch das *National Institute for Standards and Technology* (NIST) sind beispielsweise das ECDSA-Verfahren über endliche Körper $GF(p)$ und $GF(2^m)$ mit entsprechenden Kurven in FIPS 186 [6] standardisiert. Vielfach wird die Kurve P-192 über $GF(p)$ mit 192 bit Schlüssellänge verwendet, auf die sich nachfolgend bezogen wird.

5.2 Public-Key Infrastructure

Eine Public-Key Infrastructure mit Zertifikaten ist eine Möglichkeit, bei asymmetrischer Kryptografie die Schlüsselverwaltung zu implementieren. Zertifikate sind Datenobjekte, die den öffentlichen Schlüssel des Messgerätes, Gültigkeitsinformationen, usw. und eine Signatur enthalten. Die Zertifikate werden durch eine zentrale Stelle, der *Certification Authority* (CA) signiert und herausgegeben. Die CA sichert so die Authentizität der öffentlichen Schlüssel.

Eine Möglichkeit ist die Verwendung von Zertifikaten nach ITU-T X.509. Da Zertifikate auch mit ECDSA signiert werden können, ist wiederum die Nutzung der elliptischen Kurven Kryptografie möglich. Sofern ECC bereits auf dem Messgerät implementiert ist, vereinfacht sich damit eine Zertifikatsverifikation.

5.3 Symmetrische Verschlüsselung

Das hier als sekundär eingestufte Schutzziel Vertraulichkeit kann durch eine symmetrische Verschlüsselung erreicht werden. So sind z.B. die bereits unter 3.1 genannten Verfahren 3DES und AES weit verbreitet und in Hardware oder Software verfügbar.

Viele Kommunikationsprotokolle besitzen Möglichkeiten, diese auf den unteren Schichten zu nutzen oder sind für eine Implementierung vorbereitet. Aus dem Bereich der *Wireless Personal Area Networks* (WPAN) sei hier beispielhaft IEEE 802.15.4 und darauf aufsetzend Wireless HART herausgegriffen. Der Fokus dieser Technologie liegt im Bereich der industriellen Kommunikation, speziell der Prozessautomatisierung. IEEE 802.15.4 bietet in der Medium Access Control Schicht die Möglichkeit, eine 128 bit AES-Verschlüsselung zu nutzen. Auch bei Wireless HART kann diese Verschlüsselung genutzt werden. Das Schlüsselhandling ist dem Nutzer überlassen und könnte wie im nächsten Abschnitt beschrieben durchgeführt werden.

Bei drahtgebundenen Netzwerken ist die zunehmende Nutzung von Internet-Technologien offensichtlich. Somit ließe sich Vertraulichkeit z.B. auch durch *Virtual Private Networks* (VPN) erreichen.

5.4 Schlüsselaustausch für symmetrische Verschlüsselung

Das *Elliptic Curve Diffie-Hellman* (ECDH) Verfahren kann genutzt werden, damit sich zwei Kommunikationspartner über ungesicherte Kanäle auf einen gemeinsamen Schlüssel einigen. Ein gemeinsamer Schlüssel ist für die symmetrische Verschlüsselung erforderlich. Die zuvor dargestellte elliptische Kurven Kryptografie zur Signaturerstellung kann hierzu auf einfache Weise genutzt werden.

Zur Verhinderung von "Man-in-the-middle"-Angriffen müssen die bei ECDH gegenseitig ausgetauschten öffentlichen Schlüssel authentisiert werden. Dies kann z.B. über Signaturen geschehen, deren öffentliche

Schlüssel wiederum in Zertifikaten eindeutig einer CA zugeordnet sind. Es lassen sich also die zuvor genannten Komponenten ECDSA und PKI für diesen Schlüsselaustausch nutzen.

5.5 Implementierung in Messgeräte

Dieser Abschnitt gibt eine Übersicht zu den wichtigsten Bausteinen, mit denen die zuvor beispielhaft vorgestellte Sicherung von Messdaten auf embedded Geräten implementiert werden kann.

Mikrocontroller

Die Verwendung von Standard-Mikrocontrollern ist meist eine kostengünstige Variante, kryptografische Sicherheit in Messgeräte zu implementieren. Viele kryptografische Funktionen lassen sich bereits auf 8- und 16-Bit Mikrocontrollern ohne Coprozessor realisieren. Dazu zählen insbesondere symmetrische Verfahren wie AES. Asymmetrische Kryptografie bereitet auf diesen ressourcenbeschränkten Systemen dagegen oft Probleme, so z.B. die Anforderungen von RSA an Rechenzeit und Speicher. ECC bietet hier Lösungsmöglichkeiten, die jedoch vom gewählten endlichen Körper und den Kurvenparametern abhängen. So zeigen beispielsweise Gura et al., dass ECC mit P-192 auf einem ATmega128 in etwa 1,3 s berechnet werden kann [7]. Kumar demonstriert, dass ein ECDH Schlüsselaustausch auf einem 8-Bit 8051 Mikrocontroller in etwa 3 s möglich ist [8]. Aktuelle 16-Bit Mikrocontroller sollten genügend Ressourcen bieten, um ECDSA-Signaturen mit P-192 nach FIPS 186 in unter einer Sekunde zu erstellen.

Um ECDSA auf einem Mikrocontroller nutzen zu können, ist neben der ECC-Implementierung ein Zufallszahlengenerator und eine Hashfunktion nötig. Sofern die asymmetrischen Schlüssel nicht in dem Messgerät bzw. auf dem Mikrocontroller generiert werden können, ist zudem eine sichere Methode zum Aufbringen der Schlüssel notwendig.

Problematisch bei der Realisierung in Mikrocontrollern ist vor allem das unumgängliche Halten von geheimen Schlüsseln auf dem Controller und die Verarbeitung ungesicherter Daten. Neben den physikalischen Attacken können oft auch Seitenkanalangriffe auf Basis von Timing- oder Stromverbrauchsanalysen diese Systeme erfolgreich angreifen.

Smart Cards

Smart Cards werden schon lange Zeit in sicherheitskritischen Anwendungen der Banken- und Finanzwelt genutzt. Auch die hohen Anforderungen nach dem Signaturgesetz und hoheitlicher Dokumente (elektronischer Pass und Personalausweis) können mit Smart Cards erfüllt werden. Smart Cards bieten meist eine Reihe von kryptografische Algorithmen, bilden eine geschützte Umgebung und sind resistent gegenüber den meisten Seitenkanalattacken. Smart Card Schnittstellen folgen oft der ISO/IEC 7816, die Standardisierungen für die physikalische Schicht, sowie die Sicherungs- und Anwendungsschicht festlegt.

Smart Cards können von einem Trustcenter personalisiert herausgeben werden. Die Applikation zur Signaturerstellung sitzt auf der Smart Card und kann damit auch unabhängig vom Messgerätehersteller erstellt werden. Bei nötigen Zertifizierungen, z.B. nach Common Criteria, ist eine Zertifizierung ausreichend. Die Zertifizierungen umfassen dabei nicht nur die Hardware, sondern auch Smart Card Betriebssysteme. Sofern eine vollständige Zertifizierung erforderlich ist, müssen daher nur die eigenen Applikationen geprüft werden. Auch kann eine Zertifizierung nur einmal vorgenommen, und in unterschiedlichen Anwendungen genutzt werden.

Die Projekte SELMA und auch INSIKA[2] (*Integrierte Sicherheit für messwertverarbeitende Kassensysteme*) nutzen Smart Cards als Kryptobausteine. Wie bei vielen anderen Smart Card Projekten ist auch bei INSIKA die Anwendungsschicht um spezielle Funktionalitäten erweitert worden. So werden die übergebenen Daten ihrem Inhalt nach überprüft und es wird eine monoton steigende Sequenznummer aus der geschützten Umgebung der Smart Card generiert. Damit ist die Erstellung der Signatur unabhängig von Zeitinformationen und verhindert Replay-Attacken.

Andere Kryptobausteine

Secure Microcontroller oder sog. *Machine-to-Machine* (M2M) Module entspringen meist der Smart Card Entwicklung und bieten ähnliche Funktionalitäten. Da sie jedoch fest mit der Plattform verbunden sind, verändert dies das Betriebsmodell. Können die Schlüssel bzw. das Schlüsselpaar nicht auf dem Baustein selbst generiert werden, ist eine Methode zum sicheren Aufbringen der Schlüssel nötig.

---

[2] http://www.insika.de/

Eine Reihe von Kryptobausteinen stellt von Smart Cards bekannte Eigenschaften wie manipulationsgeschütze Umgebung, Resistenz gegenüber vielen Seitenkanalattacken und Zertifizierung bereit. Bei vielen Anbietern sind kryptografische Verfahren bereits im Schaltkreis untergebracht, wodurch sich die Entwicklungszeiten erheblich verkürzen. In den letzten Jahren sind eine Reihe von Kryptobausteinen herausgebracht worden, die gute Voraussetzungen für die Integration in Messgeräte bieten.

Energieverbrauch einer ECDSA Signaturlösung mit Smart Cards

Besonders für batteriebetriebene Messgeräte oder drahtlose Sensorknoten ist der zusätzliche Energieverbrauch für kryptografische Funktionen ein entscheidendes Kriterium. Die unter 5.1 beschriebene Signaturlösung mit ECDSA nach FIPS 186 mit den Parametern P-192 wird im Projekt INSIKA auf einer Smart Card durchgeführt, die nicht explizit für Batteriebetrieb optimiert ist. Daher sollen die hier vorgestellte Messergebnisse eine grobe Vorstellung der Größenordnungen ermöglichen.

In einer Transaktion werden etwa 70 byte übergebene Nutzdaten ihrem Inhalt nach plausibilisert und anschließend Summen im manipulationsgeschützten Speicher der Smart Card aktualisiert. Zusätzlich wird eine monoton steigenden Sequenznummer aus der Smart Card heraus generiert. Bei 4,8 MHz Takt ist eine vollständige Befehlskette aus Reset, Auswahl der Smart Card Applikation und einer Transaktion nach 360 ms abgearbeitet. Die nötigen Datenübertragungen sind hierbei bereits eingeschlossen. Bei einer Betriebsspannung von 5 V nimmt die Smart Card in dieser Befehlskette eine Energie von 11,4 mJ auf. Der Stromverbrauch der Smart Card reduziert sich bei 3 V weiter. Eine Standard 3 V Lithium-Batterie mit 1200 mAh bietet eine Energie von fast 13 kJ und damit rein theoretisch bereits genug für über 1 Mio. Signaturen. Allerdings wurden hierbei der nötige Mikrocontroller zur Ansteuerung und Kommunikation und der evtl. nötige Interface-Schaltkreis für die Smart Card noch nicht berücksichtigt.

6 Bewertung in Bezug auf die Anforderungen im gesetzlichen Messwesen

Die Sicherheit von Messdaten ist Bestandteil von Anforderungsdokumenten im gesetzlichen Messwesen, die im letzten Jahrzehnt auf allen

Ebenen entstanden sind. Dazu zählt das OIML-Dokument D 31 [9], die europäische Messerätedirektive MID [10] mit dem untersetzenden WELMEC Leitfaden 7.2 [11] sowie die PTB-Anforderungen A 50.7 [12] auf nationaler Ebene. Alle genannten Anforderungsdokumente behandeln vom Grundsatz her auch den Schutz von Messdaten bei verteilten Messsystemen, beim OIML- und beim WELMEC-Dokument mit differenzierten Schutzniveaus für unterschiedliche Messgeräteklassen.

Das in dieser Arbeit skizzierte Konzept der Ende-zu-Ende Sicherheit von Messdaten für verteilte Systeme unter Verwendung elektronischer Signaturen erfüllt die in allen Anforderungsdokumenten enthaltenen Sicherungsanforderungen auf dem jeweils höchsten Schutzniveau. Es ist damit nicht nur für alle Messgerätearten hinsichtlich der Erfüllung der Sicherheitsanforderungen geeignet, sondern es ist auch hinreichend zukunftssicher, denn die Risikobeurteilung für Messgeräte kann sich verändern und zur Einstufung in ein höheres Schutzniveau führen.

7 Zusammenfassung

Der Schutz von Messdaten in verteilten Messsystemen lässt sich durch kryptografische Verfahren sicherstellen. In diesem Beitrag wurde gezeigt, dass die als primär eingestuften Schutzziele Integrität, Authentizität und Nicht-Bestreitbarkeit mit Hilfe digitaler Signaturen erreicht werden können. Vorgeschlagen wird dafür eine Ende-zu-Ende Sicherung und somit der Schutz der Messdaten direkt von der Informationsquelle zur -senke. Der Schutz von Vertraulichkeit wird dem Kommunikationsnetzwerk zugeordnet. Oft ist dies bereits in Form einer symmetrischen Verschlüsselung vorgesehen.

Durch geschickte Kombination können elliptische Kurven in Messgeräten für die Erstellung digitaler Signaturen, für den Schlüsselaustausch und für die Zertifikatsverifikation einer Public-Key Infrastructure genutzt werden. Zur Integration in Messgeräte stehen mittlerweile eine Reihe verschiedener Bausteine zur Verfügung.

Literatur

1. H. Karl und A. Willig, *Protocols and Architectures for Wireless Sensor Networks.* John Wiley & Sons, 2005.

2. L. B. Oliveira, A. Kansal, B. Priyantha, M. Goraczko und F. Zhao, „Secure-tws: Authenticating node to multi-user communication in shared sensor networks", in *IPSN '09: Proceedings of the 2009 International Conference on Information Processing in Sensor Networks*.   Washington, DC, USA: IEEE Computer Society, 2009, S. 289–300.

3. B. Schneier, *Applied cryptography (2nd ed.): protocols, algorithms, and source code in C*.   New York, NY, USA: John Wiley & Sons, Inc., 1995.

4. N. H. Zisky, *PTB-Bericht IT-12: Das SELMA-Projekt: Konzepte, Modelle, Verfahren*.   Braunschweig und Berlin: Physikalisch-Technische Bundesanstalt, 2005.

5. *Bekanntmachung zur elektronischen Signatur nach dem Signaturgesetz und der Signaturverordnung (Übersicht über geeignete Algorithmen)*.

6. *FIPS Publication 186-3: Digital Signature Standard (DSS)*.

7. N. Gura, A. Patel, A. Wander, H. Eberle und S. C. Shantz, „Comparing Elliptic Curve Cryptography and RSA on 8-bit CPUs", in *Cryptographic Hardware and Embedded Systems - CHES 2004 6th International Workshop Cambridge, MA, USA, August 11-13, 2004. Proceedings*.

8. S. S. Kumar, „Elliptic curve cryptography for constrained devices", Dissertation, Ruhr-University Bochum, 2006.

9. *OIML D 31: General requirements for software controlled measuring instruments*.

10. *"Measuring Instruments Directive (MID)": Richtlinie 2004/22/EG des Europäischen Parlaments und des Rates vom 31. März 2004 über Messgeräte*.

11. *WELMEC Guide 7.2: Software Guide (Measuring Instruments Directive 2004/22/EC)*.

12. *PTB-Anforderung A 50.7: Anforderungen an elektronische und softwaregesteuerte Messgeräte und Zusatzeinrichtungen für Elektrizität, Gas, Wasser und Wärme*.

Instanzorientierte Zugriffskontrolle für den Einsatz in Sensornetzwerken

Hauke Vagts[1,2] und Jürgen Beyerer[1,2]

[1] KIT, Insitut für Anthropomatik, Lehrstuhl für Interaktive Echtzeitsysteme
Adenauerring 4, D-76131 Karlsruhe
[2] Fraunhofer-Institut für Optronik, Systemtechnik und Bildauswertung IOSB
Fraunhoferstrasse 1, D-76131 Karlsruhe

Zusammenfassung In Service Orientierten Architekturen (SOA) wird Softwarefunktionalität in Diensten gekapselt und ist über standardisierte Schnittstellen ansprechbar. In sensordatenverarbeitenden SOAs können Dienste in zwei Klassen aufgeteilt werden, *high-level Dienste* und *low-level Dienste*. Letztere bieten Schnittstellen für (intelligente) Sensoren, erstere kapseln Algorithmen und Auswertungsfunktionen auf hohem Abstraktionsniveau. Die Mehrfachverwendung (Instanziierung) von high-level Dienste in verschiedenen Prozessen führt zu Sicherheitsproblemen. Klassische Zugriffskontrollmodelle (z. B. RBAC) greifen für ein dynamisches Umfeld zu kurz oder sind (z. B. TBAC) nicht praxistauglich. Diese Arbeit stellt einen neuen Ansatz – *instanzorientierte Zugriffskontrolle* – vor.

1 Einleitung

SOA basierte Systeme haben den Sprung von der Forschung in die Praxis geschafft. In einer SOA wird Funktionalität in *Diensten* zur Verfügung gestellt. Ein Dienst kapselt dabei (Geschäfts-)Logik und bietet eine definierte Schnittstelle nach außen an. Um eine bestimmte Aufgabe zu erfüllen, werden die einzelnen Dienste über einen *Worklow* orchestriert, d. h. der Workflow gibt eine Logik vor nach der die Dienste ausgeführt werden, dabei werden typische Konstrukte, wie Schleifen oder if-then-else Anweisungen verwenden. Ein Workflow wird von einer *Workflowengine* ausgeführt, welche die einzelnen Dienste startet. Zudem rufen sich Dienste gegenseitig auf um benötigte Informationen zu erhalten.

Die Funktionalität von Sensoren, lässt sich über Dienste kapseln und kann über spezifizierte Schnittstellen angesprochen werden, d. h. die gewonnen Sensordaten können abgerufen werden. Es ist auch möglich das mehrere Sensoren zu einem Dienst zusammen geschaltet werden, der die einzige Sensorschnittstelle darstellt, z. B. mehrere Kameras, zu einem Multi-Kamera-Tracker. So können Sensoren durch Dienstfunktionalität und eine entsprechende Schnittstelle zu *intelligenten Sensoren* werden. Durch die Kapselung kann zudem eine höhere Datenabstraktion erreicht werden, die es vereinfacht Sensordaten zu verarbeiten. So können auswertende Dienste direkt auf die relevanten Informationen zugreifen und Informationen, die aus Sensoren verschiedener Modalitäten gewonnen werden, können so miteinander kombiniert werden. Der SOA Ansatz bietet sich ebenfalls für die Auswertung von Sensorinformationen an, da Analyse- und Auswertungsmodule, die über Services gekapselt sind, flexibel mit einander kombiniert werden können. Es wird ein hohes Maß an Wiederverwertbarkeit, Flexibilität und Erweiterbarkeit erreicht.

Generell liegen in sensordatenverarbeitenden SOAs die gleichen Sicherheitsprobleme vor wie in anderen verteilten Architekturen. V Von besonderer Bedeutung in verteilten Systemen sind Zugriffskontrollen (Authentizität und Autorisierung), die den verteilten Zugriff, potentiell wechselnder Teilnehmer, absichern. In dieser Arbeit wird der Ansatz der *instanzorientierten Zugriffskontrolle* vorgestellt, der sicheren und praxistauglichen Zugriff in einem auftragsorientierten sensordatenverarbeitenden System ermöglicht.

Im folgenden, wird dargestellt wie Sensordaten-verarbeitende auftragsorientierte SOA Systeme aufgebaut sind. Anschließend werden die Sicherheitsanforderungen an Zugriffskontrollen in solche Systemen beschrieben und existierende Lösungen erläutert. Ausgehend von den Schwachstellen vorhandener Ansätze wird das Prinzip der instanzbasierten Zugriffskontrolle vorgestellt. Abschließend wird auf Ansatzpunkte für weitere Arbeiten hingewiesen.

2 Auftragsorientierte sensordatenverarbeitende Systeme

Um die Sicherheitsanforderungen für Zugriffskontrollen nachvollziehen zu können, ist es notwendig die grundlegenden Prinzipien einer solchen System Architektur zu kennen.

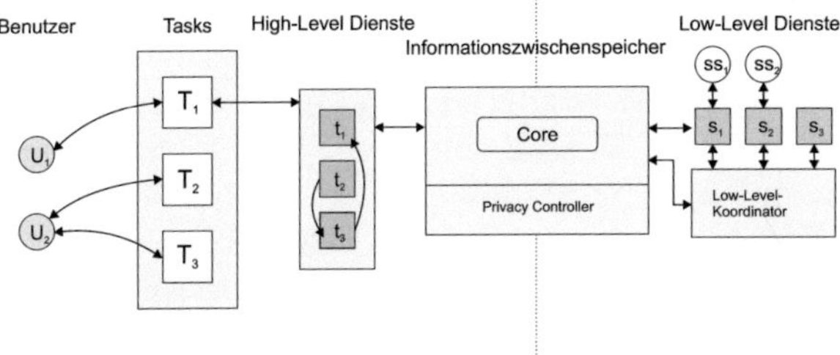

Abbildung 17.1: Architektur eines auftragsorientierten Sensorsystems.

2.1 Schematische Darstellung von auftragsorientierten sensordatenverarbeitenden Systemen

Bevor die eigentliche Architektur beschrieben werden kann, muss das Prinzip der *Auftragsorientiertheit* in sensordatenverarbeiten Systemen erklärt werden.

Auftragsorientiertheit in Sensorsystemen

Heutige datenerfassende Architekturen sind meistens *sensororientiert*, d. h. alle Sensoren sammeln zuerst die maximale Menge an Daten. Erst in einem nach gelagertem Schritt werden die Daten dann ausgewertet und verarbeitet. Ein Großteil der Daten wird dabei für Erfüllung des eigentlichen Zwecks nicht gebraucht, so dass für die Erhebung und Verarbeitung unnötig viele Ressourcen verbraucht werden. Ein auftragsorientierter Ansatz bietet sich folglich an. Dabei werden nicht mehr alle Daten gesammelt, sonder nur noch gezielt Daten erfasst, die für die Zweckerfüllung notwendig sind. Somit ergeben sich Effizienzvorteile, da nur noch Daten für auftragsrelevante Objekte verarbeitet werden müssen. Zudem ergeben sich Vorteile für den Datenschutz, da für jedes Objekt gespeichert kann, zu welchem Auftrag welche Daten gesammelt wurden [1]. Durch die Verwendung von Diensten zur Durchführung von Aufgaben (s. u.), wird zudem eine hohe Flexibilität erreicht, da Aufgaben leicht angepasst und verändert werden können.

Architektur

Der serviceorientierte Ansatz bietet sich an um auftragsorientierte Sensorsysteme umzusetzen. Die Aufgabe eines Systems wird dabei über einen Workflow beschrieben, er besteht aus einer Orchestration von Diensten, die zur Durchführung der Aufgabe benötigt werden. Dabei können *high-level* und *low-level* Dienste unterschieden werden. High-level Dienste kapseln Analyse- und Auswertungsfunktionen, die zum Erreichen einer Aufgabe nötig sind. Sie stellen die Bausteine für die Aufgabenbeschreibung dar. Low-level Dienste kapseln einen oder mehrere Sensoren um sie ansprechbar zu machen. Die aus den low-level Diensten gewonnen Sensorinformationen müssen den high-level Diensten zur Verfügung gestellt werden. Da oft mehrere Dienste die gleichen Daten benötigen, wird zudem ein zentraler *Informationszwischenspeicher* benötigt. Damit ergibt sich eine Gesamtarchitektur, wie sie in Abbildung 17.1 zu sehen ist. *Benutzer* können dabei *Tasks*, d. h. Aufgaben für das Sensorsystem starten. Dabei ist es möglich das ein Nutzer mehrere Tasks inne hat, ein Task setzt sich dann aus verschiedenen high-level Diensten zusammen. T_1 besteht aus den drei Diensten t_1-t_3. Dienste können dabei von einer Worklowengine aufgerufen, bzw. gesteuert, werden oder sich gegenseitig aufrufen. Schnittstelle zwischen high- und low-level Seite ist der Informationszwischenspeicher, der in diesem Fall noch einen *Privacy Controller* beinhaltet, der Datenschutz konformen Zugriff auf die Daten gewährleistet (für Details siehe [2]). Auf der low-level Seite steuert der *Low-Level-Koordinator* den Einsatz von Diensten (S_1-S_3), er soll z. B. verhindern das für die Datenerhebung zu ein Objekt mehrere Dienste vom gleichen Typ instanziiert werden. die Low-level Dienste kommunizieren mit den Sensoren (SS_1 und SS_2). Dabei kann ein Dienst auch mehrere Sensoren verwalten. Datenschutz und Sensorplanung stehen nicht im Fokus dieser Arbeit und werden hier nicht weiter behandelt.

Von jedem high-level Diensttyp können mehrere Instanzen existieren, da im System jeder Auftragstyp beliebig oft gestartet werden kann und dann für jeden Auftrag eigene Instanzen der High-Level-Dienste zur Durchführung gestartet werden. Abbildung 17.2 beschreibt die Interaktion verschiedener high-level Dienste. Die hellgrauen high-level Dienste arbeiten im Auftrag des Überwachungsauftrags T_1, die dunkelgrauen high-level Dienste im Auftrag des Überwachungsauftrags T_2. Die Form der high-level Dienste stellt ihren Typ dar. So sind z. B. t_1 und t_5 Dienste des

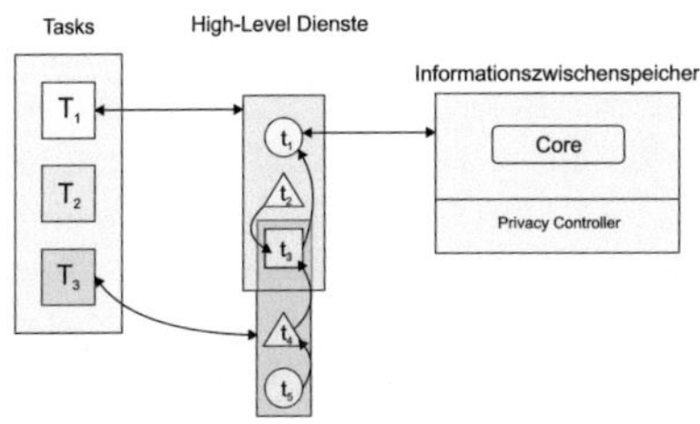

Abbildung 17.2: High-level Dienste.

gleichen Typs, jedoch unterschiedlicher Instanzen. Benötigen High-Level Dienste Informationen von Sensoren, so können sie auf den Informationszwischenspeicher zugreifen. Jegliche Informationen, die von Sensoren gesammelt wurden, sind dort gespeichert. Existieren die benötigten Informationen im Informationszwischenspeicher nicht, so bleibt den high-Level Diensten nur die Möglichkeit zu warten, bis die angefragten Informationen existieren. Ein direkter Zugriff auf low-level Dienste oder Sensoren ist nicht möglich. Diese Einschränkung des Zugriffs sorgt Sicherheit und Robustheit. Der Informationsspeicher kann den Einsatz von low-level Services über den Low-Level Koordinator veranlassen.

2.2 Schutzziele in auftragsorientierten Sensorsystemen

Im Allgemeinen müssen die gleichen Schutzziele [3] erreicht werden, wie in anderen Systemen: Authentizität, Vertraulichkeit, Integrität und "Data Freshness". Letztere soll sicherstellen, das die verwendetet Informationen aktuell sind. Die Schutzziele lassen sich auf die die authentische, vertrauliche und integere Übermittlung von Nachrichten reduzieren. Die durch etablierte Standardverfahren der asymmetrischen Kryptographie und Public Key Infrastrukturen sichergestellt werden können [3].

Von besonderem Interesse ist die Zugriffskontrolle, die sich nicht trivial lösen lässt. Die Anforderungen an die Zugriffskontrolle sind für die einzelnen Teilbereiche der Architektur (Abbildung 17.1) unterschiedlich und müssen gesondert betrachtet werden.

Benutzer – Tasks: Es muss gewährleistet sein, das nur autorisierte Nutzer Aufträge starten, ändern und beenden dürfen.

High-level Dienste: Generell soll der Zugriff nach dem Prinzip der minimalen Rechte erfolgen, d. h. der Zugriff auf Dienste soll so weit wie möglich eingeschränkt werden, während die Durchführung des Tasks noch möglich ist [4]. Es ist vor der Ausführung eines Auftrags festzulegen, welche Dienste beteiligt sind und welche Zugriffe sie potentiell tätigen müssen. Die Beschreibung wird implizit über den Workflow gegeben. Der Zugriff auf high-level Dienste ist nur durch andere high-level Dienste, den Informationsspeicher und den Auftrag, d. h. die Workflowengine, im Kontext des Auftrags gestattet. Vor allem ist zu berücksichtigen, das Dienste für unterschiedliche Aufträge instanziiert werden können. Berechtigungen müssen entsprechend für die Instanzen vergeben werden.

High-level Dienste – Informationszwischenspeicher: Es muss eindeutig festgelegt sein welche Dienste auf den Informationszwischenspeicher zugreifen dürfen, da er sehr sensible Informationen enthalten kann. Nur durch einen Auftrag berechtigte Instanzen von high- und low-level Services und die Workflowenginge dürfen auf den Speicher zugreifen.

Low-Level Dienste und Koordinator: Da low-level Dienste unter einander kommunizieren können um höherwertige Dienste zu bilden, ist der Zugriff untereinander prinzipiell gestattet, muss aber explizit festgelegt werden. Entsprechend dürfen nur low-level Dienste und der Koordinator auf low-level Dienste zugreifen.

Ein Modell für die instanzorientierte Zugriffskontrolle, das die Schutzziele erfüllt wird in Kapitel 4 vorgestellt.

3 Zugriffskontrollen

Es existieren verschiedene Zugriffskontrollmodelle. So gibt es benutzerbestimmbare Zugriffskontrollstrategien (DAC), bei denen der Eigentümer eines Objects, die Zugriffsrechte selbst festlegt. Es existieren nur objektbezogene Sicherheitseigenschaften, keine systemübergreifenden. Im Gegensatz dazu stehen systembestimmte zwingende Zugriffsrechte (MAC), die systemübergreifend Berechtigungen festlegen, die nicht nur der aud der Identität von Subjekten und Objekten beruhen und zusätzliche Informationen einbeziehen können.

Eine Zugriffskontrolle ist generell eine Menge von Berechtigungen, die über dir Relation $P \subseteq S \times O \times A$ beschrieben wird. Dabei ist S die Menge der Subjekte, O die Menge der Objekte und A die Menge der möglichen Aktionen.

Im Kontext der verteilten Systeme sind vor allem Rollenbasierte Zugriffskontrolle (RBAC) [5] relevant, bei denen die durchzuführenden Aufgaben im Mittelpunkt stehen und nicht die Subjekte. Zudem relevant sind auftragsbasierte Zugriffskontrollen (engl. task-based access control, TBAC) [6], die für Rechtevergaben in Workflows entwickelt wurden.

3.1 Rollenbasierte Zugriffskontrollen

Ein rollenbasiertes Sicherheitsmodell lässt sich nach [5] durch ein Tupel in der Form $RBAC = (S, O, R, P, sr, pr, session)$ beschreiben. Wobei S Benutzer, R Rollen, P Berechtigungen sind und sr, pr und $session$ Relationen darstellen. Dabei beschreibt $sr : S \rightarrow 2^R$ die Rollenmitgliedschaften eins Subjekts $s \in S$. Entsprechend werden einer Rolle $r \in R$ mit $pr : R \rightarrow 2^P$ alle gestatteten Rollenaktivitäten zugeordnet. Die Relation $session \subseteq S \times 2^R$ beschreibt Paare (s, R_s), die als Sitzungen bezeichnet werden, wobei $R_s \subseteq sr(s)$. S hat dann für die Dauer der Sitzung die Berechtigungen aller Rollen $r \in R_s$, s kann also in mehreren Rollen aktiv sein. Nach dem Prinzip der minimalen Rechte sollte s immer mit der kleinstmöglichen Rechtemenge aktiv sein. Rollenbasierter Zugriff kann als DAC- oder MAC-Verfahren umgesetzt werden.

Es existieren drei wesentliche Erweiterungen des Models: Hierarchien, Constraints und Symmetric RBAC. Im NIST Standard [7] bauen die Erweiterungen aufeinander auf, im Allgemeinen können sie jedoch als unabhängig voneinander betrachtet werden.

3.2 Auftragsbasierte Zugriffskontrollen

TBAC [6] stellt ein aktives Zugriffsmodell dar, bei dem Aufträge (Tasks) im Mittelpunkt stehen. Im Gegensatz zu passiven Zugriffsmodellen sind Zugriffe auf Ressourcen gedächtnisbehaftet. Auch vergangene Aktivitäten können Einfluss auf eine erneute Berechtigung haben oder ein Zugriff kann nur ein einziges Mal gewährt werden.

TBAC gewährt Zugriffsrechte, überwacht deren Benutzung und entzieht sie wieder automatisch je nach Fortschritt eines Auftrags. Um minimale Rechte zu gewährleisten werden an jeder Stelle in der Abarbeitung des Auftrags, nur die zu genau diesem Zeitpunkt notwendigen Rechte erteilt. Rechte, die zuvor benötigt wurden, werden wieder entzogen und Rechte, die erst im weiteren Verlauf der Abarbeitung benötigt werden,

werden erst dann zeitnah erteilt.

Eine Menge von Zugriffsberechtigungen P, hat dann die Form $P \subseteq S \times O \times A \times U \times AS$. Es werden zwei neue Elemente eingeführt, die Anzahl der Benutzungen und die Gültigkeitsdauer U und der Authorisierungsschritt AS. Der Authorisierungsschritt AS legt fest, zu welchen Zeitpunkten im Ablauf eines Auftrags welche Rechte ausgestellt werden (wie ein workflow der Berechtigungen). Es existieren zwei Erweiterungen zu TBAC: zusammengesetzte Autorisierungsschritte und Einschränkungen (Constraints).

Probleme in auftragsorientierten Systemen

In verteilten Architekturen werden oft rollenbasierte Zugriffskontrolle verwendet, da sie verhältnismäßig leicht umzusetzen ist, auch wenn Nutzer oft mit zu vielen Rechten agieren. Im Fall eines auftragsbasierten sensordatenverarbeitenden Systems werden, einer Rolle Aufträge zugewiesen, die von ihr ausgeführt werden können. Die zu den Aufträgen gehörigen Dienste erben dann die Rechte zur Ausführung aller beteiligten Dienste und den Zugriff auf alle Objekte. Zwar ist die Durchsetzung einfach, aber sie folgt nicht annähernd dem Prinzip der minimalen Rechte. Kritisch ist ebenfalls die Mehrfachinstanziierung von Aufträgen. Hier muss unterbunden werden, das Dienste vom gleichen Typ in verschiedenen Instanzen von Aufträgen aktiv sein können.

Auftragsbasierte Kontrollen, können die Zugriffe innerhalb eines Workflows sehr genau beschränken und stellen rein theoretisch betrachtet eine sehr gut Lösung dar. Die praktische Durchsetzung ist allerdings nahezu unmöglich. Der dynamische Wechsel der Zugriffskontrollen abhängig von einem Autorisierungsschritt AS ist ebenso aufwendig, wie die Bestimmung des aktuellen Schritts in einem verteilten System.

4 Instanzorientierte Zugriffskontrolle

Um eine sichere und praxistaugliche Zugangskontrolle zu ermöglichen, müssen rollenbasierte Zugriffskontrollen für den Einsatz in auftragsorientierten Systemen erweitert und mit der Idee der auftragsbasierten Kontrolle kombiniert werden. Dabei stehen weder Objekte noch Zugriffe im Mittelpunkt, sondern die Aufträge und zwar in ihrer konkreten Instanziierung.

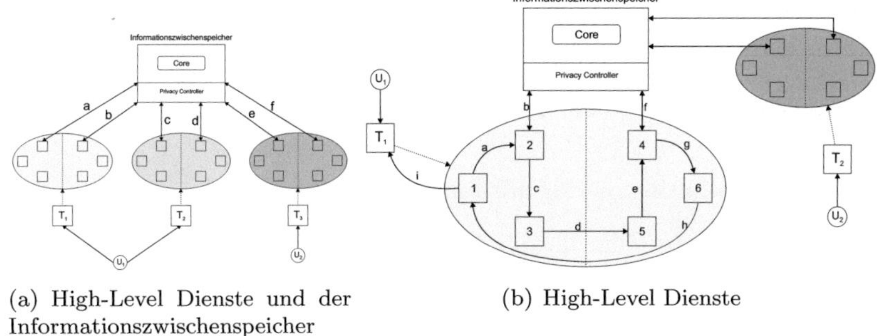

(a) High-Level Dienste und der Informationszwischenspeicher

(b) High-Level Dienste

Abbildung 17.3: Aufträge in Sensordatenverarbeitenden Systemen.

In 17.3(a) sieht man alle wichtige Elemente, die für die Rechtevergabe auf der high-level Seite betrachtet werden müssen. Die Benutzer (u_1, u_2), Aufträge $(T_1\text{-}T3)$ und Zugriffe auf Dienste $(a\text{-}f)$, wobei hier nur Zugriffe auf den Informationsspeicher dargestellt sind. Benutzer können mehrere Aufträge haben und es können mehrere Instanzen eines Auftrags vom gleiche Typ (gleicher Worklfow) existieren. Auch Zugriffe von Aufträgen, die dem gleichen Benutzer gehören, sind von einander zu isolieren. In 17.3(b) ist ein Auftrag detaillierter aufgezeigt.

Die Dienst im Beispielworkflow $(a\text{-}h)$ rufen sich gegenseitig auf. Nach dem TBAC Prinzip, müsste sich mit jeder Dienstausführung die Menge der Berechtigungen P ändern. In diesem Fall sollte für die sequentielle Abfolge immer nur die jeweils benötigte Berechtigung aktiv sein. Dieser Aufwand ist in der Praxis oft nicht durchsetzbar. Es sollte allerdings gewährleistet sein, dass Dienste nur die im Workflow genehmigten Zugriffe machen können, beispielsweise kann der Zugriff c auf 3 nur von 2 ausgeführt werden. Die zeitliche Abfolge wird vernachlässigt. Die Beschränkung ist aus Datenschutz Aspekten wichtig, die ebenfalls nach dem Prinzip der Minimalen Rechte umgesetzt werden sollen. So lässt sich der Workflow in Abbildung 17.3(b) in zwei Teile partitionieren. Der linke Teil verarbeitet kritische Daten, z. B. kann b eine Anfrage zu einer Person sein und personenbezogene Daten zurück liefert. Diese Daten werden von 3 weiterverarbeitet und ein Teil ohne Personenbezug wird bei d an 5 weitergegeben. 4 kann zwar ebenfalls auf den Informationsspeicher zugreifen erhält aber eine unkritische Antwort (z. B. durch Gruppenbildung von Objekten anonymisierte Daten durch den Privacy Controller). Die Daten werden kombiniert und weiter verarbeitet. So wird unterbunden das alle Dienste im rechten Unter-Workflow, Informationen erhalten, die sie nicht benötigen.

4.1 Instanzorientiertes Zugriffskontrollmodel

Das instanzbasierte Zugriffskontrollmodel wird durch ein Tupel der Form

$$AC = (\mathcal{S}, \mathcal{U}, \mathcal{T}, \mathcal{D}_{T_i}, \mathcal{O}_{T_i}, su, ut, ao_{T_i}, D_{T_i}^j, \mathcal{A}_{T_i}^j, \mathcal{A}_{T_i}^j, ao_{T_i}^j,$$

$$\mathcal{D}_{T_i(low)}, \mathcal{O}_{T_i(low)}, ao_{T_i(low)}, D_{T_i(low)}^l, \mathcal{A}_{T_i(low)}^l, \mathcal{A}_{T_i(low)}^l, ao_{T_i(low)}^l)$$

definiert mit $i, j, l \in \{1, \ldots, m\}$, wobei

- $\mathcal{S}$ die Menge der Benutzer,
- $\mathcal{U}$ die Menge der Rollen im Sensorsystem,
- $\mathcal{T}$ die Menge der festgelegten Aufträge,
- $\mathcal{D}_{T_i}$ die Mengen der Dienste zu allen Aufträgen T_i,
- $\mathcal{O}_{T_i}$ die Mengen der schützenswerten Objekte,
- $\mathcal{A}_{T_i}$ die Mengen der zugreifenden Subjekte in allen T_i.
- $su, ut, ao_{T_i}, ao_{T_i}(low)$... sind Relationen.

  Die Abbildung su modelliert die Rollenmitgliedschaft eines Benutzers $s \in \mathcal{S}$. $su : \mathcal{S} \to 2^{\mathcal{U}}$. Wenn $su(s) = \{U_1, \ldots, U_n\}$, dann ist s berechtigt die Rollen $U_1, \ldots, U_n$ im Sensorsystem einzunehmen.

  Über die Abbildung $ut : \mathcal{U} \to 2^{\mathcal{T}}$ wird mit jeder Rolle $U \in \mathcal{U}$ eine Menge von Aufträgen, die vom Inhaber der Rolle ausgeführt werden können, verknüpft.

  Für alle Aufträge T_i definiert eine Relation $ao_{T_i} \subseteq \mathcal{A}_{T_i} \times \mathcal{O}_{T_i}$ die erlaubten Zugriffe innerhalb eines Auftrags. Dabei ist $\mathcal{A}_{T_i} \subseteq \mathcal{D}_{T_i} \cap \{TM\}$, wobei TM eine vertrauenswürdige Workflowengine ist. Des weiteren sind die k Zugriffe auf den Informationszwischenspeicher IZM vom Task T_i, $d_{IZM_k(T_i)} \in \mathcal{D}_{T_i}$, so ist $\mathcal{O}_{T_i} \subseteq \mathcal{D}_{T_i}$. Durch die j unterschiedlichen Zugriffsschnittstellen, wird Zugriff auf Objekte von IZM Seite aus kontrolliert.

  Die Relation ao_{T_i} beschreibt die Zugriffskontrollen für einen Auftrag, allerdings noch nicht für eine konkrete Instanziierung. Um eine Separation zwischen den Aufträgen zu erreichen, muss beim

Start eines Auftrags, für jeden beteiligten Dienst eine neue Instanz erzeugt werden. Entsprechend werden für j Instanzen vom Auftrag T_i entsprechende Zugriffskontrollen für die tatsächlich verwendeten schützenswerten Dienste $D_{T_i}^j$, Objekte $\mathcal{A}_{T_i}^j$, $\mathcal{A}_{T_i}^j$ und gewährende Zugriffsrelationen $ao_{T_i}^j$ erzeugt. Sobald ein Auftrag beendet ist, können die Dienste gestoppt, die Objekte und die Zugriffskontrollen entfernt werden.

Nicht für jeden Auftrag müssen zwangsläufig neue low-level Services gestartet werden, da Informationen über Objekte schon vorhanden sein können und über entsprechenden $d_{IZM_k(T_i)^j}$ abgerufen werden. Entsprechend werden die Zugriffsrechte nach dem gleichen Prinzip erstellt, aber in gesonderten Mengen verwaltet. Immer gestattet ist der Zugriff zwischen IZM und low-level Koordinator LLK. Für jeden Auftrag T_i gibt es die Menge aller verwendbaren low-level Dienste $\mathcal{D}_{T_i(low)}$, die Menge aller schützenswerten Objekte $\mathcal{O}_{T_i(low)}$, also der IZM und alle low-level Dienste auf die zugegriffen wird. Zuletzt gibt es noch die $\mathcal{A}_{T_i(low)}$, bestehend aus allen low-level Diensten, die auf andere low-level Dienste zugreifen und dem LLK. Die Relationen $ao_{T_i(low)}$ müssen ebenfalls bei der Auftragsdefinition festgelegt werden. Sobald Informationen für einen Auftrag benötigt werden, und low-level Dienste instanziiert werden, müssen nach diesem Vorgehen alle Kontrollen für einen Auftrag aktiviert werden. Bei j Aufträgen müssen aber gegebenenfalls nur l Regelsätze instanziiert werden.

$\square$

5 Zusammenfassung und Ausblick

In der Arbeit wurde ein auftragsorientierter Ansatz zum Aufbau von Sensorsystemen vorgestellt und es wurden die Schutzziele für eine darauf aufbauende Architektur identifiziert. Von besonderem Interesse ist dabei Zugriffskontrollen. Der Ansatz der instanzorientierten Zugriffskontrolle wurde erläutert, der die Anforderungen an die Zugriffskontrolle in auftragsorientierten Systemen erfüllt. Er bietet eine höhrers Maß an Sicherheit als rein rollenbasierte Kontrolle und erfordert weniger Aufwand in der Umsetzung als auftragsorientierte Kontrollen, folgt aber dafür im Gegenzug weniger konsequent dem Prinzip der minimalen Rechte.

In zukünftigen Arbeiten, soll der Ansatz von der Testimplementierung in den Demonstrator des NEST (Network Enabled Surveillance and Tracking) [8] System übertragen werden. Insbesondere die Zugriffskontrollen für die low-level Services bieten noch Forschungspotential und sollten besser ausgestaltet werden.

Literatur

1. H. Vagts und J. Beyerer, „Security and privacy challenges in modern surveillance systems", in *Future security: 4th Security Research Conference*, 2009.

2. H. Vagts, A. Bauer, T. Emter und J. Beyerer, „Privacy enforcement in surveillance systems", in *Future security: 4th Security Research Conference*, 2009.

3. C. Eckert, *IT-Sicherheit*, 5. Aufl. Oldenbourg Wissensch.Vlg, November 2007. [Online]. Available: http://www.worldcat.org/isbn/3486582704

4. J. Saltzer und M. Schroeder, „The protection of information in computer systems", *Proceedings of the IEEE*, Vol. 63, Nr. 9, S. 1278–1308, Sept. 1975.

5. H. L. F. Ravi S. Sandhu, Edward J. Coyne und C. E. Youman, „Role-based access control models", *IEEE Computer*, Vol. 29, Nr. 2, S. 38–47, Februar 1996.

6. *Task-Based Authorization Controls (TBAC): A Family of Models for Active and Enterprise-Oriented Autorization Management.* London, UK, UK: Chapman & Hall, Ltd., 1998.

7. R. Sandhu, D. Ferraiolo und R. Kuhn, „The NIST model for role-based access control: towards a unified standard", in *RBAC '00: Proceedings of the fifth ACM workshop on Role-based access control.* New York, NY, USA: ACM, 2000, S. 47–63.

8. J. Moßgraber, F. Reinert und H. Vagts, „An architecture for a task-oriented surveillance system – a service and event based approach", in *Proc. Fifth International Conference on Systems ICONS*, 11–16 April 2010.

Echtzeitfähiges und sensorunabhängiges Multisensorfusionssystem zur Fahrzeugumfelderfassung

Michael Munz und Klaus Dietmayer

Universität Ulm, Institut für Mess-, Regel- u. Mikrotechnik,
Albert-Einstein-Allee 41, D-89081 Ulm

Zusammenfassung In diesem Beitrag wird eine generische Sensorfusionsarchitektur vorgestellt, welche ein heuristikfreies und sensorunabhängiges Fusionsmodul realisiert. Dies wird mit Hilfe einer durchgängigen probabilistischen Modellierung von Objektzustand und Objektexistenz erreicht.

Für die Realisierung des Systems ist es wichtig, harte Echtzeitbedingungen einhalten zu können. Zwei hierfür entwickelte echtzeitfähige Approximation des Verfahrens werden vorgestellt und verglichen. Die Realisierbarkeit und Echtzeitfähigkeit des Verfahrens wird mit einer Auswertung anhand von Realdaten eines ausgewählten Sensor-Setups in Verkehrs-Szenarien gezeigt.

1 Einleitung

Moderne Fahrerassistenzsysteme benötigen eine präzise Beschreibung der Umgebung des Fahrzeuges um Komfort- und Sicherheitsfunktionen realisieren zu können. Die Robustheit und Genauigkeit des Systems kann verbessert werden, indem die Daten unterschiedlicher Sensoren fusioniert werden. Bestehende Fusionssysteme sind jedoch auf ein bestimmtes Sensor-Setup oder eine spezielle Anwendung hin optimiert. Diese starken Applikations- und Sensorabhängigkeiten der gesamten Verarbeitungskette führen bei einem geänderten Sensor-Setup oder anderen Anwendungsanforderungen zu hohen Kosten für die Adaption des Gesamtsystems sowie zu Fehlerrisiken, die aufwändige Validierungsphasen erfordern.

Das Ziel des hier vorgestellten generischen Fusionsansatzes ist es, ein sensorunabhängiges System zu realisieren, welches den Austausch von

Sensorhardware maximal unterstützt.

In diesem generischen Fusionsmodul soll die Information über sensorspezifische Eigenschaften weiterhin nutzbar sein und muss daher abstrahiert zur Verfügung gestellt werden. Eine Möglichkeit hierfür bieten probabilistische Beschreibungen der Sensoreigenschaften. Dies wird im Folgenden als probabilistisches Sensormodell (PSM) bezeichnet. Darüber hinaus muss auch die Sicherheit, dass der Track ein real vorhandenes und relevantes Objekt repräsentiert in Abhängigkeit der Sensoreigenschaften berechnet werden. Hierfür eignet sich die Verwendung eines Wahrscheinlichkeitsmaßes, der Existenzwahrscheinlichkeit $p(\exists x)$.

Die Fusion der Daten aus den PSM wird mit Hilfe eines Extended Kalman-Filters basierend auf dem Joint Integrated Probabilistic Data Association (JIPDA) Algorithmus [1] realisiert. Dieser wurde gewählt, da er die Möglichkeit bietet, die PSM-Information direkt in der Fusionsalgorithmik zu berücksichtigen und auf dieser Basis gleichzeitig die Existenzwahrscheinlichkeit eines Objektes über die Zeit mitzuschätzen. Für das im Rahmen dieser Arbeit realisierte Gesamtsystem wurden Erweiterungen des JIPDA erarbeitet, die es ermöglichen, sensorische Existenzmessungen einzubringen [2], explizite Geburtsmodelle zu nutzen [3] und mehrere Messungen, welche von demselben Objekt stammen, zu verarbeiten (JIPDA-MA) [3].

2 Experimentelles Sensor-Setup

Das Fusionssystem wurde in einem Versuchsfahrzeug, welches mit einer CMOS-Kamera und einem Laserscanner ausgestattet ist, prototypisch implementiert und in verschiedenen Straßenszenarien getestet (s. Abb. 18.1). Jeder Sensor besitzt eine eigene Vorverarbeitungsstufe. Die Laserscanner-Rohdaten werden mit Hilfe eines Linien-Fit-Algorithmus in geradlinige Fragmente aufgeteilt [3]. Im Kamerabild werden mit Hilfe eines Viola-Jones Kaskadenklassifikators Fahrzeugrückfronten erkannt [4]. Dabei werden die Pixelkoordinaten des gemessenen Fußpunktes (i, j) und die Breite b_I in Pixeln der umschreibenden Box als Messvektor $z = (i, j, b_I)$ verwendet. Um die Videodetektion zu beschleunigen, wird eine Aufmerksamkeitssteuerung verwendet. Mit Hilfe der Transformation bereits bestehender Tracks in den Video-Messraum können so Suchbereiche (engl. Region Of Interest, ROI) generiert werden, ohne Sensor-

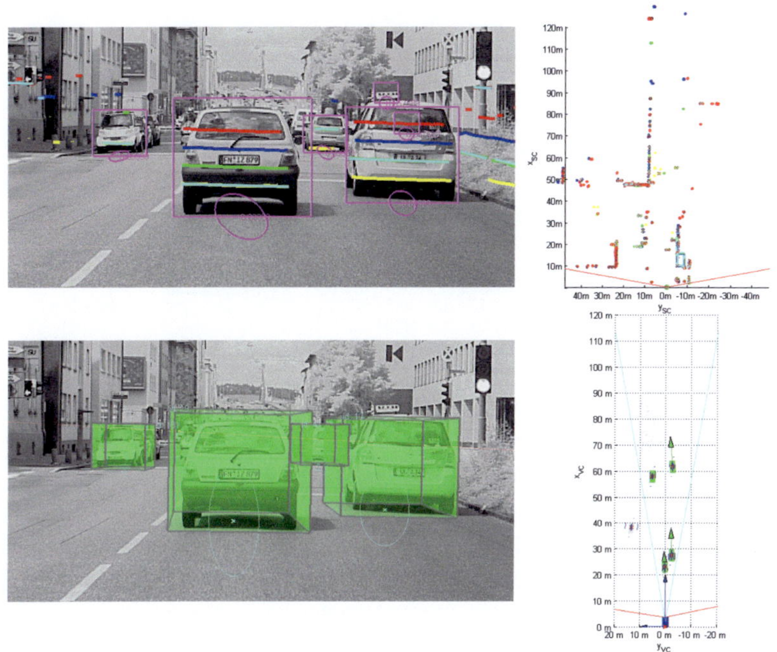

Abbildung 18.1: Trackingansicht Verkehrsszenario. Oben links: Videodetektionen und transformierte Laserscan-Segmente. Oben rechts: Vogelperspektive der Laserscanner Rohdaten. Unten links: In das Videobild transformiertes Trackingergebnis. Unten rechts: Vogelperspektive des Umgebungsmodells.

Schnittstellen mit expliziten Sensorabhängigkeiten zu erhalten.

Das vorgestellte Sensor-Setup wurde gewählt, um das Verfahren in innerstädtischen Applikationen einzusetzen. Dabei wird der große Erfassungsbereich des Laserscanners genutzt, um Verkehrsteilnehmer frühzeitig erkennen zu können. Die Kamera verbessert die laterale Schätzung und trägt mit Hilfe der in [4] vorgestellten Existenz-Rückschlusswahrscheinlichkeiten zur Diskriminierung irrelevanter Objekte bei.

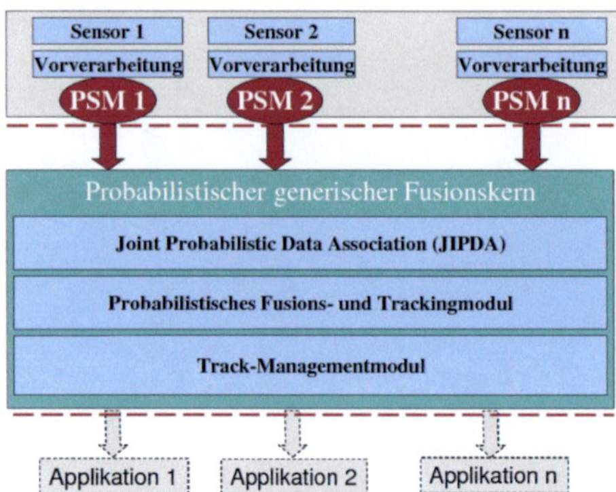

Abbildung 18.2: Übersicht Fusionssystem.

3 Systemüberblick Fusionsframework

Das sensorunabhängige Fusionsframework basiert auf einem generischen Fusionskern, der von mehreren Sensoren asynchron oder synchron Messdaten erhält (s. Abb. 18.2). Um ein genaues zeitliches Alignment sicherzustellen, werden die Zeitstempel der Sensordaten mit Hilfe eines Mikrocontrollers zum Messzeitpunkt erzeugt. Jedes Sensormodul besitzt ein PSM als einheitliche probabilistische Schnittstelle, welche die sensorspezifischen Informationen kapselt. Neben dem Messvektor z und den zugehörigen Messunsicherheiten $R(z)$ beinhaltet eine PSM-Messung folgende Informationen:

- Rückschlusswahrscheinlichkeit für einen Falschalarm basierend auf den Merkmalen der aktuellen Messung z: $p_{fp}(z) = p\,(\exists x | z)$
- Detektionswahrscheinlichkeit gegeben die aktuelle Zustandsschätzung x: $p_D(x) = p\,(\exists z | \exists x)$

Die räumliche Aufenthaltswahrscheinlichkeit eines Tracks wird analog zu gewöhnlichen Kalman-Filtern durch eine Gaußverteilung mit Erwartungswert $\hat{x}$ und Kovarianzmatrix P im Zustandsraum repräsentiert. Zusätzlich besitzt jeder Track eine Existenzwahrscheinlichkeit $p(\exists x)$, welche ebenfalls über die Zeit geschätzt wird.

Die Basis des Fusionskerns bildet der JIPDA-Algorithmus. Anstatt fester Zuordnungen von Messungen zu Tracks werden Zuordnungswahr-

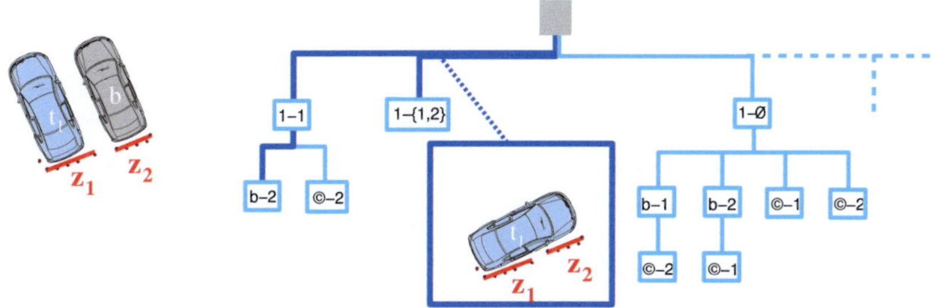

Abbildung 18.3: Ausschnitt aus einem exemplarischen JIPDA Hypothesenbaum mit zugehörigen Szeneninterpretationen.

scheinlichkeiten $\beta_{i,j}$ berechnet und dabei Falschalarme und ausbleibende Messungen berücksichtigt. Für die Aktualisierung der Zustandsschätzung wird eine Einzelinnovation v_{ij}^{K} für jeden Track und jede Messung berechnet:

$$v_{ij}^{K} = \hat{x}_{k-1|k}^{i} + K_{ij}\gamma_{ij}\,, \tag{18.1}$$

wobei K_{ij} der Kalman-Gain und γ_{ij} das Residuum zwischen Trackprädiktion i und Messung j ist. Die Zustandsinnovation erfolgt schließlich gewichtet mit den Zuordnungswahrscheinlichkeiten über alle Messungen [1]:

$$\hat{x}_{k|k}^{i} = \sum_{j=0}^{m} \beta_{ij} v_{ij}^{K}\,. \tag{18.2}$$

Analog hierzu wird die zugehörige Kovarianzmatrix aktualisiert [1]:

$$\hat{P}_{k|k}^{i} = \sum_{j=0}^{m} \beta_{ij}[\hat{P}_{k-1|k}^{i} - K_{ij}S_{ij}K_{ij}^{\mathrm{T}} + (v_{ij}^{K} - \hat{x}_{k|k}^{i})(v_{ij}^{K} - \hat{x}_{k|k}^{i})^{\mathrm{T}}] \tag{18.3}$$

Dabei ist und S_{ij} die Kovarianzmatrix des Innovations-Residuums γ_{ij}.

3.1 JIPDA-Implementierung

Für die Zuordnung von Messungen $Z = \{z_1, ..., z_M\}$ zu den Tracks $T = \{x_1, ..., x_N\}$ existieren verschiedene konkurrierende Alternativen aufgrund der Unwissenheit, welche Messung von welchem Objekt stammt.

Zusätzlich ergeben sich mehrere Alternativen auf der Existenz-Ebene, da der Track eventuell nicht existiert, aber auch die Messung von einem nicht existierenden Objekt stammen kann (Falschalarm). Außerdem kann eine Messung von einem existierenden Objekt auch ausbleiben (Fehlmessung). Alle Alternativen werden im JIPDA-Verfahren gleichzeitig betrachtet. Die Grundlagen für die auf Hypothesenbäumen (s. Abb. 18.3) basierende Implementierungsmöglichkeit aus [2], [3] sind im Folgenden kurz zusammengefasst.

Hierfür wird die Menge der Track-Symbole $\tilde{T}$ definiert, welche alle Tracks aus T und zusätzlich eine Quelle für mögliche Falschalarme © und das Symbol b für ein noch nicht beobachtetes neues Objekt umfasst. Es ergibt sich also $\tilde{T} = \{x_1, ..., x_N, ©, b\}$.

Die Messungen werden ebenfalls durch eine Menge von Mess-Symbolen $\tilde{Z} = \{z_1, ..., z_M, \nexists, \oslash\}$ repräsentiert, welche die Menge aller Messungen Z, das Symbol $\oslash$ für eine Fehlmessung und $\nexists$ für die Hypothese, dass ein Track nicht existiert, enthält.

Jeder Knoten e im Baum repräsentiert die Zuordnung eines Track-Symbols aus $\tilde{T}$ zu einem Messsymbol aus $\tilde{Z}$. Die Berechnung der Wahrscheinlichkeit dieses Einzelzuordnung $p(e)$ basiert ausschließlich auf den PSM-Informationen des Sensors und der Zustands- und Existenzinformation der Tracks.

In einer Zuordnungshypothese ist jedem Track-Symbol aus $\tilde{T}$ genau ein Messsymbol aus $\tilde{Z}$ zugeordnet. Dies wird im Hypothesenbaum durch einen Pfad vom Wurzelknoten zu einem Blattknoten repräsentiert. Der Algorithmus berechnet nun die Wahrscheinlichkeiten für alle möglichen Zuordnungshypothesen mit Hilfe einer Tiefensuche im Baum. Auf Basis dieser Hypothesenwahrscheinlichkeiten werden die Assoziationsgewichte zwischen Track x_i und Messung z_j berechnet und damit die Zustandsinnovation und die a posteriori Existenzwahrscheinlichkeit berechnet (s. Gl. 18.2 und 18.3). Zur detaillierteren Beschreibung der Implementierung von JIPDA in einem generischen Sensorfusionsmodul sei auf [3] und [5] verwiesen. Damit ist das vorgestellte Fusionssystem in der Lage, die Datenassoziation vollständig heuristikfrei basierend auf der Information aus der probabilistischen Track-Beschreibung und des PSMs zu berechnen.

3.2 Generisches Track-Management

Die Aufgaben des Track-Managements können ebenso wie die Datenassoziation generisch implementiert werden. Durch die Integration des expliziten Geburtsmodells in den JIPDA-Hypothesenbaum kann auch das Aufsetzen neuer Tracks sensorunabhängig realisiert werden. Alle Messungen j, deren Assoziationsgewichte $\beta_{b,j}$ zum Symbol b größer ist als die Summe $\sum \beta_{i,j}$ aller Gewichte zu existierenden Tracks, sind Kandidaten für die Erzeugung neuer Tracks. Diese werden durch das jeweilige Sensormodell im Zustandsraum initialisiert.

Anhand einer sehr geringen Existenzwahrscheinlichkeit kann auf einen fälschlicherweise aufgesetzten Track geschlossen werden. Daher können Tracks aus der Trackliste entfernt werden, sobald deren Existenzwahrscheinlichkeit eine bestimmte Schwelle unterschreitet. Die vordefinierte Schwelle ist abhängig von der zur Verfügung stehenden Rechenkapazität und der gewünschten Detektionsrate zu wählen.

4 Laufzeit-Approximationen

Die Komplexität des Assoziationsverfahrens hängt von der Anzahl der Pfade im Hypothesenbaum ab, welche exponentiell in der Anzahl der Messungen M bzw. der Tracks N steigt. Die Anzahl an Iterationsschritten des JIPDA-Verfahrens bei der Traversierung des Hypothesenbaums ist direkt proportional mit der Anzahl der Knoten im Baum. Hieraus ergibt sich prinzipiell eine asymptotische Laufzeit von $O(N^M)$. Bei hoher Anzahl an Tracks und Messungen müssen daher Approximationen eingeführt werden, um die Anzahl der zu berechnenden Hypothesen zu reduzieren.

4.1 Hypothesenreduktion

Zunächst wird ein sogenanntes Gating durchgeführt. Alle Zuordnungshypothesen, welche Messungen enthalten, die aufgrund ihres statistischen Abstandes mit hoher Wahrscheinlichkeit nicht von dem zugeordneten Objekt stammen, können vernachlässigt werden. Hierfür nutzt man die Mahalanobis-Distanz zwischen prädizierter Messung $\hat{z}_i$ des Tracks x_i und der realen Messung z_j:

$$D(x_i, z_j) = \sqrt{(z_j - \hat{z}_i)^T S_{ij}^{-1}(z_j - \hat{z}_i)}, \tag{18.4}$$

wobei S_{ij}^{-1} die Inverse der Innovationskovarianzmatrix ist. Für die Annahme gaußverteilter Größen ist das Quadrat der Mahalanobis-Distanz χ^2-verteilt. Daher kann dieses Kriterium auf einem festgelegten Konfidenzniveau getestet werden. Zuordnungshypothesen zwischen Tracks und Messungen mit $D^2(x_i, z_j) > k$ können ausgeschlossen werden, wobei k mit Hilfe der χ^2-Verteilung für eine festgelegte Gating-Wahrscheinlichkeit p_w bestimmt wird.

Vor der Berechnung des Hypothesenbaumes wird dieses Gating zur Aufteilung von Tracks in Cluster angewandt. Hierbei sind zwei Tracks k und l im selben Cluster, wenn es mindestens eine Messung gibt, welche in beiden Tracks durch das Gating nicht ausgeschlossen werden konnte. Diese Relation ist transitiv. Die Tracks k und l werden im Folgenden konkurrierende Tracks genannt. Nach der Clusterbildung wird der JIPDA-Algorithmus auf die einzelnen Cluster separat angewendet, was die Baumbreite und -tiefe enorm reduziert. Jedoch bleibt der Rechenaufwand in der Komplexitätsklasse $O(N^M)$.

4.2 Adaptives Gating

Um das Verfahren echtzeitfähig auf einem Steuergerät implementieren zu können, muss für das Verfahren eine maximale Laufzeit garantiert werden können. Aus diesem Grund wurde ein adaptives Gatingverfahren entwickelt, welches zu einer Terminierung des JIPDA Algorithmus nach Berechnung einer vorgegebenen Anzahl an Baumknoten N_e^{max} führt. Dabei werden nur noch die wahrscheinlichsten Assoziationshypothesen berechnet. Dies lässt sich durch adaptive Anpassung der Gating-Wahrscheinlichkeiten erreichen.

Als Grundlage für das Verfahren muss die Anzahl der Knoten im JIPDA-Baum bzw. Iterationsschritte des JIPDA-Verfahrens im Voraus berechnet werden können. Hierbei vernachlässigen wir zunächst die Mehrfach-Assoziationen des JIPDA-MA-Verfahrens. Für diesen Fall kann jedoch eine Berechnungsvorschrift analog hergeleitet werden.

Im Folgenden bezeichne $N_c(k)$ die Anzahl der Tracks, $M_c(k)$ die Anzahl der Messungen und $g(t)$ die Anzahl der durch das Gating von

Track t ausgeschlossenen Messungen im Cluster c bei gegebener Gating-Distanz k. Für die aktuelle Aufteilung in Cluster $C = \{c_1, ..., c_v\}$ lässt sich die zur Berechnung erforderliche Anzahl an Iterationsschritten pro Cluster $Ne_c(k)$ durch eine rekursive Vorschrift berechnen. Initial sei $Ne_c(k) = Ne(N_c(k), M_c(k), 1)$. Für jede Ebene t im Baum gilt:

$$Ne(n, m, t) = (m - g(t))(Ne(n-1, m-1, t+1) + 1) + 2(Ne(n-1, m) + 1)$$

$$(18.5)$$

Dies lässt sich folgendermaßen zeigen: Jedes der $m - g(t)$ in der Ebene t verfügbaren Messsymbole erzeugt $m - 1$ Nachfolgeknoten, in denen $n - 1$ Tracksymbole und $m - 1$ Messsymbole weiter zur Verfügung stehen. Zwei zusätzliche Nachfolgeknoten werden durch die Elemente $\sharp\!\!\!/$ und $\oslash$ erzeugt, in denen dann m weitere Messsymbole verwendet werden können. Der Rekursionsabbruch ist erreicht, wenn entweder keine Tracks oder keine Messungen mehr vorhanden sind oder beides:

$$Ne(0, 0, t) = 0 \tag{18.6}$$

$$Ne(0, m, t) = m^2 + m \tag{18.7}$$

$$Ne(n, 0, t) = 2^{n+1} - 2 \tag{18.8}$$

Im Fall $n = m = 0$ (Gl. 18.6) kommen keine weiteren Knoten hinzu. Falls $n = 0, m > 0$ (Gl. 18.7) stehen noch Messungen zur Verfügung, die alle den Sondersymbolen für Clutter oder Geburt zugeschlagen werden. Der Fall $n > 0, m = 0$ (Gl. 18.8) erfordert die Zuordnung der restlichen Tracks zu den Sondersymbolen für Nicht-Existenz und Fehlmessung und daher einen vollständigen Binärbaum der Tiefe n (ohne Wurzelknoten).

Basierend auf dieser Rechenvorschrift wird die Gesamtzahl der benötigen Rechenschritte für das aktuelle Clustering berechnet. Der Berechnungsaufwand hierfür ist proportional zur Anzahl der Knoten im Hypothesenbaum. Für alle Tracks wird eine Verteilung der zur Verfügung stehenden Berechnungsschritte festgelegt.

Prinzipiell bieten sich nun für das Clusterverfahren zwei Ansätze an: agglomerativ oder divisiv. Das divisive Verfahren wird mit einer sehr hohen initialen Gatingwahrscheinlichkeit gestartet. Für jeden Cluster wird nun die benötigte durchschnittliche Rechenzeit pro Track $\hat{N}e_T$ überprüft. Falls $\hat{N}e_T$ überschritten wird, so wird dieser Cluster rekursiv mit einer geringeren Gating-Distanz $\tilde{k} < k$ neu berechnet und das gesamte Verfahren wiederholt. Da $Ne_c(k)$ eine monotone Funktion in k ist, kann die optimale Gating-Distanz k_{opt} mittels binärer Suche ermittelt werden. Dabei sollten optimalerweise nur Werte benutzt werden, die als Mahalanobisdistanzen zwischen Messungen und Tracks auch real vorkommen. Bei der Suche der optimalen Gating-Schwelle können eventuell auch Cluster entstehen, welche eine geringere Laufzeit erfordern. Daher kann die verbleibende Rechenkapazität auf andere Cluster verteilt werden.

Das agglomerative Verfahren startet mit einer initialen Clusteraufteilung, in der jeder Cluster aus genau einem Track besteht. In jedem Interationsschritt wird jedem Cluster nacheinander eine Messung zugeordnet. Falls es hierzu einen konkurrierenden Track gibt, werden die entsprechenden Cluster vereint, falls die benötigte maximale Rechenzeit $\hat{N}e_T$ für den entstehenden Cluster nicht überschritten wird. Falls einem Cluster keine weitere Messung mehr zugeordnet werden kann wird die verbleibende Rechenkapazität $N_c(k) \cdot \hat{N}e_T - Ne_c(k)$ auf alle anderen Tracks gleichmäßig verteilt.

Mit den adaptiven Clusterverfahren wird erreicht, dass in Bereichen mit hoher Ziel- und Messdichte weniger Assoziationsalternativen berücksichtigt werden. Hiermit kann eine obere Schranke für die Laufzeit sichergestellt werden. Im Extremfall degeneriert das JIPDA-Verfahren so zu einem IPDA-Verfahren mit einer lokalen Nächste-Nachbarn-Zuordnung. Durch die Wahl der Verteilung der Rechenschritte auf die Tracks kann z. B. der Rechenaufwand auf näher vor dem Fahrzeug liegende Tracks fokussiert werden. Das Verfahren basiert nicht auf der Worst-Case-Laufzeit, sondern auf der für die aktuelle Konstellation aus Messdaten und Tracks benötigte Laufzeit und nutzt daher die zur Verfügung stehende Rechenkapazität annähernd optimal aus.

5 Auswertung

Das vorgestellte agglomerative Verfahren wurde für ein komplexes innerstädtisches Szenario ausgewertet. Die Verteilung der Rechenzeit auf die Tracks wurde uniform gewählt, d. h. $\hat{N}e_T = \frac{N_e^{max}}{N}$, die initiale Gating-wahrscheinlichkeit $p_w = 0.999$. Die maximale Anzahl an JIPDA-Knoten wurde mit $N_e^{max} = 2000$ relativ niedrig gewählt, um die sich ergebenden Effekte gut beobachten zu können.

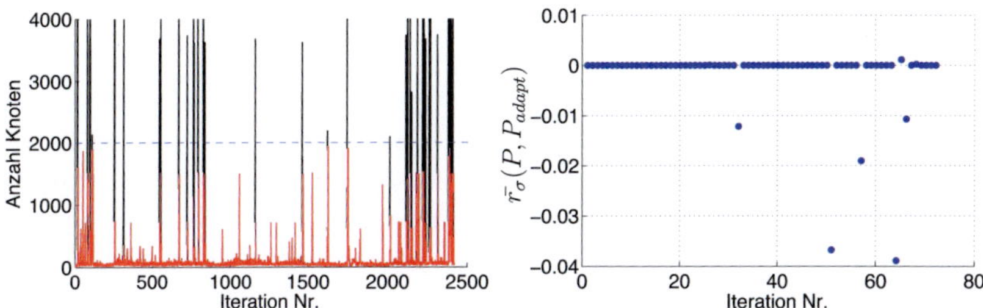

Abbildung 18.4: Links: Rechenaufwand für den JIPDA Algorithmus ohne (schwarz) und mit adaptivem Gating (rot). Rechts: Relative Differenz der Unsicherheit der a posteriori Zustandskovarianz aller Objekte ohne und mit adaptivem Gating (s. Gl. 18.9).

In Diagramm 18.4 links ist die Summe der Anzahl an JIPDA-Berechnungen für alle Cluster aufgetragen. Das Diagramm zeigt die Anzahl mit normalem 99,9%-Gating (schwarz) und mittels agglomerativem Gatingverfahren (rot). Ab 4000 Knoten wurden die Ergebnisse abgeschnitten. Es ist ersichtlich, dass bei dem Gatingverfahren die maximale Zahl an Iterationen stets eingehalten wird.

Um die Auswirkungen des adaptiven Gatings auf die Zustandsschätzung zu untersuchen, vergleichen wir die Unsicherheit der Objektschätzung P mit der Unsicherheit P_{adapt}, die sich nach Anwendung des adaptiven Gatingverfahren ergibt. Hierzu verwenden wir das folgende skalare Maß r_σ, welches aus der Eigenwertzerlegung $P = VEV^T$ der Kovarianzmatrix P bzw. $P_{adapt} = V_s E_{adapt} V_s^T$ der Kovarianzmatrix P_{adapt} hergeleitet wird:

$$r_\sigma(P, P_{adapt}) = \frac{\sum_{i=1}^{dim(P)} \sqrt{E(i,i)} - \sum_{i=1}^{dim(P)} \sqrt{E_{adapt}(i,i)}}{\sum_{i=1}^{dim(P)} \sqrt{E(i,i)}} \quad (18.9)$$

Diagramm 18.4 rechts zeigt das über alle Objekte gemittelte Maß $\bar{r_\sigma}$ nach der Innovation für das Verfahren mit und ohne adaptivem Track-Clustering für die Iterationen, in denen N_e^{max} ohne das adaptive Gatingverfahren überschritten worden wäre. Es ist ersichtlich, dass die echtzeitfähige Variante die Zustandsunsicherheit zwar beeinflusst, die Abweichungen jedoch marginal sind. Der Gesamteinfluss ist von der vorgegebenen maximalen Anzahl an Rechenschritten N_e^{max} abhängig.

6 Zusammenfassung

Das vorgestellte System realisiert ein auf probabilisitischen Beschreibungen basierendes sensorunabhängiges Sensorfusionsmodul. Anpassungen und Optimierungen für ein spezielles Sensor-Setup oder eine bestimmte Applikation erfolgen ausschließlich in den probabilistischen Sensormodellen und den Existenzmodellen, ohne dass hierfür andere Module des Systems adaptiert werden müssen.

Die echtzeitfähige Approximation mit dynamisch adaptierten Gatingschwellen erlaubt die Implementierung des Verfahrens mit harten Echtzeitanforderungen. Hierbei kann das Verfahren situationsbedingt die Komplexität bei der Lösung des Datenassoziationsproblems auf eine maximale Komplexität reduzieren.

Literatur

1. D. Musicki und R. Evans, „Joint Integrated Probabilistic Data Association – JIPDA", *Proceedings of the Fifth International Conference on Information Fusion*, Vol. 2, S. 1120–1125, 2002.

2. M. Mählisch, M. Szczot, O. Löhlein, M. Munz und K. C. J. Dietmayer, „Simultaneous processing of multitarget state measurements and object individual sensory existence evidence with the Joint Integrated Probabilistic Data Association filter", in *Proceedings of the 5th International Workshop on Intelligent Transportation*, Hamburg, Germany, March 2008.

3. M. Munz, K. Dietmayer und M. Mählisch, „A sensor independent probabilistic fusion system for driver assistance systems", in *Proceedings of the 12th International IEEE Conference on Intelligent Transportation Systems (ITSC 2009)*, St. Louis, Missouri, U.S.A, October 2009.

4. M. Mählisch, R. Schweiger, W. Ritter und K. Dietmayer, „Sensorfusion using spatio-temporal aligned video and lidar for improved vehicle detection", in *Intelligent Vehicles Symposium, 2006 IEEE*, 0-0 2006, S. 424–429.

5. M. Munz, M. Mählisch und K. Dietmayer, „A probabilistic sensor-independent fusion framework for automotive driver assistance systems", in *Proceedings of the 6th International Workshop on Intelligent Transportation (WIT 2009)*, Hamburg, Germany, March 2009.

Verteilte Multiobjekt-Multisensorfusion mit dem PHD-Filter

Marco Kruse und Fernando Puente León

Karlsruher Institut für Technologie,
Institut für Industrielle Informationstechnik,
Hertzstraße 16, D-76187 Karlsruhe

Zusammenfassung Da Fahrerassistenzsysteme in Zukunft voraussichtlich verstärkt auf Kommunikation zwischen Fahrzeugen zurückgreifen können, wird in diesem Beitrag der Grundstein für ein Sensorfusionsframework für diese Anwendung gelegt. Für die Fusion auf Objektebene wurden Multiobjekt-Verfolgungsfilter als geeignetes Werkzeug gewählt, wobei zunächst das Probability-Hypothesis-Density-Filter aufgrund seiner gezielten Auslegung für die Verfolgung mehrerer Objekte betrachtet wird. Dieses Filter wird für den Einsatz mit multiplen Sensoren, die sich auch an zu verfolgenden Objekten befinden können, erweitert. Erste Simulationen werden vorgestellt und daraus notwendige Änderungen abgeleitet.

1 Einleitung

Die Motivation für die Kombination mehrerer Informationsquellen durch Sensorfusion sind u. a. die Verringerung der Messunsicherheit durch zusätzliche, statistisch unabhängige Messungen, die Gewinnung qualitativ neuer Information aus gleichartigen Sensoren (z. B. Tiefendaten aus zwei Kameras) oder die Kompensation der Schwächen einzelner Sensorprinzipien durch weitere heterogene Sensoren.

In modernen Fahrerassistenzsystemen werden bereits oftmals die Daten verschiedener Sensoren (v. a. Kameras/Radar) miteinander fusioniert, um die Schwächen der einzelnen Sensoren bezüglich Auflösung oder Zuverlässigkeit zu vermindern. Jedoch kann auch diese kombinierte Information in komplexen Szenarien unzureichend sein, wenn der beschränkende Faktor das Sichtfeld des Verkehrsteilnehmers ist. Dann ist es nötig, auch die Daten von anderen Verkehrsteilnehmern in die Umfeldwahrnehmung miteinzubeziehen.

Während innerhalb eines Fahrzeugs die Sensoren, aufgrund der hohen erreichbaren Datenraten bei kabelgebundener Kommunikation, direkt auf Sensordatenebene fusioniert werden können, ist anzunehmen, dass die erzielbaren Datenraten bei einem Austausch zwischen Verkehrsteilnehmern auf absehbare Zeit keine Übertragung von Sensor-Rohdaten zulassen werden und damit nur eine Fusion von Objekthypothesen möglich sein wird.

Ein gut erforschtes Werkzeug zur Sensorfusion auf Objektebene stellen Mulitobjekt-Verfolgungsfilter dar. Die drei Hauptansätze hierbei sind

- Einzelobjekt-Verfolgungsfilter mit einem Datenassoziationsschema,
- Multi-Hypothesen-Tracking und
- auf der Statistik zufälliger endlicher Mengen basierende Filter.

Der vorliegende Beitrag beschreibt das Grundgerüst eines auf der Statistik zufälliger endlicher Mengen beruhenden Mulitobjekt-Verfolgungsfilters, welches in der Lage ist, Daten von verschiedenen Sensoren, welche an Fahrzeugen angebracht oder fest installiert sein können, zu einem Gesamtlagebild zu fusionieren. Den Kern des Verfahrens bildet zur Zeit das Probability-Hypothesis-Density-Filter (PHD-Filter) [1].

Der Beitrag gliedert sich wie folgt: Das PHD-Filter und seine Varianten werden in Abschnitt 2 kurz vorgestellt. Die Verallgemeinerung auf mehrere Sensoren beschreibt Abschnitt 3. Die durchgeführten Simulationen und deren Ergebnisse finden sich in Abschnitt 4, während Abschnitt 5 mit einer Zusammenfassung und einem Ausblick auf Erweiterungen abschließt.

2 PHD-Rekursion

Bei der Erweiterung der Einzel- auf die Multiobjekt-Verfolgung vollzieht man den Übergang von der Betrachtung zufälliger Vektoren zur Betrachtung zufälliger endlicher Mengen. Eines der ersten technisch realisierbaren Filter auf Basis der Statistik zufälliger endlicher Mengen war das Probability-Hypothesis-Density-Filter, welches Mahler 2003 vorstellte [1]. Anstelle der Multiobjekt-Dichte $f(\mathbf{X})$ wird deren erstes Moment, also die Intensität oder Probability-Hypothesis-Density $v(\mathbf{x})$, verfolgt. Sie ist durch folgende Gleichung definiert:

$$E\left\{|S|\right\} = \int |\mathbf{X} \cap S|\, f(\mathbf{X})\, \delta\mathbf{X} = \int_S v(\mathbf{x})\, \mathrm{d}\mathbf{x}\,, \tag{19.1}$$

wobei E den Erwartungswertoperator, S eine beliebige Untermenge des Zustandsraumes eines einzelnen Objektes und $|A|$ die Kardinalität der Menge A bezeichnen.

Wie man sieht, ist die Intensität auf dem Raum eines einzelnen Objektes definiert und kann unter der Annahme, dass die vorkommenden zufälligen endlichen Mengen durch Poisson-Prozesse beschrieben werden können, näherungsweise durch folgende Gleichungen propagiert werden:

- Prädiktion:

$$v_{k|k-1}(\mathbf{x}_k) = b(\mathbf{x}_k) + \int p_S(\mathbf{x}_{k-1})f(\mathbf{x}_k|\mathbf{x}_{k-1})v_{k-1|k-1}(\mathbf{x}_{k-1})\, \mathrm{d}\mathbf{x}_{k-1}$$
$$\tag{19.2}$$

- Korrektur:

$$v_{k|k}(\mathbf{x}_k) \approx v_{k|k-1}(\mathbf{x}_k) \times \tag{19.3}$$
$$\left((1 - p_D(\mathbf{x}_k)) + \sum_{\mathbf{z} \in Z} \frac{p_D(\mathbf{x}_k)f(\mathbf{z}|\mathbf{x}_k)}{c(\mathbf{z}) + \int p_D(\mathbf{x}_k)f(\mathbf{z}|\mathbf{x}_k)v_{k|k-1}(\mathbf{x}_k)\, \mathrm{d}\mathbf{x}_k} \right).$$

Dabei bezeichnen $p_S(\mathbf{x})$ und $p_D(\mathbf{x})$ die zustandsabhängigen Überlebens- bzw. Detektionswahrscheinlichkeiten sowie $b(\mathbf{x})$ und $c(\mathbf{z})$ die Intensitäten der neu erscheinenden Objekte bzw. der Fehldetektionen (Clutter). Ohne weitere Annahmen an die einzelnen Größen ist auch diese Rekursion bisher nur durch Partikelrepräsentationen verfolgbar (vgl. z. B. [2–4]). Unter ähnlichen Annahmen wie beim klassischen Kalman-Filter (u. a. lineares Bewegungs- und Beobachtungsmodell, konstantes p_S und p_D) lassen sich aber auch hier analytische Lösungen finden wie z. B. in [5]. Diese können dann auch analog zu Extendend- und Unscented-Kalman-Filter erweitert werden, um schwache Nichtlinearitäten zu handhaben.

Im Rahmen dieses Beitrags wurde ein Unscented-Kalman-PHD-Filter eingesetzt, d. h. die PHD $v(\mathbf{x})$ wird durch eine Summe von gewichteten Normalverteilungen beschrieben. Die Nichtlinearitäten der verwendeten

Bewegungs- und Beobachtungsmodelle werden durch die Verwendung der Unscented-Transformation [6] approximiert. Die Überlebens- und Detektionswahrscheinlichkeiten werden als konstant $\forall \mathbf{x}$ angenommen.

Als Objekthypothesen des aktuellen Zeitschritts werden die Mittelwerte derjenigen Summanden der PHD genommen, deren Gewicht $> 0{,}5$ ist.

3 Erweiterung auf verteilte Sensoren

Um das Verfahren auf verteilte Sensoren zu erweitern, sollte zunächst geklärt werden, welche Annahmen getroffen werden. Sensoren werden in drei Kategorien unterteilt:

- Stationäre Sensoren, welche die Umgebung erfassen (z. B. Kameras an unübersichtlichen Kreuzungen o. ä.),
- Sensoren an Fahrzeugen, welche die Umgebung erfassen (Kameras, Radar, Lidar etc.),
- Sensoren an Fahrzeugen, welche interne Daten erfassen um den Zustand des Fahrzeugs zu bestimmen (Inertialsensoren, GPS etc.).

Es wird angenommen, dass jedes Fahrzeug, welches seine erstellten Objekthypothesen an andere kommuniziert, auch über Sensorik verfügt, die es ihm ermöglicht, die eigene Position fortlaufend zu schätzen, und dass diese Schätzung mit hoher Präzision erfolgt. Da alle von Sensoren gelieferten Objekthypothesen kommuniziert werden, kann die eigentliche Fusion zentral gelöst werden, da alle Fahrzeuge auf die gleiche Datenbasis zurückgreifen.

Die Verarbeitung einer neuen (mengenwertigen) Messung Z^k eines Sensors erfolgt wie in Abbildung 19.1 gezeigt, wobei die einzelnen Blöcke im Folgenden näher beschrieben werden.

3.1 UK-Schritt

Die einzelnen Fahrzeuge schätzen ihren eigenen Zustand fortwährend mit. Dies geschieht aufgrund des gewählten, nichtlinearen Bewegungsmodells (s. Abschnitt 4.1) mit Hilfe eines dedizierten Unscented-Kalman-Filters pro Sensorfahrzeug.

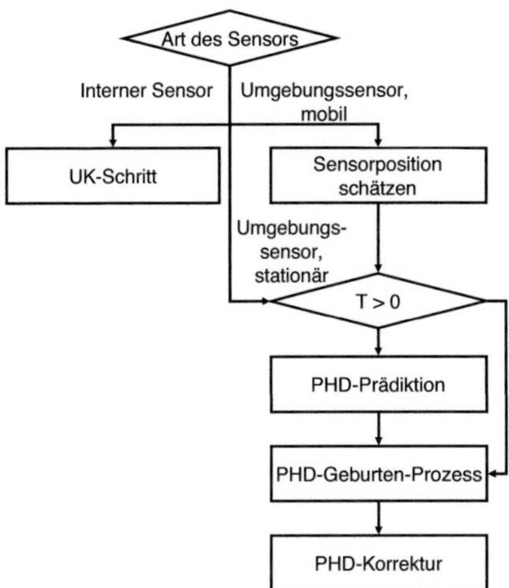

Abbildung 19.1: Verarbeitung einer neuen Messung.

3.2 Sensorposition schätzen

Liefert der Sensor eines Fahrzeugs neue Objekthypothesen, sollen diese über einen PHD-Filterschritt mit dem bisherigen Lagebild fusioniert werden. Da die Messungen z relativ zum Fahrzeug erfolgen, beeinflussen die Position und Orientierung des Sensorfahrzeugs die Likelihood $f(z|x)$ und müssen daher zunächst bestimmt werden. Bei der Berechnung der Likelihood wird für die Egoposition x_{ego} des Fahrzeugs die Schätzung des zugehörigen UK-Filters (siehe vorigen Unterabschnitt) herangezogen. Eine Schätzung, welche außerdem die aktuelle Messung Z^k und die prädizierte PHD $v_{k|k-1}(x_k)$ zum Messzeitpunkt berücksichtigt, sollte aber in Zukunft erarbeitet werden.

Da momentan die Detektionswahrscheinlichkeiten der Sensoren als konstant angenommen werden, kann das Sichtfeld der Sensoren nicht mit modelliert werden. Der Messung Z^k muss daher noch die Pseudomessung x_{ego} hinzugefügt werden, damit die Information über die Existenz und Position des Sensorfahrzeugs nicht verloren geht, d. h. $Z^{k'} = Z^k \cup x_{ego}$. Beim enstprechenden Summanden in Gleichung (19.4) müssen dann auch einige Anpassungen vorgenomen werden. So wird die Likelihood des Sensors durch eine Normalverteilung mit den Parametern x_{ego} als Mittelwert und der zugehörigen, vom UK-Filter geschätzten, Kovarianz ersetzt. Die Werte p_D bzw. $c(\mathbf{z})$ werden zu eins bzw. null gesetzt, da die Egoschätzung weder ausfallende Messungen noch Fehldetektionen hat.

Bei ortsfesten Sensoren wird angenommen, dass ihre Position vorab sehr genau bestimmt wurde. Da sie nicht an Objekten befestigt sind, deren Zustand ebenfalls mitgeschätzt werden soll, ist es in diesem Fall nicht nötig, eine Pseudomessung und einen Pseudosensor zu erzeugen.

3.3 PHD-Prädiktion

Je nachdem, ob seit dem letzten Eingang von Sensordaten Zeit vergangen ist oder nicht, wird die letzte PHD mit Hilfe von Gleichung (19.2) bis zum aktuellen Zeitpunkt prädiziert, wobei die Intensität der neu hinzukommenden Objekte $b(\mathbf{x}_k)$ im nächsten Teilabschnitt gesondert geschätzt wird.

3.4 PHD-Geburten-Prozess

Es wird angenommen, dass neue Objekte in der Nähe von vergangenen Messungen entstehen. Daher wird die Intensität der neu hinzukommenden Objekte $b(\mathbf{x}_k)$ in Abhängigkeit von der letzten Messung Z^{k-1} bestimmt.

3.5 PHD-Korrektur

Als Ausgangsdichte für den Korrekturschritt nach Gleichung (19.4) wird die Summe $v_{k|k-1}(\mathbf{x}_k)$ aus prädizierter PHD und geschätzter PHD neuer Objekte benutzt. Die gesonderte Behandlung der Pseudomessung aus Abschnitt 3.2 ist zu beachten.

4 Experimente

Um die Funktionsfähigkeit des vorgeschlagenen Verfahrens zu überprüfen, wurden in Simulationen zufällig verrauschte Messdaten erzeugt und diese dann gefiltert. Eine Bewertung der Filterergebnisse erfolgt dabei mit der OSPA-Metrik [7] als Abstandsmaß zwischen der Menge der geschätzten und der tatsächlich vorhandenen Objekte. Dabei wird die

OSPA-Metrik in den Lokalisations- und den Kardinalitätsterm aufgetrennt. Als Abstandsmaß wird die gewichtete euklidische Distanz mit dem Gewichtungsvektor $\left[\frac{2}{3}\ \frac{2}{3}\ \frac{6}{\pi}\ \frac{2}{3}\ \frac{18}{\pi}\ 3,6\right]^{\mathrm{T}}$ verwendet, um den Einfluss der Größen des Zustandsvektors (vgl. Abschnitt 4.1) anzugleichen. Die Parameter der Metrik werden zu $p = 2$ und $c = 50$ gewählt.

4.1 Bewegungsmodell

Für die Simulation wurde ein zweidimensionales Bewegungsmodell mit konstanter Beschleunigung und Gierrate verwendet, d. h. der Zustandsvektor eines Objektes $\mathbf{x} = [x\ y\ \theta\ v\ \omega\ a]^{\mathrm{T}}$ setzt sich aus der absoluten Position in kartesischen Koordinaten x, y, der Geschwindigkeit in polarer Darstellung θ, v sowie der Gierrate ω und der Beschleunigung a entlang der Bewegungsrichtung zusammen. Die Dynamik lässt sich somit über

$$\left[\dot{x},\ \dot{y},\ \dot{\theta},\ \dot{v},\ \dot{\omega},\ \dot{a}\right]^{\mathrm{T}} = [v \cdot \cos(\theta),\ v \cdot \sin(\theta),\ \omega,\ a,\ 0,\ 0]^{\mathrm{T}} \qquad (19.4)$$

beschreiben.

4.2 Sensormodelle

Die für die Simulationen verwendeten Sensormodelle sollen kurz vorgestellt werden.

Ego-Sensorik

Sämtliche Sensoren zur Bestimmung der eigenen Position werden zu einem Pseudosensor abstrahiert, dessen Beobachtungsraum identisch mit dem Zustandsraum der Objekte ist:

$$\mathbf{z} = \mathbf{x} + \mathbf{n} \qquad (19.5)$$

mit $\mathbf{n} \sim \mathcal{N}(\mathbf{0}; \mathrm{diag}[\sigma_{\mathrm{x}}^2,\ \sigma_{\mathrm{y}}^2,\ \sigma_{\theta}^2,\ \sigma_{\mathrm{v}}^2,\ \sigma_{\omega}^2,\ \sigma_{\mathrm{a}}^2])$. Die Parameter wurden dabei wie folgt gewählt: $\sigma_{\mathrm{x}} = \sigma_{\mathrm{y}} = 0{,}05\,\mathrm{m}$, $\sigma_{\theta} = 0{,}1°$, $\sigma_{\mathrm{v}} = 1\,\mathrm{km/h}$, $\sigma_{\omega} = 0{,}1°/\mathrm{s}$ und $\sigma_{\mathrm{a}} = 0{,}1\,\mathrm{km/h/s}$.

Lidar

Ein Lidar liefert den Winkel β eines Objektes relativ zur Sensororientierung und dessen Abstand r zum Sensor:

$$\mathbf{z} = [\beta\ \mathbf{r}]^{\mathrm{T}} = \left[\arctan\left(\frac{y}{x}\right),\ \sqrt{x^2 + y^2}\right]^{\mathrm{T}} + \mathbf{n} \tag{19.6}$$

mit $\mathbf{n} \sim \mathcal{N}(\mathbf{0}; \mathrm{diag}[\sigma_\beta^2,\ \sigma_\mathbf{r}^2])$. In den Simulationen wurden $\sigma_\beta = 0{,}25°$ und $\sigma_\mathbf{r} = 0{,}1\,\mathrm{m}$ gesetzt.

Radar

Das Radar liefert, wie beim Lidar, eine Positionsschätzung in Polarkoordinaten – und zusätzlich noch die radiale Geschwindigkeitskomponente des Objektes:

$$\mathbf{z} = [\beta\ \mathbf{r}\ \mathbf{v}_r]^{\mathrm{T}} = \left[\arctan\left(\frac{y}{x}\right),\ \sqrt{x^2 + y^2},\ v \cdot \cos(\theta - \beta)\right]^{\mathrm{T}} + \mathbf{n} \tag{19.7}$$

mit $\mathbf{n} \sim \mathcal{N}(\mathbf{0}; \mathrm{diag}[\sigma_\beta^2,\ \sigma_\mathbf{r}^2,\ \sigma_{\mathbf{v}_r}^2])$, wobei $\sigma_\beta = 0{,}5°$, $\sigma_\mathbf{r} = 0{,}5\,\mathrm{m}$ und $\sigma_{\mathbf{v}_r} = 0{,}25\,\mathrm{km/h}$ gewählt wurden.

Stereo-Kamera

Als Messgrößen der Stereo-Kamera werden die Pixelpositionen des Objektes in beiden Kameras angenommen:

$$\mathbf{z} = [\mathbf{k}_l\ \mathbf{k}_r]^{\mathrm{T}} = \left[\frac{y_l}{x_l} \cdot \frac{f}{\Delta y} - \frac{1}{2},\ \frac{y_r}{x_r} \cdot \frac{f}{\Delta y} - \frac{1}{2}\right]^{\mathrm{T}} + \mathbf{n}. \tag{19.8}$$

Die Koordinaten x_l, y_l und x_r, y_r sind die Koordinaten des Objektes relativ zur linken bzw. rechten Kamera. Der Kameraparameter $\frac{f}{\Delta y}$ wird durch die Brennweite f der Kamera und den Abstand Δy zweier Pixel auf der Sensorfläche bestimmt und durch Kalibration als bekannt vorausgesetzt ($\frac{f}{\Delta y} \approx 439{,}75$ in den Simulationen, entspricht einer Kamera mit 640 Pixeln pro Zeile und 36° Öffnungswinkel). Das Messrauschen wird durch $\mathbf{n} \sim \mathcal{N}(\mathbf{0}; [\sigma_\mathbf{k}^2,\ -0{,}99\,\sigma_\mathbf{k}^2;\ -0{,}99\,\sigma_\mathbf{k}^2,\ \sigma_\mathbf{k}^2])$ mit $\sigma_\mathbf{k} = \frac{1}{10}$ charakterisiert. Durch die hohe negative Korrelation der beiden Pixelfehler wird eine verrauschte Disparität simuliert.

4.3 Szenario

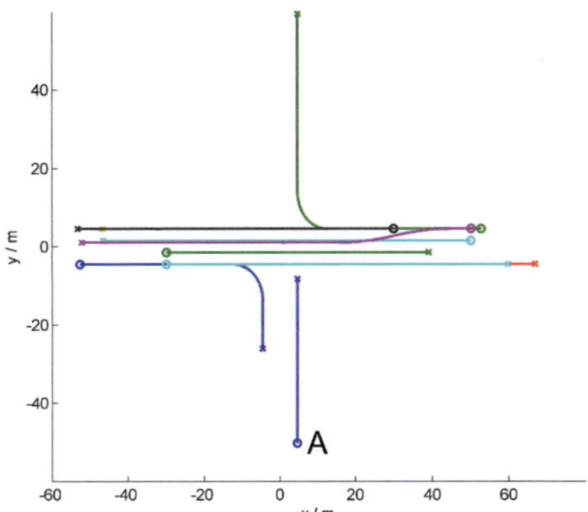

Abbildung 19.2: Simulierte Kreuzungsszene (○ markiert den Anfang und ×
das Ende einer Trajektorie).

Als Simulationsszenario wurde eine Kreuzungsszene gewählt. Die Tra-
jektorien der Objekte sind in Abbildung 19.2 zu sehen. Im Wesentlichen fahren die Autos horizontal mit konstanter Geschwindigkeit (ca.
50 km/h) über die Kreuzung, während das Fahrzeug A auf die Kreuzung
zufährt und bremst. Die Fahrzeuge erscheinen/verschwinden immer ca.
50 m von der Kreuzung entfernt. Für die Simulationen wurden folgende
Sensoren verwendet:

- ein Radar an A,
- eine Stereo-Kamera an A,
- eine Stereo-Kamera, die fest an der linken oberen Ecke der Kreuzung steht und zur Kreuzungsmitte ausgerichtet ist,
- ein Lidar an einem der Fahrzeuge, die von rechts kommen.

Die Detektionswahrscheinlichkeiten p_D der Sensoren wurden einheitlich zu 1 gesetzt, d. h. es fallen keine Messungen aus. Die Abtastzeiten
der Sensoren wurden alle zu $T = 0{,}2$ s gesetzt, wobei die Werte um $0{,}05$ s
versetzt geliefert werden. Das Szenario wurde jeweils mit jedem Sensor

einzeln simuliert und anschließend unter Verwendung aller Sensoren. Die Ergebnisse sind in den Abbildungen 19.3 und 19.4 gezeigt.

Es fällt auf, dass in der Zeit, in der neue Objekte erscheinen (bis 3 s), der Kardinalitätsfehler nach Kamera-Updates durch Fusion stark absinkt. Es ist zu erwähnen, dass das Filter nach einiger Zeit stets in der Lage ist, den Zustand – bis auf kurze Kardinalitätsschwankungen – gut zu schätzen.

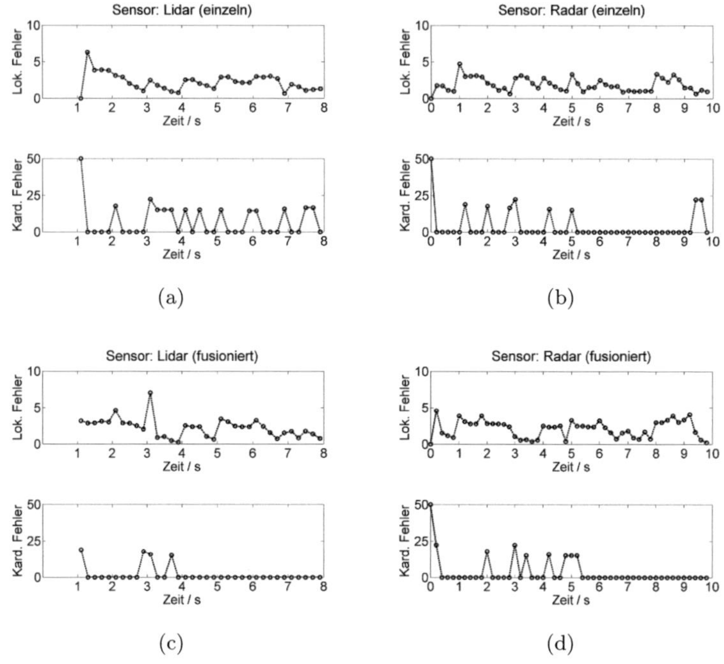

Abbildung 19.3: OSPA-Werte nach Radar- und Lidar-Updates bei Verwendung eines einzigen Sensors (a), (b) oder aller Sensoren (c), (d).

5 Zusammenfassung und Ausblick

Die Simulationen haben gezeigt, dass Sensorfusion mit dem PHD-Filter möglich ist. Weitere Versuche mit ausfallenden Messwerten haben aber

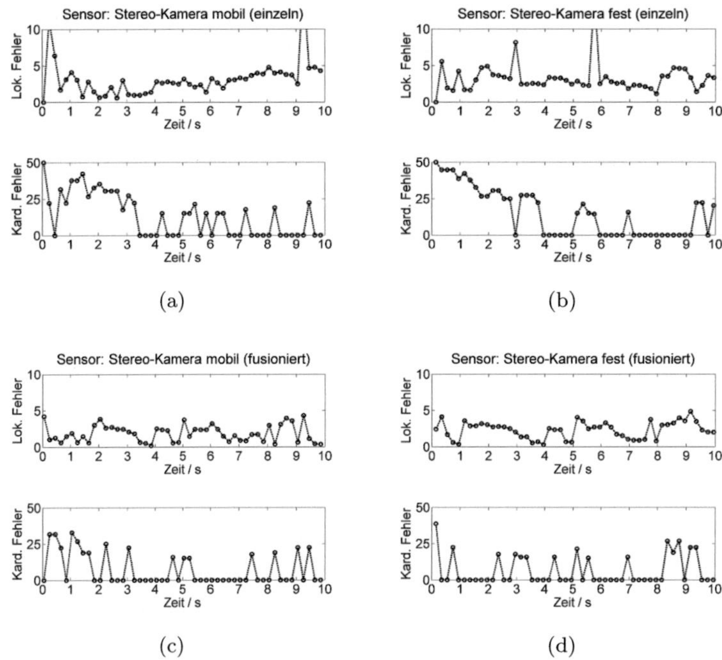

Abbildung 19.4: OSPA-Werte nach Updates der Kameras an Fahrzeug A bzw. an der Kreuzung bei Verwendung eines einzigen Sensors (a), (b) oder aller Sensoren (c), (d).

gezeigt, dass sich das Filter sehr stark auf die Korrekturterme in Gleichung (19.4) verlässt, wodurch ein ausbleibender oder sehr schlechter Messwert das Fusionsergebnis verschlechtern kann.

Um die vorliegenden Ergebnisse zu verbessern, sind mehrere Maßnahmen angedacht. Zum Einen soll das PHD-Filter als Grundlage der Fusion durch das CBMeMBer-Filter [8] ersetzt werden. Dieses nimmt den mengenwertigen Systemzustand nicht als Poisson-Prozess an und verfolgt dessen Intensität wie das PHD-Filter, sondern verwendet einen Multi-Bernoulli-Prozess und verfolgt dessen Wahrscheinlichkeitsdichte. Um sowohl das Sichtfeld der Sensoren als auch nicht-normalverteiltes Sensorrauschen realistisch zu modellieren, sollen Partikelrepräsentationen ge-

nauer untersucht werden. Insbesondere deterministische Partikelappro-
ximationen wie z. B. in [9] sollen hierbei in Betracht gezogen werden, da
sie mit deutlich weniger Partikeln als herkömmliche Partikelfilter aus-
kommen.

Literatur

1. R. Mahler, „Multitarget Bayes filtering via first-order multitarget mo-
   ments", *IEEE Trans. Aerospace and Electronic Systems*, Vol. 39, Nr. 4,
   S. 1152–1178, Oct. 2003.

2. D. Clark, I. Ruiz, Y. Petillot und J. Bell, „Particle PHD filter multiple target
   tracking in sonar image", *IEEE Trans. Aerospace and Electronic Systems*,
   Vol. 43, Nr. 1, S. 409, 2007.

3. B. Vo, S. Singh und A. Doucet, „Sequential Monte Carlo implementation of
   the PHD filter for multi-target tracking", in *Proc. Int. Conf. on Information
   Fusion*. Citeseer, 2003, S. 792–799.

4. T. Zajic und R. Mahler, „Particle-systems implementation of the PHD
   multitarget-tracking filter", in *Proc. SPIE*, Vol. 5096, 2003, S. 291.

5. B. Vo und W. Ma, „The Gaussian mixture probability hypothesis density
   filter", *IEEE Trans. Signal Processing*, Vol. 54, Nr. 11, S. 4091, 2006.

6. S. Julier, „The scaled unscented transformation", in *Proc. American Control
   Conference*, Vol. 6, 2002, S. 4555–4559 vol.6.

7. D. Schuhmacher, B. Vo und B. Vo, „A consistent metric for performance
   evaluation of multi-object filters", *IEEE Trans. Signal Processing*, Vol. 56,
   Nr. 8, S. 3447–3457, 2008.

8. B. Vo, B. Vo und A. Cantoni, „The cardinality balanced multi-target multi-
   Bernoulli filter and its implementations", *IEEE Trans. Signal Processing*,
   Vol. 57, Nr. 2, S. 409–423, 2009.

9. V. Klumpp und U. Hanebeck, „Dirac mixture trees for fast suboptimal
   multi-dimensional density approximation", in *Proc. 2008 IEEE Int. Conf.
   on Multisensor Fusion and Integration for Intelligent Systems (MFI 2008)*,
   Seoul, Republic of Korea, 2008.

Sicherheit und Datenschutz bei Datenaggregation in Fahrzeug-Fahrzeug-Netzen

Stefan Dietzel[1], Frank Kargl[2], Elmar Schoch[1] und Michael Weber[1]

[1] Universität Ulm, Institut für Medieninformatik,
Albert-Einstein-Allee 11, 89081 Ulm, Deutschland
[2] University of Twente, Distributed and Embedded Security,
Drienerlolaan 5, 7522 NB Enschede, The Netherlands

Zusammenfassung Die Kommunikation zwischen Fahrzeugen ist eine Schlüsseltechnologie zur Verbesserung des Straßenverkehrs der Zukunft. Fahrzeuge können sich untereinander vor Gefahrensituationen warnen, den aktuellen Verkehrsfluss austauschen oder dem Fahrer und den Passagieren erweiterte Assistenzfunktionen bieten. Durch die beschränkt zur Verfügung stehende Bandbreite sind der Menge der übertragenen Informationen allerdings Grenzen gesetzt. Für bestimmte Anwendungen wie die Sammlung von Stauinformationen können zur Verbesserung der Skalierbarkeit Aggregationsverfahren eingesetzt werden. Hierbei muss allerdings gewährleistet werden, dass die Kommunikation nicht manipuliert, gestört oder missbraucht werden kann. In dieser Arbeit stellen wir Aggregationsverfahren sowie deren Implikation auf Sicherheit und Datenschutz vor.

1 Einleitung

Fahrzeug-Fahrzeug Kommunikation (oft abgekürzt als Car-2-X oder C2X Kommunikation) ist ein wesentliches Element unserer Anstrengungen, den Straßenverkehr in der Zukunft noch sicherer, effizienter, und komfortabler zu machen. Die Basis bildet eine einfache Idee: man stattet Fahrzeuge mit digitalen Funksystemen aus, so dass sie Nachrichten mit anderen Fahrzeugen oder auch mit Infrastrukturkomponenten am Straßenrand austauschen können. Darauf aufbauend lassen sich eine Vielzahl von Anwendungen realisieren. So könnten z.B. Fahrer auch bei schlechter

Sicht oder ungünstigen Straßenverhältnissen vor Gefahrenpunkten wie einem Stauende gewarnt werden. Oder die Fahrzeuge melden ständig ihre momentane Verkehrssituation an eine Verkehrszentrale, die auf Basis dieser sehr detaillierten Informationslage dann gezielt individuelle Umleitungsempfehlungen an einzelne Fahrzeuge verteilen kann.

Weltweit laufen umfangreiche Forschungsvorhaben, um diese Visionen Realität werden zu lassen. Beispiele für bedeutende europäische und deutsche Forschungsprojekte zu Fahrzeug-Fahrzeug-Kommunikation sind Fleetnet, Network-on-Wheels, CVIS, Safespot, Coopers. Aufbauend auf bisherigen Ergebnissen wird in Gremien wie der ISO, ETSI, oder dem Car-2-Car Communication Consortium bereits an der Standardisierung entsprechender Technologien gearbeitet. Parallel finden Feldversuche statt, deren größter Vertreter in Deutschland momentan simTD ist. Hier sollen die erarbeiteten Konzepte erstmals in größeren Maßstab mit bis zu 600 Fahrzeugen getestet werden.

Ein wesentliches Problem bei der Realisierung von C2X ist die Sicherheit der resultierenden Systeme. Kein Fahrzeughersteller kann es sich heute leisten, Systeme auf den Markt zu bringen, bei denen Angreifer Daten fälschen oder das System komplett lahmlegen können. Die Absicherung von C2X hat sich beispielsweise das Projekt „Secure Vehicle Communication" (SeVeCom) zum Ziel gesetzt. Das Ergebnis ist eine umfassende Sicherheitsarchitektur, bei der mit Hilfe einer Public-Key-Infrastruktur unberechtigte Angreifer von echten Fahrzeugen unterschieden werden können [1].

Einem weiteren Problem widmet sich das PRECIOSA Projekt. Niemand würde ein C2X System in seinem Fahrzeug einsetzen wollen, wenn dadurch die Privatsphäre des Fahrers verletzt würde und sämtliche Fahrten aus Aufzeichnungen der Kommunikation detailliert rekonstruiert werden könnten. PRECIOSA treibt die Entwicklung entsprechender, Privacy-freundlicher Technologien voran [2] und empfiehlt die Verwendung von anonymen oder pseudonymen Kommunikationsidentifikatoren.

1.1 Charakteristika

Ein wesentliches Problem der C2X Kommunikation ist die Skalierbarkeit der Kommunikationsprotokolle. Bei sehr hohen Fahrzeugdichten, wie zu Berufsverkehrszeiten oder in Autobahnstaus, können sich einige hundert Fahrzeuge in gegenseitiger Reichweite befinden. Bei hohen Paketsenderaten (1 Hz und höher) treten zunehmend Kollisionen auf, eine zuverlässige Kommunikation ist nicht mehr möglich. Erschwerend kommt hinzu, dass manche Anwendungen Informationen über größere Entfernungen als die Empfangsreichweite transportieren müssen. Dann greift man auf so genanntes Multi-Hop-Forwarding zurück, bei dem Fahrzeuge empfangene Nachrichten erneut aussenden, um sie weiter entfernten Fahrzeugen zugänglich zu machen.

Einfaches Flooding, wie es oben beschrieben ist, skaliert allerdings sehr schlecht und trägt weiter zum Kollisionsproblem bei. Deshalb kommen zur Nachrichtenverteilung in einem bestimmten geographischen Gebiet (dem so genannten Geocast) oft angepasste Weiterleitungsverfahren wie Gossiping zum Einsatz [3], bei denen nicht mehr jedes Fahrzeug alle empfangenen Nachrichten weiterleitet und trotzdem eine stabile Informationsverteilung erreicht wird. Für manche Anwendungen lässt sich eine noch bessere Skalierung durch Verwendung von Datenaggregation erreichen. Hierbei werden Daten von den weiterleitenden Fahrzeugen nicht mehr unverändert ausgesendet. Vielmehr werden Daten unter Umständen zusammengefasst und komprimiert.

2 Aggregation

Ein Beispiel, welches das Potential von Aggregationsmechanismen verdeutlicht, ist eine Anwendung zur Verbreitung von Stauinformationen. Bei einer einfachen Implementierung mittels Fahrzeug-Fahrzeug-Kommunikation würde jedes einzelne Fahrzeug periodisch seine aktuelle Position, die aktuelle Zeit sowie die gefahrene Geschwindigkeit Multi-Hop verbreiten. Dies ermöglicht die Planung von Alternativrouten zur Stauumfahrung, allerdings entsteht so eine hohe Anzahl von Nachrichten die schnell die zur Verfügung stehende Bandbreite erschöpft. Für die Erkennung von Stausituationen sind Informationen von einzelnen Fahrzeugen jedoch nicht notwendig. Es reicht aus, den Mittelwert der gefahrenen Geschwindigkeiten über bestimmte Abschnitte zu betrachten. Hierzu ist zunächst wieder die periodische Verbreitung von Einzelinformationen durch jedes Fahrzeug notwendig. Diese werden jedoch nicht Multi-Hop verbreitet, sondern jedes empfangende Fahrzeug vergleicht neue Informationen mit seiner vorhandenen Wissensbasis. Dann wird entschieden, ob neue Informationen mit bekannten aggregiert werden können oder einzeln weiter verbreitet werden müssen. Unabhängig von der Länge des Staus reicht so eine einzelne Nachricht von konstanter Größe aus, um die Stauinformation zu verbreiten.

2.1 Verwandte Forschung

Vergleichbare Protokolle wurden im Forschungsbereich der mobilen Sensornetze entwickelt. Mobile Sensornetze bestehen aus einer Vielzahl von so genannten Motes, die etwa Umgebungstemperaturen in Gebäuden überwachen. Charakteristisch sind der geringe Formfaktor der Motes, geringe oder keine Mobilität, geringe Rechenleistung sowie geringe Energieressourcen. Die Knoten kommunizieren untereinander, Ziel ist aber häufig, die erhobenen Daten zu einer Senke zu leiten und dort zu verarbeiten. Aggregation wird hier vor allem verwendet, um durch weniger Sendeoperationen Energie zu sparen. Aggregationsverfahren für Sensornetze basieren häufig auf einer hierarchischen Baumstruktur, die initial aufgebaut wird und anhand deren Kanten die Informationen weiter geleitet und aggregiert werden. Aufgrund der hohen Knotenmobilität in Fahrzeug-Fahrzeug-Netzen lassen sich Aggregationsverfahren für Sensornetze nicht übertragen. Baumstrukturen können nicht effizient aufgebaut und verwaltet werden. Weiterhin existieren keine klar definierten Senken. Im Gegenteil sind aggregierte Informationen in Fahrzeug-Fahrzeug-Netzen in der Regel für alle Knoten relevant.

Daher müssen für Fahrzeug-Fahrzeug-Netze neue Aggregations-Protokolle entwickelt werden. Einfache Aggregationsprotokolle basieren auf einer Segmentierung der Straße in Abschnitte gleicher Größe (etwa SOTIS [4]). Innerhalb der Segmente werden die von Fahrzeugen gemeldeten Geschwindigkeiten gemittelt und nur diese Mittelwerte werden weiter verbreitet. Diese feste Segmentierung hat jedoch den Nachteil, dass sie nicht dynamisch auf die aktuelle Verkehrssituation reagieren kann. Während für längere Stauabschnitte unnötig viele Segmente verwendet werden müssen, werden Ereignisse, die kleiner als die Segmentgröße sind, durch die Mittelung verfälscht. Auch TrafficView [5] basiert auf der Segmentierung der Straße in Abschnitte. Allerdings wird die Entscheidung wie stark aggregiert wird abhängig von der Entfernung der betroffenen Einzelinformationen zum eigenen Fahrzeug getroffen. Im Gegensatz zu SOTIS aggregiert TrafficView fahrzeugorientiert und nicht segmentorientiert. Das heißt es werden Positionen sowie Geschwindigkeiten von

Fahrzeugen gemittelt, allerdings die IDs der beteiligten Fahrzeuge als Liste beibehalten. Zur Darstellung der aktuellen Verkehrssituation müssen diese Informationen dann erneut verarbeitet und zusammen gefasst werden. Lochert et al. [6] zeigen ein Verfahren zur intelligenten Fusion bei der Aggregation. Durch die Verwendung von erweiterten Flajolet-Martin Sketches werden Duplikate, die durch die Multi-Hop-Verbreitung von Aggregaten entstehen können, eliminiert.

2.2 Datenzentrische Aggregation mittels Fuzzy Logic

Es hat sich gezeigt, dass Systeme mit festen Segmenten nicht ausreichend skalieren und sogar die Straßensituation unter Umständen nicht korrekt abbilden. Je dynamischer die Segmentgröße jedoch gewählt wird, desto wichtiger ist es, auf einen guten Kompromiss zwischen erzielter Bandbreitenreduktion und dem damit verbundenen Informationsverlust zu achten. Wir entwickelten daher ein System, das allein aufgrund von qualitativen Parametern aggregiert [7].

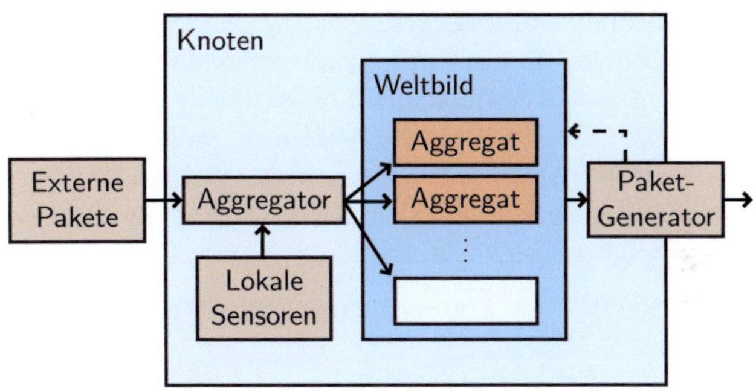

Abbildung 20.1: Systemmodell des Aggregationsverfahrens.

Abbildung 20.1 zeigt das System im Überblick. Quelle von Paketen sind sowohl lokale Sensoren als von anderen Knoten empfangene Pakete. Die Aggregationskomponente vergleicht die neuen Pakete mit bereits im lokalen Weltbild vorhandenen. Es wird dann entschieden, ob die Ähnlichkeit zu bereits vorhandenen Informationen groß genug ist um zu aggregieren oder ob neue Pakete einzeln dem Weltbild hinzugefügt werden. Zur Weiterverbreitung werden periodisch die relevantesten Pakete im Weltbild (z. B. die neuesten Informationen der näheren Umgebung) ausgewählt und in Nachrichten fixer Größe per Broadcast an die Fahrzeuge in Funkreichweite verteilt. Dort werden sie als externe Informationen empfangen und weiter verarbeitet, sodass eine indirekte Multi-Hop-Verbreitung entsteht.

Um die Entscheidung zu treffen, welche Pakete ähnlich genug sind, um zusammengefasst zu werden zu *einem* neuen Paket, wird Fuzzy Reasoning verwendet. Fuzzy Reasoning ermöglicht es, die Bedingungen für die Zusammenfassung flexibel zu beschreiben und dabei alle Informationen zu berücksichtigen, die in den Paketen enthalten sind. Für ein Verkehrsinformationssystem sind in den Paketen die aktuelle Geschwindigkeit, Position sowie ein Zeitstempel enthalten. All diese Informationen können relevant sein, um eine Aggregationsentscheidung zu treffen. So sollen beispielsweise Pakete nur zusammen gefasst werden, wenn die Geschwindigkeit ähnlich ist und die Positionen der betreffenden Pakete nicht zu weit auseinander liegen. Diese Aussage kann mittels Fuzzy Logic folgendermaßen abgebildet werden. Jeder Einflussfaktor entspricht einer Mitgliedschaftsvariable (MSV). Jeder MSV werden eine Reihe von Mitgliedschaftsfunktionen (MSF) zugeordnet, die den reellwertigen Eingaben ein Adjektiv zuordnen. Zum Beispiel kann die MSV `SPEED_DIFFERENCE` durch die MSF `LOW`, `MEDIUM` und `HIGH` beschrieben werden; analog kann für die MSV `POSITION_DIFFERENCE` verfahren werden. Die verschiedenen Mitgliedschaftsfunktionen können graduell ineinander übergehen, da sie mittels Fuzzy Sets beschrieben sind. Die oben genannte Beispielregel kann dann wie folgt ausgedrückt werden:

```
if SPEED_DIFFERENCE is LOW and POSITION_DIFFERENCE is LOW
then DECISION is AGGREGATE
```

Auch die Aggregationsentscheidung ist als MSV modelliert. Sie wird jedoch nicht durch Eingabeinformationen belegt, sondern erst durch die Evaluation der Fuzzy Logic Regeln belegt. Abbildung 20.2 zeigt, dass für die Eingabewerte 6.0 für `SPEED_DIFFERENCE` sowie 8.0 für `POSITION_DIFFERENCE` die Mitgliedschaftsfunktionen `AGGREGATE` von `DECISION` mit 0.4 belegt wird. Das logische **and** der Regel wird durch die Fuzzy Logic als $\min(a, b)$ interpretiert. Genauso können weitere Regeln existieren, die zu einer positiven oder negativen Aggregationsentscheidung führen. Nach Auswertung aller Regeln wird diejenige Entscheidung getroffen, deren MSF am meisten zugewiesen wurde.

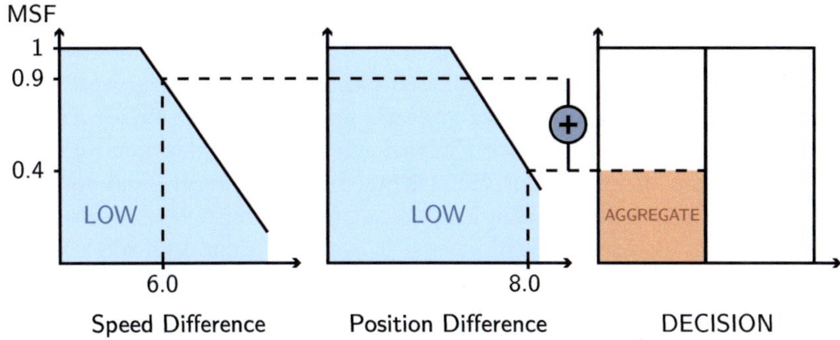

Abbildung 20.2: Fuzzy Logic Mitgliedschaftsvariablen und ihre Auswertung.

Sollen zwei Pakete aggregiert werden, wird für jede enthaltene Information eine Aggregationsfunktion ausgeführt. So wird die Geschwindigkeit gemittelt; als Positionsinformation des resultierenden Aggregats wird der Intervall zwischen den Positionen der Einzelpakete angenommen. Genauso können Zeitintervalle gebildet werden. Analog dazu können die Aggregationsfunktionen auch für das Zusammenfassen bereits existierender Aggregate definiert werden, was eine hierarchische Aggregation ermöglicht. So können die Aggregate kollaborativ durch die einzelnen Fahrzeuge gebildet werden. Bei zunehmender Verbreitung der Informationen konvergieren die verbreiteten Aggregate und die daraus entstehende lokale Wissensbasis der Fahrzeuge zu einer gemeinsamen Sichtweise der Verkehrssituation. Die Definition von flexiblen, qualitativen Entscheidungsregeln ermöglicht es, dass diese Sichtweise so feingranular wie notwendig, aber gleichzeitig so grob wie ohne größeren Informationsverlust möglich ist.

3 Sicherheit und Datenschutz

Eine grundsätzliche Überlegung bei Fahrzeug-Fahrzeug-Netzen ist, dass Vertraulichkeit für viele Anwendungen eine untergeordnete Rolle spielt – gerade fahrsicherheitsrelevante Informationen sollen möglichst ohne Verschlüsselung allen Verkehrsteilnehmern zur Verfügung stehen –, Integrität aber wichtig und schützenswert ist. Integrität bedeutet in diesem Kontext, dass ein Angreifer nicht in der Lage sein sollte, beliebige gefälschte Informationen im Netz zu verbreiten. Je nach Anwendung könnte dies Fehlentscheidungen von Navigationssystemen bedeuten oder schlimmstenfalls Unfälle verursachen, wenn Fahrer etwa aufgrund gefälschter Warnmeldungen stark abbremsen. Ein erster Schritt zur Integritätssicherung ist der Einsatz von kryptographischen Signaturen. Durch Zertifizierung der öffentlichen Schlüssel durch eine vertrauenswürdige Instanz wird verhindert, dass Angreifer mittels selbst ins Netz eingebrachter Geräte gefälschte Nachrichten mit einer Vielzahl fiktiver Absender erzeugen können, um so ihren Einfluss zu erhöhen [1]. Verbreitete Informationen müssen also von Fahrzeugen erzeugt worden sein und werden während dem Broadcast durch die kryptographische Signatur vor Veränderungen geschützt.

Dieses Vorgehen lässt sich jedoch nicht für Aggregationsverfahren verwenden. Sobald ein Fahrzeug zwei Pakete zu einem Aggregat zusammenfasst, geht die Verifizierbarkeit der Signaturen der einzelnen Pakete verloren. Das aggregierende Fahrzeug kann zwar das entstehende Aggregat signieren, dies weist aber nicht mehr die korrekte Entstehung des Aggregats nach. Ein Angreifer könnte also gefälschte Pakete erzeugen, die über eine große Fläche und eine hohe Anzahl beteiligter Fahrzeuge Auskunft zu geben scheinen und so trotz kryptographischer Signaturen einen hohen Einfluss gewinnen. Ein empfangendes Fahrzeug kann dann nicht verifizieren, ob diese Informationen gefälscht oder korrekt sind, da die notwendigen Signaturen nur für die Einzelpakete vorlagen, die inhaltlich zu einem Aggregat verschmolzen wurden. Die Verbindung zwischen den einem Angreifer zur Verfügung stehenden Ressourcen, also Fahrzeugen, und dem erzielbaren Einfluss der gefälschten Pakete wird also aufgehoben. Es ist also wichtig, gerade die Integrität von Aggregaten zu schützen, da sie oft semantisch höherwertige Informationen als einzelne Informationen enthalten.

Andererseits stellen bereits einzelne Signaturen, die periodischen Beacons hinzugefügt werden, einen erheblichen Anteil an der Gesamtgröße der versendeten Nachrichten dar. Fügt man aggregierten Informationen kryptographische Signaturen hinzu, besteht die Gefahr, dass hierdurch der Bandbreitenvorteil der Aggregation wieder aufgehoben wird. Ein hypothetisches sicheres Aggregationsprotokoll soll dieses Problem verdeutlichen. Angenommen, jedes neue Paket das durch das Auslesen lokaler Sensoren entsteht, wird kryptographisch signiert. Weiterhin angenommen, bei jedem Aggregationsschritt werden dem neu erzeugten Aggregat alle darin eingegangenen Pakete angehängt inklusive ihrer Signaturen. Dann können empfangende Fahrzeuge jederzeit den kompletten Aggregationsprozess nachvollziehen indem sie zunächst die Signaturen der einzelnen Pakete prüfen und anschließend die Fusionsfunktionen selbst anwenden und mit dem vorgegebenen Resultat vergleichen. Dieses Verfahren erreicht denselben Grad an Sicherheit wie bei der Verbreitung von Einzelpaketen ohne Aggregation. Allerdings gibt es so keinen Bandbreitenvorteil durch die Aggregation. Es gilt also, einen Kompromiss zwischen erreichter Sicherheit und benötigter zusätzlicher Bandbreite zu finden.

Existierende Forschung zu sicherer Aggregation verwendet beispielsweise konkatenierte Signaturen, um Aggregate über feste Straßensegmente abzusichern. Dies setzt allerdings ein entsprechendes Aggregationsverfahren voraus. Weiterhin geht man hier davon aus, dass Fahrzeuge im gleichen Segment miteinander eine gemeinsame aggregierte Sichtweise aushandeln können. Aufgrund von unterschiedlichen und Geschwindigkeiten ist dies Annahme jedoch nur bedingt realistisch.

3.1 Selektive Attestierung von Aggregaten

Wir verwenden daher flexible Sicherheitsmechanismen, die nicht auf bestimmte Aggregationsverfahren angewiesen sind und auch zusammen mit dynamisch segmentierenden Verfahren wie in Abschnitt 2.2 besprochen zusammen arbeiten [8]. Abbildung 20.3 zeigt das Verfahren aufbauend auf dem in Abbildung 20.1 gezeigten Aggregationsverfahren. Wie dort be-

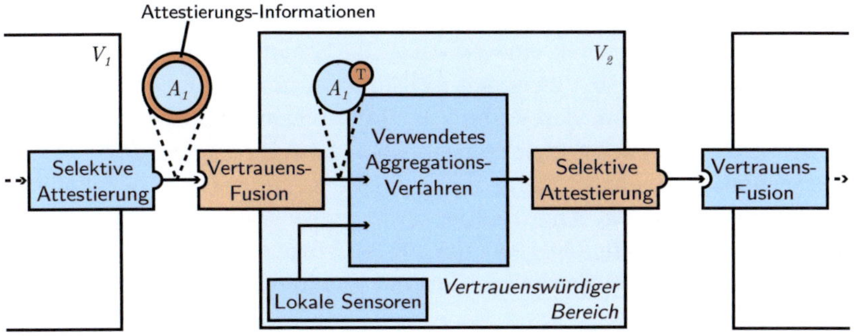

Abbildung 20.3: Systemmodell der sicheren Aggregation.

sprochen, gehen wir davon aus, dass Informationen sowohl von Lokalen Sensoren gelesen werden, als auch von anderen Fahrzeugen empfangen werden. Während lokal entstandene Informationen aus vertrauenswürdig betrachtet werden, müssen über das Fahrzeug-Fahrzeug-Netz empfangene Informationen überprüft werden. Hierzu werden sowohl kryptographisch signierte, zusätzliche Einzelpakete verwendet – so genannte Attestierungsinformationen –, als auch eine heuristische Überprüfung der vorgegebenen Werte im Aggregat. All diese Einflüsse werden wiederum mittels Fuzzy Reasoning zu einem Vertrauenswert zusammen gefasst. Lokal werden die Aggregate dann lediglich anhand ihres Vertrauenswertes verarbeitet. Verlassen Aggregate bei der Weiterverbreitung wieder den lokalen Bereich, so verliert der Vertrauenswert seine Bedeutung und es werden erneut Attestierungsinformationen hinzugefügt. Die Fusion verschiedener Einflussfaktoren zu einem einzelnen Prozentwert ermöglicht es, die zugrunde liegenden Sicherheitsmechanismen mit nur geringen Änderungen in das verwendete Aggregationsverfahren zu integrieren. So werden nur solche Informationen zur Weiterverbreitung ausgewählt, die einen hinreichenden Vertrauenswert aufweisen.

Für die Auswahl von Attestierungsinformationen gibt es zwei Anforderungen. Erstens sollen etwa zur Aggregation von Verkehrsinformationen Aggregate gebildet werden über Streckenabschnitte in denen ähnliche Geschwindigkeiten gefahren werden. Um zu verhindern, dass ein Aggregat erzeugt wird, das etwa einen nicht existierenden Stau vorgibt, sollten daher diejenigen signierten Einzelpakete, die Auskunft über den Rand der vom Aggregat abgedeckten Fläche geben, hinzugefügt werden. Diese sind eindeutig identifizierbar und ihre Anzahl ist konstant in Abhängigkeit von der Anzahl der Aggregationsdimensionen. Um zusätzlich zu verhindern, dass ein Angreifer eine existierende Situation verdeckt, also etwa einen Stau, der sich zwischen Abschnitten normalen Verkehrsflusses befindet, verdeckt, werden weitere Attestierungsinformationen benötigt. Diese werden möglichst gleichverteilt über die Aggregationsdimensionen ausgewählt. Je mehr signierte Einzelpakete so hinzugefügt werden, desto schwieriger ist ein Angriff, aber desto größer ist der Bandbreitenverbrauch der Aggregate. Die Granularität der hinzugefügten Informationen muss daher je nach Sicherheitsbedarf der konkreten Anwendung gewählt werden.

Durch dieses Verfahren ist eine Absicherung von Aggregationsverfahren möglich ohne deren Bandbreitenvorteil zu eliminieren. Durch die flexible Kombination verschiedener Einflussfaktoren und deren Fusion in einen einzelnen Vertrauenswert pro Aggregat lassen sich die Sicherheitsmechanismen für eine Vielzahl von existierenden Aggregationsprotokollen anwenden.

3.2 Datenschutzaspekte

Informationen, die über Fahrzeug-Fahrzeug-Netze verbreitet werden, enthalten oft personenbezogene Daten, die mit den richtigen Kontextinformationen versehen kompromittierende Informationen ergeben können. Gelingt es etwa einem Angreifer, durch eine eindeutige Identifikationsnummer mehrere Beacons eines Fahrzeugs zu verbinden, die Positionsinformationen enthalten, so kann ein Bewegungsprofil der betreffenden Person angefertigt werden. Eine Möglichkeit zur Verhinderung solcher Missbrauchsszenarien ist das Prinzip der Datenminimierung. Wie bereits argumentiert, reicht etwa für eine Verkehrsinformationsanwendung die mittlere Geschwindigkeit auf bestimmten Straßenabschnitten aus. Exakte Informationen von einzelnen Fahrzeugen sind nicht notwendig. Implementiert man ein solches Verfahren ohne Aggregation, werden solche Einzelinformationen erst bei der Aufbereitung der Informationen für die Benutzer ausgefiltert und gemittelt. Das heißt aber, dass die Informationen bei allen Verkehrsteilnehmern verfügbar sind und potentiell gesammelt und für das Sammeln von personenbezogenen Daten verwendet werden können.

Setzt man dagegen ein Aggregationsprotokoll ein, so werden Informationen nur lokal – also in direkter Sendereichweite – verbreitet. In größeren Regionen werden sie nur aggregiert mit weiteren Informationen verbreitet. Dadurch ist das Sammeln einer Vielzahl von personenbezogenen Daten erschwert. Trotzdem werden allerdings zunächst einzelne Informationen von identifizierbaren Fahrzeugen benötigt, um daraus dann Aggregate zusammen zu fassen. Mit höherem Aufwand ist also immer noch möglich, Bewegungsprofile zu erzeugen.

4 Zusammenfassung

Aggregation ist ein wichtiger Baustein zur Adressierung der Skalierbarkeitsproblematik der Informationsverbreitung in Fahrzeug-Fahrzeug-Netzen. Mit der Fuzzy Logic-basierten Fusion von Informationen haben wir ein System vorgeschlagen, das der Dynamik in solchen Netzen gerecht wird und die optimale Granularität der Information erreicht. Auch die Datensicherheit kann durch gezieltes Anhängen signierter Einzelwerte probabilistisch erzielt werden. Dies zeigt gleichzeitig auch, dass probabilistische Sicherheitsmechanismen zwar keine absolute Sicherheit garantieren können, aber sehr effizient ein hohes Maß an Sicherheit erzeugen. In Bezug auf den Datenschutz bleiben noch einige Fragen offen. Wir arbeiten derzeit an Protokollen, die auch diese Probleme beseitigen.

Literatur

1. P. Papadimitratos, L. Buttyan, T. Holczer, E. Schoch, J. Freudiger, M. Raya, Z. Ma, F. Kargl, A. Kung und J.-P. Hubaux, „Secure vehicular communication systems: design and architecture", *IEEE Communications Magazine*, Vol. 46, Nr. 11, S. 100–109, November 2008.

2. F. Kargl, F. Schaub und S. Dietzel, „Mandatory enforcement of privacy policies using trusted computing principles", in *Privacy 2010: Proc. Intelligent Inform. Privacy Mgmt Symposium.* Stanford, USA: AAAI, 2010.

3. B. Bako, F. Kargl, E. Schoch und M. Weber, „Advanced adaptive gossiping using 2-hop neighborhood information", in *GLOBECOM 2008: IEEE Global Communications Conference*, 2008.

4. L. Wischhof, A. Ebner, H. Rohling, M. Lott und R. Halfmann, „SOTIS – a self-organizing traffic information system", in *VTC 2003-Spring: 57th IEEE Semiannual Vehicular Tech. Conf.* IEEE, 2003, S. 2442–2446.

5. T. Nadeem, S. Dashtinezhad, C. Liao und L. Iftode, „TrafficView: traffic data dissemination using car-to-car communication", *ACM Mobile Comp. and Comm. Review*, Vol. 8, Nr. 3, S. 6, Juli 2004.

6. C. Lochert, B. Scheuermann und M. Mauve, „Probabilistic aggregation for data dissemination in VANETs", in *Proceedings of the fourth ACM international workshop on Vehicular ad hoc networks - VANET '07.* New York, New York, USA: ACM Press, 2007, S. 1–8.

7. S. Dietzel, B. Bako, E. Schoch und F. Kargl, „A fuzzy logic based approach for structure-free aggregation in vehicular ad-hoc networks", in *Proceedings of the sixth ACM international workshop on VehiculAr InterNETworking - VANET '09.* New York, New York, USA: ACM Press, 2009, S. 79–88.

8. S. Dietzel, E. Schoch, B. Könings, M. Weber und F. Kargl, „Resilient secure aggregation for vehicular networks", *IEEE Network*, Vol. 24, Nr. 1, S. 26–31, 2010.